廉声『聊』亮

——聊城廉洁史话集萃

聊城黄河河务局 编

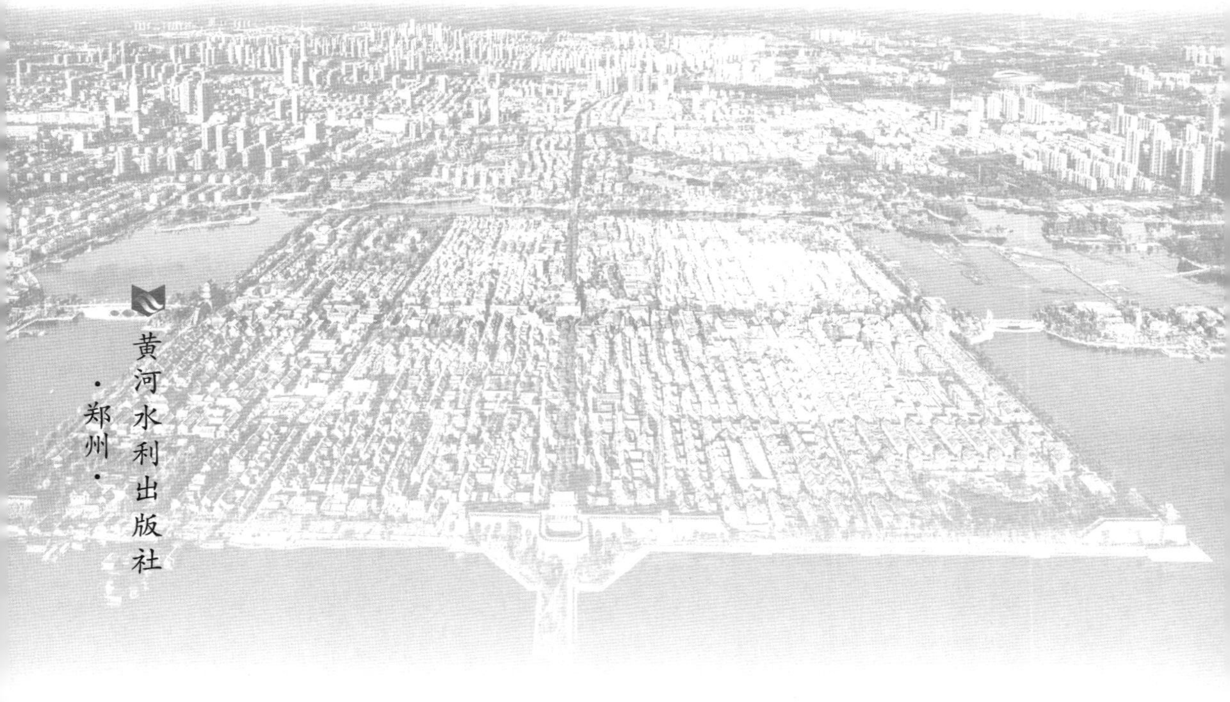

黄河水利出版社
·郑州·

图书在版编目（CIP）数据

廉声“聊”亮 ： 聊城廉洁史话集萃 / 聊城黄河河务局编. -- 郑州 : 黄河水利出版社， 2025. 2. -- ISBN 978-7-5509-4162-5

Ⅰ. D691.49

中国国家版本馆CIP数据核字第2025ZA7915号

责任编辑　路夷坦　　　　责任校对　杨秀英

封面设计　李思璇　李明华　　责任监制　常红昕

出版发行　黄河水利出版社

地址：河南省郑州市顺河路49号　邮政编码：450003

网址：www.yrcp.com　E-mail：hhslcbs@126.com

发行部电话：0371-66020550

承印单位　河南博之雅印务有限公司

开　　本　787 mm × 1 092 mm　1/16

印　　张　23.5

字　　数　282千字

版次印次　2025年2月第1版　　2025年2月第1次印刷

定　　价　80.00元

编纂人员

审　　定：刘　滨

主　　编：傅建东

副 主 编：徐清灵　孙　蕾

参编人员（按姓氏笔画排序）：

孙文佳　孙国英　许桂之　张　欣

张　森　岳三利　孟　娟　孟晓冰

梁欣欣　魏京峰

特约编审：鲁　静　毕经涛

光岳楼

山陕会馆

聊城古城全景图

蚩尤陵

博平古楼

景阳冈

京杭大运河与运河大码头

徒骇河畔城市生态公园（王才博　摄）

艾山卡口航拍（王旭阳 摄）

幸福黄河大桥

夕阳下的金堤河

序

中华文脉源流长，大河古道清风扬。作为中华民族的母亲河，黄河流经之地是华夏民族最早的聚居地，历经斗转星移的时空流转，穿越周而复始的岁月轮回，一条波澜壮阔而又生生不息的河流，孕育了华夏大地的丰壤沃土，滋养了古老而灿烂的东方文明，奠定了悠久而独特的文明形态。在这里，燧人氏发明钻木取火，伏羲氏演创八卦之图，神农氏尝百草而播五谷，这就是史称三大人文始祖的“三皇”。后嫘祖始蚕，大挠干支，仪狄酿酒，胡曹为衣，仓颉作书，容成制历，奚仲造车，耕稼后稷。自此，中华文明的火种经“五帝”逾“三代”，九州“春秋”代代绵延，文明之火蓬勃而起，煌煌乎照亮整个世界东方。这文明之光源自黄河，而黄河的恢宏气度、博大情怀，养育了伟大民族，而人们在守望母亲河的悠悠岁月里也凝练了不屈不挠的伟大民族精神。从大禹治水到汉代贾让的“治河三策”，从汉武帝“瓠子堵口”到康熙朝把“河务、漕运”刻在太和殿的柱子之上……黄河见证了历代先贤非凡的治河壮举，也涵养了中华儿女刚直廉勤的品格，浸润了中华儿女清风廉韵的情怀，呈现了特色鲜明的黄河廉洁文化形态。

习近平总书记高瞻远瞩，亲自擘画黄河流域生态保护和高质量发展宏伟蓝图，强调要深入挖掘黄河文化蕴含的时代价值，讲好“黄河故事”，延续历史文脉，坚定文化自信，为实现中华民族伟大复兴的中国梦凝聚精神力量，并在多个场合强调廉洁文化建设的重要性。在此背景下，弘扬和传承廉洁文化，不仅是新时代全面从严治党的内在要求，更是推动黄河流域高质量发展的精神动力。“廉”，《说文解字》解曰，廉，仄也，从广兼声。本义是指堂屋的侧边，又因其特点是平直方正，进而用来形容人的品行正直、方正等，后引申为节俭、少拿、不贪取等含义。“廉者，政之本也。”纵观历史长河，自古以来便把清、慎、勤作为官员从政的必备操守，治水人物、学术先贤、清官廉吏、革命先烈的嘉言懿行，以及历朝历代治吏治贪的廉政制度，都在无声无息地传承着中华民族的精神风范和廉洁文化基因。清末思想家龚自珍说：“欲知大道，必先知史。”以史鉴今，从传统文化的发展和历代治乱兴衰中总结经验，吸取教训，思考治水治家之道、执政为民之道、修身立德之道。

近年来，山东黄河河务局各级党组织坚持以习近平新时代中国特色社会主义思想为指导，深学细悟笃行习近平总书记关于新时代廉洁文化建设的重要论述，坚持把廉洁文化建设作为一体推进“三不腐”的基础性工程来抓，逐步构建起维度多元、覆盖面广、影响力大、时效性强的黄河廉洁文化传播矩阵，在实践中探索形成可资借鉴、可供推广的黄河廉洁文化建设经验。聊城黄河河务局主动适应廉洁文化建设新要求，不断丰富廉洁文化内涵，建设廉政文化展室，开展廉洁人物展览、廉洁文创作品制作、廉洁文化廊道氛围渲染等系列活动，开展“两河廉韵”“纪法清风”课堂，不断推动廉洁文化建设走深向实。如今，聊城黄河河务局发挥“江北水城”独特的地域文化资源优势，按照黄河文化与运河文化、儒家文化、红色文化融合脉络，精心选材编辑了历代黄河聊城段孕育出的具有一定历史代表性的廉、勤、信、孝故事，挖掘其廉洁文化基因传承脉络，提炼其廉洁勤政思想，将他们的廉洁事迹缀玉联珠，汇编成《廉声“聊”亮——聊城廉洁史话集萃》一书，在以文促廉、以廉润心，助力新时代廉洁文化建设上，作出了有益的探索和尝试。

“以人为镜，可以明得失；以史为鉴，可以知兴替。”在全面从严治党向纵深推进、党风廉政建设和反腐败斗争取得阶段性胜利的今天，编辑出版此类书籍，具有重大的现实意义和深远的历史意义，这必将激励我们进一步坚定文化自信，弘扬传承民族精神，赓续中华优秀传统文化血脉，讲好黄河流域廉洁故事，共同营造海晏河清的自然生态、风清气正的政治生态、和谐美好的社会生态。

郭浩

2024年12月16日

前　言

中华文明源远流长，历经数千年荣盛不衰，延续至今。究其根由，盖因中国璀璨瑰丽的优秀传统文化之基因有其独特的本源性、包容性、柔韧性和开创性，其中“廉、勤、信、孝”等元素尤为突出，诸元素之间相互渗透、相互补益，衍生嬗变为独具民族特色的中华优秀廉洁文化。其中，“廉”乃人性之善，是洁身自好、廉洁奉公，是立党为政的基本道德准则；“勤”乃人性之德，是勤恳自勉、自律自严，是修身为政的基本行为规范；“信”乃为人之本，是诚实守信、言行一致，是取信于民的为政德行标准，《论语·为政》曰“人而无信，不知其可也”；“孝”乃人性之源，是羔羊跪乳、乌鸦反哺，是“老吾老以及人之老”宗法伦理，也是“昔者明王之以孝治天下（《孝经》）”的上古为政之法则。可见，廉政、勤政、信治、孝治都是上古至今的“为政之道”。因而，从某种角度说，这不仅是中华民族的传统美德和价值取向，也是从政之德、为政之道，尽显传统文化传承弘扬之必要。

习近平总书记高度重视廉洁文化建设，在多个场合围绕加强廉洁文化建设发表一系列重要讲话，强调加强廉洁文化建设的重要性。在党的二十大报告中，习近平总书记明确指出，要加强新时代廉洁文化建设，教育引导广大党员干部增强不想腐的自觉，清清白白做人、干干净净做事。2022年2月，中共中央办公厅印发《关于加强新时代廉洁文化建设的意见》，指出："用中华优秀传统文化涵养克己奉公、清廉自守的精神境界。结合实施中华优秀传统文化传承发展工程，汲取崇德尚廉、廉为政本、持廉守正等传统廉洁文化精华，增强文化自信和历史自信。挖掘历史文献、文化经典、文物古迹中的廉洁思想，整理古圣先贤、清官廉吏的嘉言懿行，推动中华优秀传统文化创造性转化、创新性发展。"

为深入挖掘中华优秀传统文化的廉洁思想内涵，推动新时代廉洁文化建设，我们结合聊城黄河保护治理实际，编纂出版《廉声"聊"亮——聊城廉洁史话集萃》一书。本书通过深入挖掘历朝历代聊城本地及相关清廉文化元素，搜集、整理、编写了聊城地域具有代表性的古圣先贤、清官廉吏的廉洁史话，向读者展示廉洁文化在聊城地域的深厚积淀和传承，传递廉洁、诚信、公正的价值观念，厚植廉洁奉公文化土壤，弘扬优秀传统文化，教育引导干部职工拒腐防变，营造风清气正的廉洁氛围。

本书将廉洁文化与地域文化相结合，突出廉洁文化的地方特点，以期达到"一方水土养一方人，一方文化育几代人"，传承赓续优秀传统文化血脉的目的。在编纂之初，我们发现，聊城历史上有许多清官廉吏，如治水名人杨以增、朱长安，先秦时期的仲由、西汉的尹齐、西晋的刘寔、元代的王懋德、明代的笪一顺、清代的武训以及当代的孔繁森等人，他们当中有很多值得传颂的廉洁故事，这些故事对于培养人们的廉洁品质、树立风清气正的社会环境具有重要的教育意义。因而，谨将这些故事整理汇编成册，以飨读者。

本书编纂过程中，做了大量历史人物故事及相关素材搜集工作，通过地方网站、实地走访、向基层单位和地方征集等方式获取了许多生动、鲜活的人物故事素材，从中筛选出86位代表性人物，并对这些人物素材进行了分类、筛选、加工和提炼，力求使每个人物故事既具有历史底蕴，又具有现实意义。通过反复提炼、调整、讨论，历时半年多，提炼出108篇小故事，分别以治水篇、廉洁篇、勤政篇、诚信篇、孝亲篇、“聊城七子”篇六大篇章为大家呈现。

廉史映河清，正道铸河魂。聊城黄河谨以此书献给广大读者，唤起更多人对廉洁文化的关注和认识，以文化精神浸润人心，在工作中涵养克己奉公、清廉自守的精神境界，增强廉洁意识和责任担当，传递正能量，推动风气持续向善向好，促进聊城黄河生态保护和高质量发展事业和谐发展。同时，通过本书，也让更多的人了解聊城地方特色和文化底蕴，增强对聊城以及黄河的认同感和自豪感，激发人民大众对廉洁文化的热爱和传承。

编 者

2024年7月

目　录

治水篇

廉洁篇

勤政篇

诚信篇

孝亲篇

“聊城七子”篇

治水篇

按语

上善若水。中华文化源远流长，从三皇五帝到大禹治水，见证了中华文化的起源、兴盛、交融，积累、传承、丰富了中华民族的集体记忆。这些传承不仅体现了中华民族对自然界的认知和探索，也展现了中华民族勤劳智慧、坚韧不拔的民族精神。习近平总书记在党的二十大报告中明确指出："坚持和发展马克思主义，必须同中华优秀传统文化相结合。"中华优秀传统文化，积淀着中华民族最深层的精神追求，代表着中华民族独特的精神标识，是不断开辟马克思主义中国化时代化新境界的丰厚滋养。

一部中华民族文明史，从某种意义上说就是一部治水史，在我们五千年的文明历史进程中，中华文明因水而生，因水而兴。一座座刻满岁月斑驳印记的水利工程，印证着中华民族精神，见证了一代代治水人物百折不挠治理水患的故事。从八年治理运河的白英，到"治水必躬亲"治理沙湾水患的徐有贞和治理张秋水患的刘大夏，再到花甲之年承担治河之重任的杨以增等，这些治水人物尽职尽责，勤俭治河，廉洁文化相伴相生。

一部治水史，从某种意义上说也是一部居中守正的清廉史。历代治水人物以无私奉献、清正廉洁的精神，在不同历史时期、不同地域，为治水事业和廉洁建设作出杰出贡献，他们身上体现出的精神伟力无时无刻不在激励着我们当代治水人奋勇向前。

在聊城这片黄河文化与运河文化交汇交融的土地上，诞生了数不胜数的治水廉吏。他们有的通过科学的方法和卓越的智慧，成功治理水患，使河流变得可控；有的通过修建大型水利工程，为地区和人民带来巨大的经济效益和社会效益。他们就像一座精神之塔，照亮了这片土地。

源正流清，廉通古今。我们将从这些故事中汲取智慧和精神力量，不断延续中华几千年来的精神内涵和价值理念，传承弘扬中华优秀水文化，让黄河文化、运河文化和廉洁文化在新时代焕发出新的光芒。

李　谷：治河有为 居官正己

李谷（903—960），又名李縠（gǔ），字惟珍，颍州汝阴县（今安徽省阜阳市）人，祖籍洛阳，27岁中进士，先后在五代后晋、后汉、后周三代为官。历任监察御史、开封府太常丞、虞部员外郎、吏部郎中等职。在位期间革除宿弊，关心百姓疾苦，尤好提拔寒士，后周世宗派他到涨秋（今山东省阳谷县张秋镇）治水，水患消除，遂将涨秋改为张秋。

廉政思想：无私奉献，一心为民，勤于政务

大家耳熟能详的“景阳冈武松打虎”的故事，是中国古典名著《水浒传》中的精彩章节，为读者勾勒出了栩栩如生的古代英雄形象。然而对于“景阳冈”的来历，又有几人知晓呢？

清代时期的景阳冈碑

景阳冈位于山东省聊城市阳谷县城东（偏南）16千米的张秋镇境内，其名字来源于东沙堌堆上御赐的李谷墓的碑文。碑文诉说着一段后周宰相李谷鞠躬尽瘁、勤于治河的故事。

现在的张秋，原名"涨秋"，因每逢秋季河水高涨，便成了一片沼泽而得名。五代之后的百余年中，黄河4次决口于杨柳渡（今东阿县杨柳镇），7次泛滥于郓州、濮州等地。涨秋虽然不是黄河的渡口，但由于地势较低，每次黄河洪水泛滥时，便会首当其冲地受到影响。

后周显德元年（954年）秋，连续几日大雨，黄河洪水再次泛滥，在杨柳渡决口，经涨秋向南泛滥，洪水所过之处一片汪洋，淹没了大片农田和村庄，阻断了交通，百姓为躲避灾害而搬到了东沙堌堆上。为此，后周世宗立即召集大臣商议对策，宰相李谷主动请缨，迅速组织了大量的人力物力，率领10万人马前往阳谷指挥修复大堤，以除水患，解救百姓。

李谷非常有远见和才干，他深知治理水患必须从长远考虑，亲自巡视决口处及周边堤防，组织人力及时修补加固有漏洞和隐患的堤防，并组织人员对黄河河道决口处进行详细勘察和测量，了解河道的走向、水流速度以及河床深度等情况。根据勘察结果，他制定了修复大堤的方案，包括堤坝的高度、宽度及长度等细节，考虑到堤坝的建筑材料和施工方法等问题，亲自率领人马挖去了九岭十七堌堆，修建了西起阳谷东至涨秋的大堤。同时，他采取疏浚河道、修建水闸等一系列有效的工程措施，以减轻洪水对周边地区的影响。

在李谷的领导下，治理黄河决口工程进展迅速，短短30天就完成了任务。这次治理不仅堵塞了多处决口，有效控制了洪水，还整修了许多堤防，提高了防洪能力。此后，水患逐渐减少，当地百姓的生活逐渐恢复正常。百姓为感念李谷治水功绩，称此堤为"李谷堤"。而李谷因在修复大堤时日夜操劳，病倒了。皇帝得知李谷病倒后，前往探望，对李谷的功绩大加赞赏，并叮嘱李谷保重身体。李谷则表示，能为百姓做点事是他的荣幸，死而无憾。

李谷一生历经五代后晋、后汉、后周三代为官，不仅治河有功，而且勤于政务，锐意改革，政绩斐然。后汉天福初年，李谷因文武兼备并有德威，被任命为左散骑常侍，不久又兼掌开封府（二品）。当时，京城一带盗贼猖獗，尤其以中牟县最为严重。为捣毁盗贼巢穴，李谷采取了一种巧妙策略。当地有个叫刘德舆的人，一向以才干著称。李谷立即任命他为代理中牟县主簿，并请求皇帝安排侍卫兵数千人协助刘德舆，深入盗贼巢穴，把盗贼一众党羽全部抓获。那些盗贼头领之一便是县里的佐史，另一个则是御史台的官员。自此，彻底解决了开封、中牟等地的盗贼问题。李谷因治政功绩，不久被后汉皇帝任命为工部侍郎兼掌开封府事。

后汉乾祐年间，大将郭威西征，取代后汉，建立后周王朝。后周建立后，李谷被授为户部侍郎。不久，后周太祖便擢升他为中书侍郎、平章事（一品丞相），仍判三司事，正式拜相。当时，官府严禁民间买卖牛皮，百姓深受其害。李谷担任丞相后，经过精确计算，算出国家每年必须消耗的大概牛皮数量，再与田亩数量结合，作出“百姓每十顷田拥有者，每年上交官府一张牛皮，剩余牛皮允许自由支配”的规定。除此之外，他还奏请朝廷废除屯田制，实行按州县纳税、服役的制度，深受百姓敬佩和赞誉。

北宋建隆元年（960年），李谷病逝。百姓纷纷披麻戴孝，为他举行隆重葬礼。皇帝也顺从民意，将李谷遗体头朝北、脚朝南葬于东沙堌堆之上，并赐御碑一块，上刻：“李谷学禹居山冈，脚登大堤面朝阳。亲手绘下好风景，万人歌唱李宰相。立碑卧地根基重，世世有人祭灵堂。宫廷均识英气在，名流千古万人扬。”其中，景阳冈就取名于碑文前三句的最后一个字，饱含着对李谷求真务实、勤政为民精神的深厚赞扬。

李谷一生，历仕三代，始终笃行廉政、勤政，严于律己，其崇高品格永远被历史铭记，其治水思想和非凡功绩将载入水利史册。

白　英：七分朝天子　三分下江南

白英（1356—1419），字节之，今山东省汶上县颜珠村人，明初著名农民水利家。他治水知识渊博，为人正直，不慕名利，在百姓中有着极高的声望，人们尊称他为“隐逸君子”。他曾参与治理京杭大运河（聊城段），因治河有功，于明正德七年（1512年）被追封为“功漕神”，建祠于南旺。清雍正四年（1726年），追封他为“永济神”。清光绪五年（1879年），加封他为“大王”。

白英雕像

廉政思想：深入生活，体恤民隐，博学有守，不求闻达

筑坝截汶泗，拦溪浚百泉。诸湖储水柜，众闸调河川。

七分朝天子，三分下江南。长河船舟竞，两岸秀桑田。

这首《五律·白英治水》，是毛泽东主席为纪念白英而作，生动再现了白英治理京杭大运河的丰功伟绩。

白英，一个平凡而伟大的人物。他出生于一个普通家庭，凭一己才华和勤奋，逐渐在治水领域崭露头角。他聪慧好学，自幼生活在运河边，早年以耕田为业，曾为京杭大运河上10余名运河民夫的领班（官名“老人”）；他经常行走在大运河边，跑遍了汶上、济宁、兖州、东平、泰安、东昌（今聊城）等地的河道，行船经验相当丰富；他善于观察水势、地势，对周围的山川河流、地形地貌十分熟悉，逐渐积累了大量治水知识，对河道治理有自己独到的见解。

京杭大运河（聊城段）在古代名为会通河，是元代开凿的一条连接御河（今卫河）与济州河的运河，全长251里，南起须城安山（今山东省东平县），流经境内寿张西北，过东昌，在西北到达临清的会通镇与御河相接。该河段在元明清时期一直是全国南粮北运的重要交通线路，但因其地处丘陵地带，地势较高，南北落差较大（从安山到临清落差约28米），缺乏足够水源。同时，因经常受到黄河决口影响，河床被淤泥阻塞，造成运河漕运时断时续。

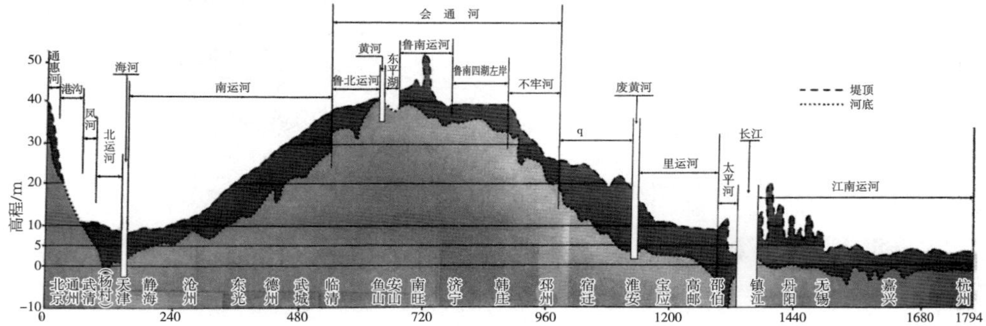

京杭大运河沿线地势剖面

明永乐九年（1411年），成祖朱棣为了加大对运河漕运的治理力度，派工部尚书宋礼对元大运河故道进行疏浚。宋礼接受任务后，重点治理了山东丘陵地带的会通河段。寒来暑往，虽挖走了淤泥，疏通了河道，但因会通河中段的南旺海拔较高，仍然无法解决因水源缺乏而影响漕船通航的问题。为此，宋礼微服私访了解到白英通晓河事，便前去拜访。

白英凭借自己多年的行船经验以及对地形地势的了解，认为是之前选择的分水点不合理，提出了补给水源和进行水源分配的方案，建议从戴村至南旺间挖一条河，将汶河的水引至南旺这个海拔最高的地方，再设置分水点使运河的水南北分流，七分朝天子，三分下江南，并设节制闸保持水位。宋礼听了白英的方案后，大赞："妙，妙！"遂任命白英为治水工程总监，负责治理运河，还立即从济南、青州、兖州、东昌四府调集民夫16万，从国库调拨所需钱粮，解决了白英治水的后顾之忧。

当时，白英已年逾半百，但他接受治理大运河的任务后，深知责任重大，丝毫不敢懈怠，废寝忘食，不辞劳苦，亲自规划指挥工程施工。他仔细勘察地形，认真分析水文情况，为工程顺利实施制定了周详的计划。在工程实施过程中，他率领民夫昼夜奋战，疏通长达200余里的运河故道，并在南旺修建分水闸门，使七分水往北从寿张向下流经十里堡、沙湾、张秋镇，达东昌府，再至临清入卫运河，三分水向南流到济宁，会同沂、泗、洸三水入黄河。为确保水源供给、调节水位、保障行船畅通，白英在北向河段沿途地势高低差别较大的地方建船闸16座、进水闸9座、泄水闸6座、涵洞14个以及桥梁10余座等，通过前后相邻两闸的蓄水或放水来调节水位落差，使上坡或下坡的局部河段保持足够平稳的水位，船只能够顺利越过南旺分水脊，经临清直达京师。

明永乐十七年（1419年），南旺水利枢纽工程告竣之后，工部尚书宋礼带着布衣白英进京复命。走到德州桑园驿时，白英因八年治水操劳过度，竟呕血而死，时年63岁。悲痛至极的宋礼深知老友心思，谨遵白英遗愿，返回汶上，将他葬于彩山（今汶上县城东北）之阳，使其死后仍能视汶水、听泉涌、看戴坝、望三湖。后来，朝廷追封白英为"功漕神"。明万历二十五年（1597年），工部主事胡缵（zuǎn）撰写《白英老人祠记》，并写联"天下无二老，泉河第一功"，以赞白英。

一介平民，却倾其一生无私奉献；一袭布衣，却善用其才为民造福。白英的功成身没，让古往今来的人们无不痛感惋惜，但他留下的宝贵治水经验和精神财富，却被世世代代广为传颂。他，治理水患，匠心独运；他，福泽乡里，义薄云天。这位伟大的农民治水专家，没有显赫的头衔和地位，却治理了一方水土，造福了黎民百姓，他"坚持不懈、因地制宜、团结协作"的治水精神至今依然具有重要的启示意义。

徐有贞：治河经世之才

徐有贞（1407—1472），初名珵（chéng），字玄玉（元玉），号天全，吴县（今江苏省苏州市凤凰乡集祥里）人，明代学者、大臣。明宣德四年（1429年）中举人，八年（1433年）中癸丑科进士，先后任翰林院编修、翰林侍讲，左佥都御史，兵部尚书、华盖殿大学士，封武功伯等职。明景泰四年（1453年），主持治理黄河沙湾河段（今山东省阳谷县张秋镇南）。

廉政思想：克己奉公，持廉守正，功成不居

徐有贞，是明正统至天顺年间经世思潮的典型人物，一生瑕瑜互见，千秋褒贬兼存。明宣德八年（1433年），26岁的徐有贞中进士，但他始终坚持“不屑以文名也，盖欲为有用之学，凡军旅、刑狱、水利之类，无不讲求其法而一欲通之”的思想。他治理山东黄河水灾与兴建水利一事，是最被推许称道的经世功业。

明代中期，河南和山东境内连降大雨，黄河决溢愈加频繁。明正统十三年（1448年）六月，黄河决于大名，淹三百余里，毁坏村舍二万区，死者千余人，东昌府（今聊城）等地也深受其害。七月，黄河自河南新乡八柳树和荥泽决口，河流分二股，一股自新乡八柳树，漫溢曹县、濮州，至东昌，冲张秋，溃决寿张沙湾东堤（今张秋镇南），冲坏漕运河道，夺大清河入海。一股决于荥泽，南流入淮河。这次洪水导致山东临清以南的京杭大运河河道严重堵塞，漕运受阻，给百姓带来了极大的困扰。为解决洪涝灾害，朝廷先后派数位朝臣前去治理，都不见成效。明景泰四年（1453年）十月，经群臣举荐，明景帝任命徐有贞以（左）佥都御史之职专门治理沙湾决口。

徐有贞至沙湾后，并不急于动工治理，而是停工休整，一边休整治河队伍，一边全面查勘沿途地形水势。他实地查勘河道，了解当地水文情况，细心总结历史治水经验，专注于钻研治河技术。他发现当地河流多发源于太行山，由于山势陡峭，水流湍急，容易形成洪涝灾害。因此，徐有贞决定从太行山入手，修筑河堤，加固山体，疏浚河道，以控制水流。

为完成这一任务，徐有贞组织5.8万余名民工，展开长达550余日的艰苦治河。他们用树木、铁器、竹子、石头等材料修建了数百公里的河堤，开挖广济渠，从京杭大运河中部的金堤开始，经濮阳、博陵陂、寿张沙湾、东影唐、白岭等地，对50里河道进行导河分流。自东向西，疏浚数百里黄河、沁河河道，使黄河水向北流入会通河，遂堵塞沙湾决口，并修筑9座坚固的石堰，以抵御河水冲决漫溢。对沙湾北至临清、南至济宁的运河进行疏浚，并在东昌龙湾、魏湾修建减水闸等数十座，以控制水流，形成一套完整的水利系统。这些设施的修建不仅使河流的水位保持稳定，避免泛滥成灾，还使山东境内的1亿多亩田地得到灌溉。

治河过程中，徐有贞注重实践和总结，为后人留下独具特色的“治河三策”：一曰“置造水门”，二曰“开分水河”，三曰“挑深运河”。具体来讲，就是采用筑堤护坝、建闸放水等方法，提高防洪能力，使黄河、运河等河流水位保持稳定，避免泛滥成灾；修建堤防、河坝等水利工程，将河道水流调节至最优状态，保障漕运畅通；加强对水利工程的维护和管理，及时修复破损设施，确保防洪抗旱能力等。

治河工程完成后，徐有贞亲自修立了“敕修河道功完之碑”，详细记载了当时治理河道的过程、用工、用料、建闸地点等信息。这一碑刻是中国古代治河实践的见证，也是后人研究治黄史的珍贵历史资料。

明景泰七年（1456年）之后，山东地区又经历多次洪灾考验，但徐有贞负责修筑的河堤依然完好无损，充分证明了其治河策略的有效性。

刘大夏：清廉笃实的治水贤官

刘大夏（1436—1516），字时雍，今陕西华阴人。明天顺八年（1464年）中进士，历任兵部职方司郎中、辅右参政、广东和浙江布政使、右副都御史、左佥都御史、兵部尚书等职。明弘治七年（1494年）奉诏治理张秋（今山东省阳谷县张秋镇）境内黄河决口，塞决口九十余丈，筑滚水石坝，功成，改名张秋为安平镇（清朝复名张秋）。

廉政思想：履职尽责，清正廉洁，方正守己

刘大夏为官40余载，曾辅佐过"三朝"皇帝，"有德于民"。明代中期，他在对鞑靼的防御战中屡建战功，作出震古烁今的功绩。他一生严于律己，不谋私利，反腐败，举清廉，惜群民，是一个被万民称颂的清官。他一生中最为出彩的部分之一，便是成功治理了黄河水患。特别是在山东省阳谷县，他亲自主持修复了张秋堤防决口，从根本上解决了当地长期以来的水患问题，为当地的社会经济发展和民生改善作出了重大贡献。

尽职尽责平水患

明弘治年间是明代黄河水灾较多的时期，18年间共发生水灾54次，多股洪水四散漫流，冲入运河，致使当时河患最为严重，漕运最为艰难。

明弘治七年（1494年），黄河北向泛滥，淹没了河南兰阳、考城，山东曹县、郓城等地，在张秋（今山东省阳谷县）一带屡次决口。作为运河的重要码头，张秋河堤连年受泛滥洪水冲刷，损坏严重，当地百姓深受其害。当时，河南、山东两地又连降暴雨，汹涌的洪水冲垮张秋东堤，冲毁民房无数，河道堵塞，漕运中断。此种情况下，时任右副都御史的刘大夏担负起治理张秋黄河水患的重担。

刘大夏上任后，经常顶着大风和暴雨，亲自调查河患情况。从张秋总口处向西至河南广武山，向北至临清卫河沿线，逐一考察地形、水势、洪水痕迹以及各地受灾情况，提出疏通运河、堵塞决口、修筑太行堤坝的治河策略。他广泛动员，召集10余万民众，在张秋决口西岸开挖了一条5里多长的月河，使运河得以通行，漕船得以畅通。此外，还在黄陵冈疏通贾鲁河及孙家渡和四府营上游，使水流从高处向低处分流，缓解了疏通河道压力。然而，当时张秋决口口门很宽，达90余丈，在洪水迅猛的情况下堵口非常困难。刘大夏仔细研究堵口技术，在黄河东、西两岸建起了高高的石台，用铁索贯穿连接两岸。在决口处，他安排多条装满土石的大船串连后沉入水底，再压上大埽，经过多次抢筑，终于堵住决口。为防止复冲张秋，在原决口处以南修筑滚水石坝予以加固，形成防洪屏障，至此张秋水灾得到根治。

刘大夏尽职尽责治河，为国分忧，使张秋水患得以平息、漕运得以畅通，得到弘治皇帝嘉奖，赐张秋镇改名为“安平镇”（清代复名张秋），并建龙王庙以祈求神灵护佑国家漕运。当地百姓为感念刘大夏的功德，向他献上“金龙四大王”神像，以示感激之情。然而，刘大夏却将神像放在庙宇中供奉，只立碑记述自己治理黄河的经过。后经岁月洗礼，庙宇失修坍塌，功德碑仅剩一个碑帽，放置于今阳谷县张秋镇北海子村龙王庙（1994年由该村村民和慈善人士集资重建）内。

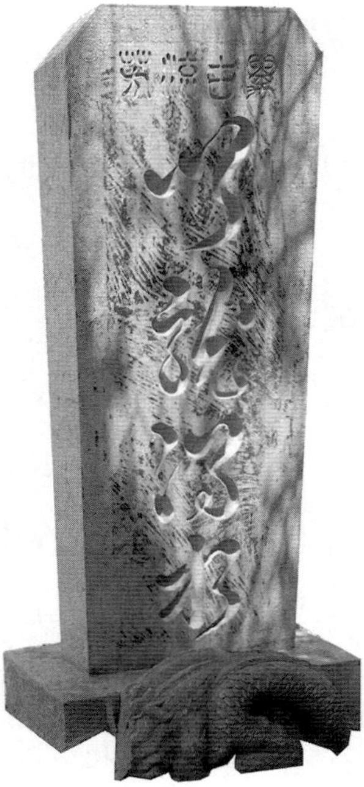
张秋龙王庙石碑

拒收礼金获赏金

刘大夏任兵部尚书时，朝廷实行六年一次的朝覲制度，要求地方官员定期进京述职。当时，许多外官为了升迁都会向京中大臣送上各种礼金，跑官要官现象盛行。而刘大夏和左都御史戴珊却与众不同，他们对来访者热情接待，并如实通报官员考核情况，但坚决不收受任何礼品和银两。他们的清正廉洁之名得到各级官员赞誉，弘治皇帝听闻后也深受感动。

有一天，弘治皇帝召见刘大夏与戴珊，谈及当时许多官员收受礼品和银两、跑官要官的现象。有些大臣因担忧被指责收受不义之财，故而拒绝接待那些前来跑官的送礼者。弘治皇帝感叹，如果所有大臣都如你们两位爱卿一样清正廉洁，坚辞礼物、银两，且声名远播，那么即使他们敞开府邸大门迎接访客，又有谁敢前来行贿送礼呢？为表彰二人的廉洁奉公，弘治皇帝特命中官取出两大锭银子（两笏白金），亲手赏赐给刘大夏与戴珊，以供他们购买茶果招待来客。这一举动在朝廷内外引起轰动，成为一段佳话，也使弘治年间出现了“朝多君子”的空前盛况，洁身自好、廉洁奉公的官场风气盛行。

刘大夏个性谦虚，对待百姓慷慨大方，因此深受百姓的敬仰和爱戴。然而，在他73岁时却被发配至甘肃戍边，沿途百姓闻讯，无不叹息流泪，纷纷给他送来食物。他每到一处，百姓都会为他罢市、烧香，期盼刘尚书能够平安归来。他被赦免回乡后，常常教导子孙如何种田谋生，并将家中略有盈余的钱财分送给亲朋好友和宗族成员。

刘大夏在世时预先写好自己的墓志铭，并表示，不要让人用溢美之词，让自己怀愧于地下。明正德十一年（1516年）五月，刘大夏去世，享年81岁。追赠太保，谥号“忠宣”。

杨以增：藏书重教的治河能臣

杨以增（1787—1855），字益之，别号东樵，聊城县（今聊城市东昌府区）人。清嘉庆二十四年（1819年）中举人，清道光二年（1822年）中进士，历任贵州荔波、贵筑知县，松桃直隶厅同知，贵阳府知府，广西左江道，陕西布政使，江南河道总督等职。为官先重教化，后施刑政，人称有“两汉循吏风”。1840年，杨以增将聊城光岳楼南祖宅内的祠堂二楼作为藏书楼，取名“海源阁”，这是清代四大藏书楼之一，收藏图书近4 000种28万余卷，其中所藏宋元珍本400余种，逾万卷。

廉政思想：廉洁勤政，亲力亲为，重教刑政，心怀大义

聊城，一座由黄河文化与运河文化孕育的古城，文化底蕴深厚，名人先贤辈出。

海源阁前的杨以增塑像

在东昌湖畔，古城区内，坐落着中国历史上最著名的私人藏书楼——海源阁。提到海源阁，我们就不得不提到它的主人——江南河道总督杨以增。

杨以增出生在聊城，生长在运河边，年少时观运河逶迤北上，看漕运商船往返穿梭，赏南北文化荟萃调和，极大地开阔了他的眼界。同时，他博览群书、智慧过人，后考取功名，在贵州、广西等地先后为官，清正廉明，深受百姓爱戴。在鄂任职期间，他跟随当时的治水名臣林则徐一起治河，积累了丰富的治河经验，这也为他晚年能独担治河之重任打下基础。

年逾花甲担重任

清道光二十八年（1848年），杨以增被任命为江南河道总督兼漕运总督，时已61岁，步入花甲之年本该享受余生，却又被委以重任。他的幕僚梅曾亮曾规劝他：“或以河事为虑，劝引归。”杨以增说：“吾知稔矣。徒以受皇上特恩，以县令超擢至此，欲决去，诚不忍于心。”杨以增本已到杖乡之年，但他感念皇恩深厚，想用自己熟悉的河务知识为朝廷效力，即使在知晓可能遇到困难和挑战的情况下，依然以国家大事为首要任务，决定赴任江南河道总督。

杨以增在担任江南河道总督前，曾在多个地方任职，以其正直、廉洁和高效的治理而闻名，素有循吏、清白吏之名。他深得民心，体恤民情，赢得百姓的高度赞誉。林则徐曾称赞他：“真诚正直，廉洁勤政，聪明敏捷，经验丰富，实在是我所不能比拟的。”且杨以增在堵复黄河溃决中所展现出的非凡治水才能，更加坚定了林则徐推荐他为江南河道总督的决心。

但出任江南河道总督对于已年逾花甲的杨以增来说，并不是一件好差事。当时的清政府面临着严重的政治和经济危机，政府统治能力逐渐减弱，而水患等自然灾害和兵患频发，致使社会动荡、财政困难。

《河渠纪闻》记载："河道总督负责统一指挥和管理河道、漕运、渠道等方面的工作，以确保水土平、朝贡漕运顺利、天下利益运转畅通。这一职位由重臣担任，其权力与责任同样重要。"由此可见，清朝河道总督的主要职责是抗洪抢险，筑堤修坝，保持河道畅通。当时，江南河道总督驻节江苏淮安清江浦，管理着南河，主要管理范围是徐州道、淮扬海道所管的黄河、运河、淮河河道等。但是，每当因黄河决口致使漕粮不能顺利抵京时，朝廷都要追究河道总督的责任，以至于到了乾隆嘉庆年间河道总督变成"人皆以河工为畏途"的苦差。清代河道总督的河工异常繁重，尤其是道光末年的河政已呈现出积重难返的窘境，黄河频繁决口，河水倒灌使运河淤积严重，这给当时的漕运造成巨大困难，需要持续不断地进行堵黄、疏运。可见，杨以增的责任是何等重大。

亲力亲为显担当

杨以增是一位精通河务的专家。他任职期间，并没有被困难吓倒，而是经常前往河边了解河情河势，制定有效的水患防治策略。尤其是在汛期来临之前，他常常巡查各个厅的工程、闸坝，仔细检查现场工料、物料，遇有险情总是亲自上阵抢险。他的亲力亲为和严谨的工作态度，为南河的水患防治工作作出卓越贡献。

道光年间，有一次东昌府城突发大洪水，导致城南的三孔桥附近堤岸决口，若不及时堵复决口，会影响京城安危。恰逢此时，杨以增正在家乡探亲，东昌知府便请他出任治水指挥，主持堵口抢险。闻讯杨以增急忙奔赴三孔桥险地，然而此时的洪水正裹挟着泥沙向外倾泻，河堤决口越来越大，前去抢堵的人们一次又一次地无功而返。面对这种情况，杨以增果断上阵，他不顾个人安危，穿着官服，弯腰扛起一麻袋泥土便向激流奔去。他的行动鼓舞了周围的百姓，稳定了民心，最终成功堵住决口。

咸丰元年（1851年），黄河在江苏丰北厅三堡发生决口，此时的杨以增已是一位年届64岁高龄的老人。尽管他被朝廷责备未尽到河督责任，摘去了头上顶戴，但杨以增并未因此而气馁懈怠，他亲自拿起畚锸，与两江总督陆建瀛一起带领河工挖土培堤、抢修决口。即使在风雪交加的除夕夜，他依然露宿在河堤，坚守着工作岗位。在国库空虚、筹款困难的境况下，杨以增对决口处的土质进行仔细分析，采取抛碎石的方法，慎重进占，取得良好效果。经过杨以增及其属员们历时一年零五个月的努力奋战，终于使决口成功合龙。咸丰皇帝因此赞其“能克勤克敬，亿万生灵蒙福”。

《清史稿》记载：“道咸以降，海禁大开，国家多故，耗财之途广而生财之道滞……天府太仓之蓄，一旦荡然。”在国家多灾多难、仓库储蓄逐渐枯竭，且丰北再次决口未能有效堵住的情况下，咸丰五年（1855年），黄河在今河南省兰考县铜瓦厢发生了史无前例的大决口，主流河道断流，洪水迅猛奔腾，淹没了河南、安徽、山东等地，河道摇摆北上，最终经山东大清河入海。咸丰皇帝上谕：“杨以增熟谙河务，于古今治河源流谅能通晓。如有所见，不妨据实敷陈，以备采择。”危难之际，咸丰皇帝还是将治河重任委托给年届七旬的杨以增。此时的他，既要忙于军务，又要积极组织防堵，最终因劳累过度，疾病缠身，卒于官任。

革除河弊竭所能

杨以增任江南河道总督时，清代的河道管理机构显现出繁冗、治河经费短绌以及河工用料不实等弊端。他大刀阔斧地进行改革，精简冗员，力除不必要的开支，以身作则，为河工们树立良好榜样。

革省冗员，裁并机构。杨以增到任时，河道管理机构已经相当繁冗。康熙初年，东河有四厅，南河有六厅，而到道光年间，东河十五厅，南河高达二十二厅。“臣于查工查料之便，周历各厅，接见文武弁员，查其才，具访其官声……”杨以增经过深入调查，亲历河工了解实情，以“河工人员自应以谙悉机宜为尚，而有为必先有守，尤应以不染习气、节省钱粮为当务之急”为标准，大胆裁减年老力衰、才识平庸、贪鄙谋利等不称职的河员，并精简机构、合并职能相近的部门，不仅有效节省开支，提高管理效率，还进一步提升河道治理效果。

以身作则，戒除恶习。清代河政多年存在河员多不驻工地、冒领钱粮等弄虚作假的恶习，而杨以增身为河督，经常到河工工地核查垛料，检查是否有虚报不实的情况。他还亲自携所属道、厅员弁，勘察河堤培修、河防工程情况，以确保工程质量和效果。在验收江南、江扬两厅的西堤工程时，他发现部分工地的碎石过于单薄，土工结构不够坚实，责令所有承办人员一律革职，并赔偿修复费用。此外，他还亲自检查河员到工情况，参加具体的决口抢筑工作，以身作则，遏制河员贪污，整治管理混乱等现象。

尽管杨以增在任时倾尽全力消除浮华、力除浮弊，并取得一定的成绩，但因当时的清王朝国力衰退、财力吃紧，治河经费连年削减，导致河政积弊丛生。每年黄河治理费用从原来的800万两缩减到不足300万两，且律法还规定河工所需经费“销六赔四”。为节省开支，杨以增采取能缓则缓的策略，不断减少河道预算，但仍入不敷出，督河之路举步维艰。尤其是在堵复决口时，因经费的短绌掣肘未能堵合成功，成为杨以增的终生憾事，其好友梅曾亮曾回忆说：“杨公仍以决口未堵复而悼叹不已，临终仍在不停筹划此事。”

“守身如金城汤池，粟私不可攻至。”南河地区在杨以增的治理下，奢靡之风锐减，整个社会风气发生了很大变化。他坚守清廉操守，每任一职，都心系百姓，政绩卓著；他心存大义，老骥伏枥，于危难中彰显责任和担当。他是清代不可多得的治水贤臣、能臣，其清正廉洁、担当作为的高尚品格，值得后人学习。

朱长安：生死黄河为民生

朱长安（1857—1937），字静斋，原籍山东省寿张县张秋镇，后移住河北省濮阳县（今河南省濮阳市）坝头集，在清末至民国年间颇具名声，培养了大批工程技术人才。清光绪九年（1883年），他投奔清军王镇起部当兵，次年被编为河防营，从此开始了治河生涯，并由河兵逐步擢升为汛长、河防营长、段长、民国时期黄河水利委员会视察等职。

廉政思想：胸怀大义，啬己奉公，惜民爱民

朱长安，自幼生长在黄河岸边。自参加黄河河道治理工作以来，他经常参加抢险、堵口，熟谙河事，长于埽工，足迹遍于冀、鲁、豫沿河两岸，参加过的抢险难以计算。据史料记载，朱长安仅参加过的堵口就多达20余次，在史家坞、双合岭、董庄等堵口中都作出了重要贡献，将毕生精力都奉献给了河防事业。

清光绪年间，山东黄河决溢特别频繁，抢险堵口工程连续不断。朱长安作为一名河防兵，长年累月地忙于抢险堵口。他勤奋好学，善于实践和总结，通过多年的实践操作掌握了许多技术，积累了丰富的经验，很快成为一名技术娴熟的河兵。

朱长安以身作则，在堵口工程中勇猛顽强，作风硬朗。初到黄河时，正值凌汛，山东河堤发生漏洞险情，众多抢险人员虽奋力抢堵，皆因水深流急而失败。随着漏洞的持续扩大，堤防面临着溃决危险，紧急关头，朱长安毫不犹豫地跳入漂浮着冰块的急流里，潜入水下寻找漏洞，并奋力用棉被、软草等物料塞堵漏洞。然而，由于水深流急，洞口较大，封堵实在困难。朱长安不顾个人危险，反复潜入水中，一次不行两次，再次不行三次，最终成功堵塞漏洞。当他筋疲力尽地浮上水面，被众人救上岸时已冻昏过去。

清光绪十七年（1891年），朱长安参加抢堵山东历城史家坞决口，此时堵口材料极缺，就地取材也无法救急，他当机立断，率领数百人采用挂柳方法堵口，取得显著效果，从此挂柳技术在山东得到推广，这在当时是河工技术的创新之举。民国二年（1913年），直隶省濮阳双合岭（今濮阳市习城集西）决口，次年口门冲刷宽800余丈。北洋政府抽调山东技术精湛的河工前往濮阳，参加堵口会战，朱长安也在这批技术河工之列。他积极参与堵口，结合决口特征实施堵口技术，终使堵口合龙，并有效节省了堵口经费，随后他被留任直隶河务局北岸河防营营长，管辖濮阳、长垣两县的河防事务。民国十八年（1929年），水利行政建制变更，撤销营汛，改为工巡段，他改任北岸第三段段长。民国二十二年（1933年），黄河水利委员会成立，技术精湛、经验丰富的朱长安被任命为黄河水利委员会视察。

朱长安由直隶省转战黄河两岸，在冯楼、贯台、董庄堵口工程中都作出重要贡献。特别是民国二十四年（1935年），山东鄄城董庄（今濮阳市与山东省鄄城县交界的李升屯村）决口，大水泛滥，山东成为重灾区，灾区面积达7 700余平方千米，波及鲁西南10余县及苏北部分地区，淹没耕地810万亩，淹没村庄8 700余个，灾民达250

▲董庄堵口时主坝柳石枕合龙时下口的水溜形势。

▼董庄堵口时即将下水的柳石枕。

董庄决口抢堵场景（图片源自《世纪黄河》）

余万人，倒塌房屋近百万间。作为黄河水利委员会视察兼堵口工程处副处长、东西两坝总掌坝的朱长安，不畏艰险，积极参加抢险堵口。他为了解决堵口过程中秸料埽体轻、浮力大、坝前易于窝溜刷底造成跑埽的难题，采用埽前抛护柳石坦跟随进占的新措施，进一占得一占，一占未跑，仅用3个月就使董庄决口顺利合龙。

朱长安几乎在黄河上度过了一辈子，不仅治黄经验丰富、技术精湛，他还关心职工，对下属及平民百姓十分关怀，深受百姓爱戴。民国十五年（1926年），直隶河务局积欠职工工资20余月，职工生活苦不堪言，且时届年关，仍无发薪迹象。这时，朱长安积极为职工发声，带领职工到直隶河务局分局谈判，得到部分解决，受到职工信赖。1937年2月，80岁高龄的朱长安病故在濮阳黄河河防工地。

傅世勋：历经“三代”的“打口子”能工

傅世勋（1884—1951），字历卿，江苏省淮安市淮阴区东关人。清光绪二十九年（1903年）投身黄河河务，曾任山东河防中游北一营（阿北营）会计，多年驻扎在阳谷陶城铺；后任下游北五分段书记长、高苑县治河办事处工程股股长等。

廉政思想：廉明清正，勤于政务，精于河工，无惧无畏

傅世勋年幼时父母早亡，由其兄嫂抚养成人。当时，“善徙善决”的黄河夺淮入海，流经淮阴，因淮阴地处黄河、淮河、大运河交汇之处，清朝河道总督府便设在淮阴。因其父曾于总督府供职，家境尚可，故而学于私塾，精于计算，以珠算见长，打算盘又快又准。19岁经族亲介绍参加了河务工作，后历经多年的堵口河工，养成了一技之长——“心算”，俗称“袖里紧”，即手揣在袄袖里靠掐手指头就能算出繁复的计算结果。他尤其擅长“打口子”（堵口，也叫大工）工料计算，与当时的几个老河工，如滨县的薛九龄、李洪德、李福昌和利津的于佐堂等配合，屡屡堵口胜利，成为小有名气的“打口子”能人。他曾留给后人一本总结工料计算的笔记，里面详细记载了常用工料的计算方法。笔记字迹工整，笔力遒劲，算法详尽，类次分明，是其多年治黄堵口的呕心沥血之作。

受命参加李升屯堵口大工

民国十四年（1925年）秋，黄水涨发，李升屯、黄花寺两大堤先后决口。洪水之大，为几十年所罕见。8月8日，直隶濮阳县李升屯（今属鄄城）民埝溃决，口门宽660余丈，洪水向东北流入濮阳、范县、郓城、寿张4县，泛滥200余里。虽经当地官民极力抢护，奈何水势凶猛，人力不济。9月20日，洪水又将寿张县黄花寺（今属梁山）南金堤冲决，一时间波及寿张、东平、郓城、阳谷、汶上5县400余村。两处决口使濮阳、范县、寿张、郓城、阳谷、东平、东阿、汶上8县尽成泽国。此次洪水造成8县受灾面积1 500平方千米，灾民200万人。

李升屯、黄花寺决口，因当时国库支付困难，未及时堵塞。1925年底，奉系张宗昌和国民军岳维峻部为争夺山东地盘而开战，黄河两岸成为军阀混战的战场。风雨飘摇的政府，兵荒马乱的时局，军阀们为了各自的利益争抢不休，且匪患不断，哪里顾得上老百姓的死活。两处决口的堵口经费，迟迟得不到解决。东平县当地贤达乡绅段广寅看到此状，不忍坐视，于1926年1月11日邀请8县灾民代表在十里堡聚会，极

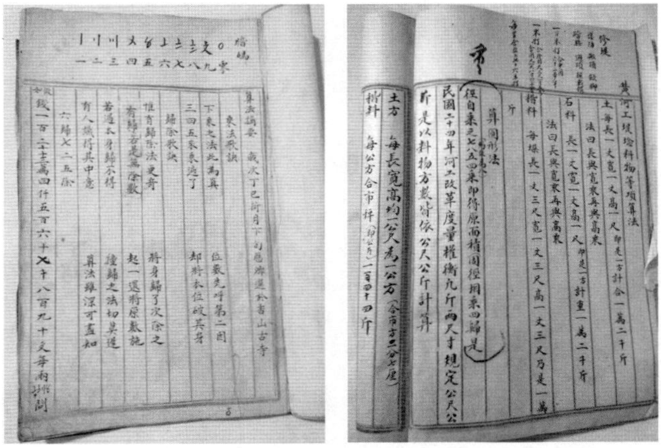

傅世勋留给后人的总结工料计算的笔记

力倡议创立8县协会，聚力堵口。时任山东河务总局局长林修竹多方奔走，在筹措资金无果的情形下，带领8县灾民代表到山东省政府集体请愿，时任山东督军张宗昌无奈，被迫同意以8县人口的本年税赋60万元用作堵口经费。

1926年2月，林修竹亲任堵口工程总办（林修竹后继任山东河务总局局长，著有《治黄刍议》），王炳燇（jùn）任会办、潘镒芬（苏州人，治黄名家）任总工程师，李升屯、黄花寺堵口工程同时开工。傅世勋因精于工料预算，账目管理清明，受命参加李升屯工程营决口堵复，负责工料计算、统筹、分拨、核算，加之经费不足，需调集相关县民出工、送料，账务账目纷繁复杂。经堵口工程总办协调，议定根据当时市场价格，出工按完成土方计价，送料按料物的重量计价，所有完成的工料都有堵口工程处审核制发收据，百姓凭此收据到各县应缴纳的丁漕款下支取。由三方严格审核，无虚报冒领之弊。由于情势危急，所有堵口河工、民工昼夜奋战，轮班上阵，但负责工料的差使，因缺少能写会算的人手，却不能轮次休息。傅世勋就白天跑堵口现场，晚上夜宿账房，没有床铺，就在“钱袋子”（银圆袋子）上和衣而眠，但他始终恪尽职守，记好账目，守好“钱袋子”，从不叫苦抱怨。两处堵口工程同时于2月25日动工，经过两个多月的奋战，李升屯决口于4月30日合龙，汛前竣工。原多次勘估花费需200万~500多万元才能完成堵口，实际用款仅67万元，利赖8县灾民出工摊料，管账精打细算，节约了大量资金，实为河工开一新纪元。李升屯、黄花寺决口堵复，数百万灾民得以恢复生产，重建家园。1927年11月13日（农历十月二十），为庆祝决口堵复，直隶、山东两省在济南举办了黄河安澜大会。

傅世勋所获奖品——铜砚台

反蒋治黄建奇功

由于傅世勋擅长“打口子”出了名，哪里出现了决口，哪里的“口子”堵复难度较大，上级官员往往就抽调他去哪里。一般“口子大工”一打就是几个月，甚至有的需要一年多，因而他总是携家带口，先后辗转于郑州、聊城、惠民、滨县等地。总之，治黄工作哪里需要，他就服从调配带着家人走到哪里。打的“口子”多了，一来二去，很多河官也和他成了熟人，如林修竹、钱正英、江衍坤等。1931 年左右，傅世勋调任下游北五分段书记长。1938 年，国民党为阻击日军侵华的步伐，以水代兵，人为扒决花园口，导致黄河改道入淮，山东黄河河道枯竭，民国河务机构随即解散。加之华北失守，兵火战乱，社会动荡，匪患横行，河务机构场所被强制霸占。在这种情况下，傅世勋一家的生活成了“上无片瓦，下无立锥之地”的真实写照。无地可耕，只能靠着自己的文化和以往的声望，在附近乡村开办村塾，教人读书识字，以换取家人生存的钱粮；无房可居，就只能靠租借村里老乡闲置的房子，这家住一段，那家住一段；最艰难的时候，生活困顿至极，家人被迫出门乞讨，生活举步维艰。没有依靠，随波逐流；衣食堪忧，前景黯淡。直到共产党新四军的队伍到了渤海解放区，他和家人才看到了生活的曙光。

1946 年，山东渤海解放区人民治黄机构成立，人民政府广招贤士，熟悉河工技术的老河防人员纷纷应召入伍。傅世勋被人民政府聘请，任高苑县治河办事处工程股股长，由于家学渊源，其子傅兰亭也已从事治黄工作十几年，同时被聘为滨县治河办事处工程股股长，父子二人同为黄河南北对岸治河骨干，主持操办了多处险工、护滩工程的设计修复及汛期抢险工作，一时间被传为佳话。

1947年，国民党军占领了黄河南岸，烧毁河工料物，破坏抢险，欲以“引黄归故”之名，故伎重演，以水代兵，水淹渤海解放区，后经多次谈判，最终还是引黄归故。废弃近10年的河道工程，千疮百孔，防守难度可想而知。当时为了保卫解放区的胜利成果，粉碎国民党反动派的阴谋，上级党组织号召“一手拿枪，一手拿锨”，反蒋治黄。傅世勋任职的高苑县刘春家险工适逢汛期出险，他便冒着生命危险，一方面配合地方人民武装抗击敌军，一方面组织河工抢护险情。敌人的飞机还不停地在天上盘旋，时而俯冲下来，用机枪扫射地面抢险的人们，时而沿河道低飞穿航，威吓坚持抢修险情的河工，

1948年12月4日山东黄河河务局在滨县山柳杜村召开的庆安澜大会（二排左六为傅世勋）

情势十分凶险。参加抢险的大多是年轻河工或者附近青年村民，被吓得战战兢兢。傅世勋不顾个人安危，站上坝头，一边鼓励大家不要害怕，敌机来了就躲起来，飞过去就赶紧干活；一边安排部署指挥抢险，经过几天几夜奋战，终于保住了出险的险工。当时的《渤海日报》刊文表扬了他敬业无畏的精神。

抱病支援王庄凌决堵口

"伏汛好抢，凌汛难防""凌汛决口，河官无罪"，黄河下游凌决是人们无法抗拒的天灾。新中国成立后发生的凌汛决口至今仅有两次，而傅世勋就亲历了其中一次，也是他人生路上的最后一次。

1951年2月3日（农历腊月二十七），这是一个人民治黄史上永远无法抹掉的日子——惠民地区庆安澜表彰大会刚刚结束第五天的凌晨1时45分，发生了凌汛决口。暴戾无羁的洪水在王庄险工下首撕裂了大堤，裹着冰块儿、挟着凌花儿喷涌直下，堤下村庄锣声骤起，刚刚从艰难岁月中走出来的人民群众又一次被裹进了凌灾的深渊，这就是利津王庄凌汛决口，也是新中国成立后黄河凌汛的第一次决口。

时年黄河凌情严重，黄河自京汉铁路桥以下，封冻长600余千米，冰厚0.1~0.4米。1月29日夜，济南、章丘河段亦开凌，仅一天一夜自泺口至利津长400余里的河道全部开冻，满河淌凌。30日，上游来冰卡在前左一号坝，前左以下仍固封未开。一日之间，冰凌向上游插塞，前左一号坝以上20余千米河道尽成冰山，积冰达4 000余万立方米，滩地亦被冰凌壅塞，水流不能下泄，利津河段水位猛涨。2月2日，水位上涨已超过1949年洪水位0.83米，大堤堤顶仅高出水面0.2~0.3米，大量的冰凌被推上堤顶，形成罕见的凌汛险情。2月2

日23时，利津王庄险工以下300余米处，查水民工发现背河有3处漏洞出水，当即鸣警告急，民工300余人、工程队员30余人共同奋力抢堵。因临河水面尽为冰凌覆盖，无法找到洞口，背河抢堵无效；且天寒地冻，取土艰难。工程队员张汝宾、于宗五等冒险在临河破冰抢堵，发现一个大漩涡，正用麻袋秸料抢堵时，背河堤坡塌陷，继而临河堤坡塌陷，最后堤身塌陷10余米，抢险的工程队员张汝宾、乡长赵文举、后张窝村村长刘朝阳等10余人均陷入口门。3日1时45分溃决成灾。在抢堵漏洞中，工程队员张汝宾、村长刘朝阳、民工赵永恩3人不幸牺牲。王庄决口后，口门迅速扩展为216米，过流约600立方米每秒，溃水入徒骇河，泛区宽14千米、长40千米，淹及利津、沾化两县122个村庄，受灾人口达85 415人，倒塌房屋8 641间。

决口当日，山东黄河河务局局长江衍坤一行疾速赶往现场组织抢救。傅世勋应邀也在随行之列，时年他已67岁高龄，且身染重病，但他不顾个人安危，毅然随行前往察看口门情势，参与商议现场抢救方案。俗话说“十冬腊月天，风似刀雪似箭”，但傅世勋凭着坚强的意志，以风烛残年之力，尽“士为知己者死”之志，倾尽一生报党恩。

2月4日，黄河水利委员会主任王化云带领多名专家、工程师星夜兼程赴王庄查勘冰情工情，并确定在利津成立抢救委员会。即日，设立收容所6

傅世勋在决口现场

（前排右一为江衍坤，前排右二为傅世勋）

处、粥厂1处，山东省生产救灾委员会、华东军政委员会拨粮食250万千克，调船只358艘，派干部218人分赴灾区施赈。短短的几天内，非灾区群众捐干粮、食物、粮食2万余千克。

王化云现场查勘冰情工情（右二为王化云，中为江衍坤，前左一为傅世勋）

2月15日，山东省人民政府出台王庄口门堵复工程决定，并由山东省、黄河水利委员会组成堵口委员会，王化云任主任，江衍坤、陈梅川（惠民专员公署专员）任副主任并任堵口指挥部正、副指挥。山东省政府拨款480万元，调集技工、民工7 000余人。

3月21日，王庄凌汛溃口堵复工程正式开工。根据工程计划，先行在口门前400米处打桩编柳，修筑透水坝，以还淤减轻口门压力。4月1日，东西两坝开始进占，人流如梭，昼夜不停。至6日下午，两坝关门占稳落两侧，此时共进占11个，龙门口仅余12米。4月7日凌晨，7 000余名民工集结工地，山东省政府副主席郭子化乘舟督战。5时20分，合龙大工开始。两个直径半米多的龙枕横卧在东西两坝的关门占上，上面早已布好了数十根合龙绳，活系在15米开外的合龙桩上。用细麻绳系成的龙衣（孔为30厘米见方的格子网）已在沙条杆上卷好，并将一端系于龙牙（揳入龙枕上的签桩）上。然后进行"滚龙衣""进占""合龙占""占体落水到位"等一系列操作，紧接着，东西两坝同时行动，把早已备好的麻袋、块石迅速抛至占前。

8时30分，抛出水面，旋即进土筑戗。9时，整个戗面出水，口门闭气，堵工告成。7 000余名民工士气大振，在此后一个多月的时间里，一鼓作气完成复堤土方4万余立方米及险工埽坝加固、抛根等项目。至5月20日，堵复工程全部告竣。

新中国首次黄河凌决堵复成功了，但在之后不久，傅世勋老人却因病去世，告别了他追随一生、魂牵梦绕的滔滔大河。7年后（1958年秋），傅世勋的儿子傅兰亭应时任黑龙江省水利厅厅长门金甲（曾任山东黄河河务局副局长）的邀请，前往黑龙江中苏界江段南岸，负责设计建造中苏界江处南岸防水防洪工程，因为当时中苏关系紧张，苏方于北岸筑坝挑溜，改变水势，造成南岸垮岸，江道南移，蚕食我方国土。白山黑水，地处高寒，傅兰亭继承老一辈优良传统，为赶修工程昼夜不停连续奋战，有时接连四五个昼夜不曾合眼，终因工作过度劳累，又难耐当地严寒大风，积劳成疾，病倒归家。据其家人回忆，回到家中，傅兰亭一连沉睡3天不醒，随后身体一天不如一天，每况愈下，于1965年初病逝，时年63岁。

傅世勋，父子二代，同处新旧两个时代交替之际，同感新旧两个时代精神之天壤之别，在中国共产党的领导和感召下，不惧艰险，不计得失，顾全大局，同样为黄河水利事业奋斗了一生，作出了一代接一代的贡献。

王效树：战乱年代的治黄专家

王效树（1899—1966），号松年，今山东省利津县王庄人。历任东阿县陶嘴汛长、冀鲁豫黄河水利委员会第四修防处顾问和工程队大队长。1947年他和他领导的工程大队立"特等功"。

廉政思想：不惧生死，实干担当，护河佑民

王效树小时候的家庭条件比较贫寒，13岁便开始在河防营当杂工，30岁在东阿县陶嘴当汛长，在黄河上多次参加合龙堵口，任坝长。他虽然文化程度不高，但在黄河治理方面却展现了出色的技能和才干，凭借着丰富的工作经验，对治河上的修堤、防洪、抢险、合龙堵口技术样样精通，称得上是"勤于河务、言传会干"的治黄专家。

精心传授治黄技术

1946—1955年间，特别是在人民治黄开始的战争年代，王效树多次参加治黄技术学习班和座谈会，毫无保留地将几十年积累的治黄经验和治黄技术奉献出来，对治黄工作发挥了重要作用。

一、亲自带队设计测量工具

1946年3月，冀鲁豫黄河水利委员会第四修防处（聊城修防处前身）在平阴成立，管辖东阿、平阴、河西、齐禹4个修防段。王效树被聘为第四修防处顾问和工程队大队长。当时的治黄工作没有任何工程资料，修防处组建了测量勘察队，在无任何测量工具和敌人封锁的环境下，由王效树带领一队年轻人，开始自己制造工具。他们用杉木制作6根5米长和4根2米长的测杆，用红黑漆标上米和分米；把10号铅丝截成1米，扣制成50米长的测链两条，用线绳和红黑布条做两条50米长的软测绳。在他的指导下，测量勘察队用自制的测量工具，冒着敌机扫射和袭击，从徐毅县上首陶城铺开始，用时1个月实地测量了徐毅、东阿、河西至齐禹南坛险工120公里的大堤长度；测量了4个县的37处险工，950段坝埽和护岸，总长度达5.3公里，并估算出把这些破碎的坝岸、坝埽恢复起来需要用石料24万立方米、秸料2 500万千克、2米长桩2万根、麻绳2万千克、土150万立方米，总需工500万个工日。通过此次测量，获得全面的数据资料，为以后的工程建设打下了资料基础。

二、毫不藏私地传授治黄技术

在平阴开办的治黄业务培训班上，王效树用10天时间为100余人详细讲解治黄修堤、防汛、整险、抢险和工程管理等业务知识；在东阿县毕庄开办的200余名修堤人员学习班上，王效树站在黄河大堤上，给学员具体讲解修堤铺工、倒土、硪具选择、土质掺和、验收质量要求、工程单价、取土要求、收方结账等知识，培训了第一批修堤工程技术人员；在东阿县陶邵险工黄河整险培训班上，为民工、工程大队、处段工程技术人员边讲解知识、边指挥操作，无私地传授修坝、抢险等各种治黄技术，历时3个月，共做秸料埽4段、石坝1处。

积极抢护范坡险情

1947年黄河归故前，位于黄河东阿段上游的范坡险工工程破损严重。3月下旬，尚未修复的工程就遭遇了3 500立方米每秒以上流量的洪水，从范坡庄西南至王坡庄前3 700米长的堤线上，坝埝大部分漫水，特别是险工上首1 500多米长的一段，黄河主溜被对岸的荫柳科庄险工一挑，直冲过来，坍塌严重，有的堤坡坍塌10余米，情况十分危险。

当地地委、专署、军分区和第四修防处领导，紧急命令王效树连夜带领工程大队赶到范坡险工。王效树迅速组织研究，采取措施，派4个工程班带领500名民工对已漫水的7个主坝头进行加高修护，把大溜推出去；派两个工程班带领500名民工，丢护5段长护埝，保护堤脚不被边溜冲刷。王效树亲自带4个工程班500名民工抢护范坡上首最危险的1 500米新险，集中力量抢丢5个石堆，用石约2 500立方米，但仍没有减缓险情。王效树果断改变做法，采取绳缆牵引，集中力量用"丢柳石枕"的方法进行抢护，连续奋战15个昼夜，用石约2.5万立方米，柳枝约25万千克，参加抢险民工5 000余名，运石大车约500辆，最终控制了范坡险情，转入正常春修工作。

王效树凭借丰富的黄河抢险知识和经验，准确运用抢险技术措施，使人民治黄安澜初战取得胜利，大长黄河人志气，受到地区指挥部的通报表扬。

"声东击西"完成潘庄抢护

1948年7月，黄河大水流量达7 000立方米每秒，大溜直冲河西县潘庄险工下首，致使4段新坝头严重坍塌。而国民党地方部队200

余人驻扎在对岸孝里铺一带，并在黄河南岸挖有战沟，不时用机枪扫射，使险工下首1千米内无人敢靠近，呈现人员上不去、险情无法控制的局面。

王效树受命带队到潘庄抢险，暗中调查潘庄险工上下10千米内的敌人活动情况，发现只有孝里铺这股敌军。经研究决定，采用“声东击西”的办法，抽调一个营的民兵在上游傅家岸渡口，扮作强渡黄河的样子，调离敌人，趁机抢修潘庄险情。

王效树指挥工程队6个班和2 000余名民工，在4个坝墙内修建掩体，并在黄河大堤外，捆30~50米长的柳石枕46条，堤肩堆石500余立方米，做好一切抢险准备。20日晚8时，在傅岸渡口，炮火齐鸣，响起大军强渡黄河的声音。王效树趁机指挥民工抬柳石枕、扛木桩绳缆、抛石头，经过大约5个小时的奋战，终于控制住4段出险的坝头坍塌险情。但抢修人员还未撤出，就遭遇敌人用两挺机枪封锁道路。万幸的是，未撤走的400余名民工藏在预先修筑的掩体内，没有人员伤亡，成功返回大堤外。

王效树运用“声东击西”的办法，调离敌人，完成潘庄抢险任务。当被敌人识破，又杀回马枪时，他用预先修筑的掩体保护了抢险民工的安全，不愧为战争年代智勇双全的指挥员。

岳舜卿：机智果断修险工

岳舜卿（1905—1977），原名崇予，今山东省阳谷县石门宋乡岳海村人。1939年12月加入中国共产党，1946年3月任冀鲁豫区黄河水利委员会第四修防处副主任，在当时敌军武装侵袭的情况下整修东阿县陶邵险工。自1946年11月，历任中共冀鲁豫第六地委委员、人民武装部部长，中共聊城地委委员、常委，聊城军分区副司令员、司令员，济宁军分区司令员，宁夏回族自治区农业局副局长、党组副书记等职。

廉政思想：身先士卒，勤政爱民，公而忘私

岳舜卿，一位理想信念坚定的抗日战士和地方领导干部。他在抗日战争全面爆发前就积极筹备民团，抵御外侮。1938年参加革命工作，任阳谷县抗日总队副队长。1939年秋，日军占据阳谷县城，岳舜卿主动组建阳谷县第一支武装力量——谷山游击队，并任队长，与日军展开游击战，镇压当地的土匪、汉奸。同年12月，加入中国共产党。阳谷县抗日民主政府成立后，岳舜卿任抗日基干大队大队长、阳谷县县长等职，他在做好巩固地方政权的同时，亲自率领县、区抗日武装，转战县内外，袭扰敌人，并配合主力部队先后攻克敌伪盘踞的朱老庄、老槐阴、郭店屯、费楼、石佛、簸箕柳、于庄等据点，解放了大片村庄，逐步壮大抗日队伍，对抗日战争和地方组织建设作出重要贡献。

1946年3月，冀鲁豫区黄河水利委员会第四修防处成立，岳舜卿任副主任，直接领导聊城地区人民进行“反蒋治黄”斗争。6月，自濮县至齐禹全长250千米的黄河大堤开始修复，各县出动3万~5万名民工，吃住在堤上。后来，蒋介石撕毁停战协议，分四路围攻中原解放区，悍然发动对中原解放区的大规模进攻。当时，国民党军队不断侵犯沿黄地区，对复堤民工狂轰滥炸，企图占领黄河天险，控制山东解放区。为保卫黄河、保护人民的生命财产安全，岳舜卿决定在东阿县陶邵险工开展一次大规模的整险工作。于是，在内战硝烟弥漫的形势下，岳舜卿带领黄河干部、工程队员和民工共500余人，开始在东

岳舜卿与东昌中学同学合影（自下而上第二排左起第二名为岳舜卿）
（图片源自聊城市档案馆公众号）

阿县陶邵险工集中进行整险施工。

施工过程中，岳舜卿不仅展现了出色的组织能力和果断的决策能力，还身先士卒，不怕牺牲，顶着敌人的炮火和骚扰，与工人、民工并肩作战，成功完成了石方、秸料的运输及险工整修工作。为克服困难，他与大家一起研究方案、调配人力物力，针对不同的险情采取灵活的应对措施。他积极招纳有技术的老河工和工程技术人员，在工地现场进行防汛抢险技术培训，传授经验和技术，提高团队的整体治黄能力。在整修险工坝岸时，岳舜卿时时关注工程质量和进度，及时提醒大家注意安全，施工过程没有发生任何安全事故。在他的带领下，施工团队士气大增，机智果断地与敌人周旋，克服重重困难，成功整修了东阿县陶邵险工坝岸，共用石方1万余立方米、秸料50余万公斤。

这次整修险工为保护黄河堤防和人民生命财产安全提供了保障，同时也为战胜黄河归故后的洪水奠定了工程防护基础。岳舜卿不怕牺牲、无私奉献、担当作为的作风，也赢得广大群众的信任和支持。他取得的丰富经验和丰硕成果也为黄河治理事业贡献了宝贵的经验和智慧。

王化云：人民治黄首任河官

王化云工作照

王化云（1908—1992），现代水利事业家，中国共产党党员，清末山东省馆陶县（今河北省邯郸市馆陶县）南馆陶镇人，毕业于国立北京大学法律系。曾任山东聊城政训处总务干事，邱县、冠县抗日县政府县长，鲁西行署民政处长，冀鲁豫行署党组成员、处长等职。解放战争时期，担任冀鲁豫行署党组成员，黄河水利委员会主任、党组书记，黄河河防司令部司令员。新中国成立后，历任水电部党组成员，黄河水利委员会主任、党组书记，三门峡工程局副局长等职，当选一至六届全国人民代表大会代表，中国共产党第十二次全国代表大会代表。

廉政思想：克己奉公，心无旁骛，勇于担当

王化云长期致力于黄河治理工作，是治黄史上一位标志性的人物，是中国共产党领导人民治黄的首任河官、人民治黄机构的第一位领导人。他先后提出了“除害兴利、综合利用”“宽河固堤”“蓄水拦沙”“上拦下排、两岸分滞”等治黄措施，自此一改黄河“三年两决口”的“害河”旧貌，取得了至今伏秋大汛岁岁安澜的伟大成就。

临危受命担重任

在烽火连天的1946年，一场关乎民族命运与自然力量的较量悄然上演。国民党当局以“黄河归故”之名，行“以水代兵”之实，企图借堵复8年前（1938年）郑州花园口黄河大堤口门之机，重演水淹解放区的悲剧。为粉碎国民党当局的阴谋，中共一方面与国民党当局展开艰难反复的谈判，为黄河归故整修堤防争取时间；另一方面成立专门的机构，抓紧修复堤防，抵御可能到来的黄河洪水，确保胜利成果。

1946年2月22日，中国共产党决定成立治理黄河的专门机构——冀鲁豫黄河故道管理委员会（后改名为冀鲁豫区黄河水利委员会），任命38岁的王化云为中共第一任黄河水利委员会主任。非水利科班出身的王化云心存顾虑，担心不能胜任。但面对迫在眉睫的黄河抗洪防汛险情，在时任冀鲁豫行署主任段君毅的鼓励下，王化云毅然接过这副重担，怀着“如临深渊、如履薄冰、提心吊胆、战战兢兢”的高度责任感，义无反顾地投入治黄事业之中，担起了这个开拓性工作的重任。

初任河官，条件艰苦，人手匮乏。刚刚组建的冀鲁豫区黄河水利委员会只有3个人：主任王化云、总务科长张国维和工程师马静庭。3人没有车、没有马，硬是以双脚为尺，徒步千里，走遍了黄河下游沿河工地。在边区党组织强有力的领导与支持下，他们充分动员沿黄民众整治险工，强化人防，在短短不到一年的时间里，成功完成了黄河堤岸险工整治。王化云始终把黄河下游防洪安全置于治黄工作的首位，曾对自己的大女儿说，黄河的事事关千百万人民生命财产的安全，拼着性命也要干好！

当时，时任中共中央副主席的周恩来直接领导黄河归故的谈判斗争，历经开封协议、菏泽协议、南京协定，其中还进行了张秋会谈、邯郸会谈、东明会谈3次小型会谈，最终签订了上海协议，取得黄河归故事件的胜利，大河安然东归，彻底粉碎了国民党水淹解放区的阴谋。王化云领导的黄河水利委员会在这场斗争中制定了修复方案和群众搬迁救济计划，为黄河归故的谈判代表提供资料，发挥了重要作用。

黄河回归故道后，迎来了丰水期的考验。20世纪四五十年代是黄河的丰水期，连续3年，洪水肆虐，防洪形势异常严峻。初涉治黄工作的王化云负重前行，靠着对治理黄河的基本了解和经验，带领治黄职工在黄河两岸开展了一场场艰苦卓绝的战斗，一次次化险为夷，连续战胜了3年内发生的大洪水，为开国大典敬献了一份厚礼。

牢记嘱托勇求索

王化云是一个酷爱读书的人，为寻求黄河的治本之策、兴利之路，开始了上下求索。在组建全流域治黄机构、开展全流域查勘、宽河固堤、引黄济卫、制订黄河规划的繁忙工作中，他总是见缝插针地读书、思考，几乎读遍了当时所能找到的各类治黄史志和论著。通过理论与实践的双重启发，他认识到：人民治黄之初，首先应扭转黄河为害的历史，宽河固堤，确保防洪安全。但是，黄河的根本解决之道却不在下游，治河的目的也不能仅满足于防洪安全，应该进行更为全面、综合的考虑。1949年，王化云向华北人民政府主席董必武呈报了《治理黄河初步意见》，明确提出：我们治理黄河的目的，应该是变“害河”为利河。治理黄河的方针应该是防灾和兴利并重，上、中、下三游统筹，本流和支流兼顾。

1949年6月，统一的治河机构——黄河水利委员会正式成立，王化云被推选为主任。他开始深入思考如何治理这条桀骜不驯、洪患肆虐的黄河。他带领团队通过广泛的实地考察和深入研究，结合几年来的治河实践，提出了新中国成立后的第一个治黄方略——宽河固堤，并倡导建设了黄河下游第一个引黄灌溉工程——人民胜利渠，开启了黄河由害变利的新纪元。

自1950年开始，在王化云的领导下，黄河下游开展了一系列工程和非工程措施建设，进行了新中国成立后为期7年之久的第一次大堤加培工程，并先后扩建、新建多座水土保持试验站，同时大力开展实地考察和查勘。他的足迹踏遍黄河干流，以及上到洮河、湟水，下到汶河等几十条支流。为了借鉴外流域治理经验，他还考察了长江、淮河、海河、辽河、松花江、珠江等大江大河。通过实地考察和借鉴外流域治理经验，他逐步认识到黄河的根本问题是泥沙太多、水沙关系不平衡，并在《关于黄河治理的方略的意见》一文中第一次正式提出了“除害兴利、蓄水拦沙”的治黄主张，即修筑干流和支流水库拦蓄泥沙洪水，同时大规模开展黄土高原水土保持，把泥沙和水拦蓄在高原上、沟壑里以及水库中。这样，黄河的问题才有可能得到根治，进而达到综合开发、除害兴利的目的，第二个治河方略就此初具雏形。

1952年10月30日，王化云在陪同毛泽东主席视察黄河时，将自己最新的治河设想面陈毛泽东主席，得到了肯定和赞许。毛泽东主席“要把黄河的事情办好”的殷殷嘱托，使王化云再次感到了强烈的责任感和紧迫感。怎样才能把黄河的事情办好呢？肩负重任的王化云认为新的治河方略雏形是基本正确的，应尽快完善。在国家和各级领导重视的基础上，加上王化云个人的勤奋，共同催生了黄河上第二个治黄方略“除害兴利、蓄水拦沙”的诞生。这一方略实现了由单纯的除害向除害兴利综合考虑，可以说是王化云治河思想的一次重大飞跃。

1953年，王化云专程赴京，向政务院副总理邓子恢进行了详细的专题汇报，并在几天后正式呈交了详述这一方略的《关于黄河基本情况与根治意见》和《关于黄河情况与目前防洪措施》两个报告。他的第二个治黄方略被呈送中南海。

1954年元旦刚过，以苏联列宁格勒水电设计院副总工程师柯洛略夫为组长的8名苏联专家组专程来到北京，协助黄河治理工作。国务院组织的拥有130人强大阵容的中苏黄河查勘团对黄河进行了一次全面的查勘，用时几个月，黄河的规划问题列入了国家的重要议事日程。在此基础上，王化云主持编写了《黄河综合利用规划技术经济报告》（也是1955年黄河规划的基础蓝本），为黄河的治理开发提供了科学的规划依据。1955年7月5日，在第一届全国人民代表大会第二次会议上，《关于根治黄河水害和开发黄河水利的综合规划的报告》与国家的第一个五年计划一起，得到了1 000多位与会代表的一致通过，诞生了第一个黄河规划。规划的总体指导思想正是基于王化云提出的“除害兴利、蓄水拦沙”的治黄方略，标志着中国历史上第一部全面、完整、系统的黄河综合规划的诞生。

1958年，黄河遭遇了一场前所未有的超级洪水。测报资料显示，这场洪水与黄河历史上著名的1933年洪水极为相似，而1933年洪水下游决口达50余处，淹没4省30个县，死亡1.27万人。按照常理，此时应迅速实施石头庄溢洪堰分洪。分洪，顺理成章，河官无罪，但是100万人大转移、200万亩耕地受淹，国家补偿损失达4亿元；不分洪，黄河下游堤防将面临严峻考验，一旦堤防失守，刚刚安定的国家和人民将承受更为惨重的灾难。流量22 300立方米每秒，一场超大洪峰将王化云推向了分洪与不分洪这一决策的风口浪尖。经过反复权衡，王化云置个人荣辱于不顾，最终提出了不分洪的建议。周恩来总理亲临抗洪一线，给了王化云莫大的精神支持。经过200万名抗洪军民昼夜奋战，严密地把守着每一段堤坝，人在堤在，水涨堤高，抢堵和处理了2 000余处险情，终于使滔滔洪流安然通过。一场罕见的新中国成立后的第一次大洪水安稳入海。

栉风沐雨三门峡

1957年，三门峡工程正式开工建设。王化云义无反顾地肩负起工程的组织者和领导者，兼任三门峡工程局副局长。他不计个人职位高低，倾尽心血，投入这场人力与黄河的较量中。仅用了3年时间，就建成了万里黄河第一坝的三门峡工程，开启了治黄事业的新篇章。

然而，黄河的复杂性与多变性远超想象。三门峡工程投入运行后不久，库区就发生了严重的泥沙淤积，回水倒灌渭河两岸，大片农田被淹。一时之间，三门峡工程面临着前所未有的挑战，也使王化云背负了巨大的压力。面对困境，王化云没有退缩，他不断地思考，不断地总结，不断地探索，努力寻找问题的根源和破解之道。自1962年开始，三门峡工程开启了改建之路。王化云带领团队深入一线，实地考察，反复研究，最终决定将运用方式由“蓄水拦沙”转变为“蓄清排浑”，这一创举为工程带来了新的生机。1964年末，在国务院总理周恩来主持召开的治理黄河会议上，王化云代表黄河水利委员会正式提出了修正后的“上拦下排”治河方略，为未来治黄工作指明了方向。

在《我的治河实践》中，王化云回顾总结了三门峡工程的建设历程，写道：“黄河治本不再只是上中游的事，而是上中下游的一项长期艰巨的任务，在上中游拦泥蓄水，在下游防洪排沙。”虽然三门峡工程建设过程中遭遇了科学技术进展中不可避免的挫折，但王化云凭着实践、认识，集思广益，不断修正调整治河理念，提高完善治黄方略。可以说“上拦下排”是他治黄理念的又一次重大飞跃。

桑榆晚霞系大河

1978年，年逾古稀的王化云复任黄河水利委员会主任，以不屈不挠的精神投入新时期的治黄事业。

1982年8月2日，黄河发生了人民治黄以来的第二次大洪水。花园口站洪峰流量达15 300立方米每秒，7天洪量达50.2亿立方米，最高水位达93.99米。洪水过程中，10 000立方米每秒以上流量持续52小时。这位已退居二线的74岁老人，以强烈的责任感再次挺身而出，力推小浪底水利枢纽工程建设，以应对日益加剧的黄河洪水威胁。9月，王化云在参加中国共产党第十二次全国代表大会期间，积极发声，在河南代表团讨论会上作了专题发言，呼吁加快推进小浪底工程建设，并在会后向国务院领导同志作了详细汇报。

随后的几年里，他更是为此事频繁奔波，通过与国内外专家无数次的论证、交流，终于促使小浪底工程获得广泛认可与决策支持。1983年5月，在北京小浪底工程论证会上，经过分析论证、交流汇融，百余位专家学者的认识渐趋一致：小浪底工程是三门峡以下黄河干流上唯一能够取得较大库容的重大控制性工程，其兴建是十分必要的。1984年4月，王化云就修建小浪底工程的必要性、紧迫性、可行性再次向中央主要领导同志当面汇报。1987年，在中美轮廓设计和国家计委评估的基础上，国家计委向国务院正式呈交了《关于审批黄河小浪底水利枢纽工程设计的任务请示》。在王化云的坚持下，小浪底水利枢纽工程正式获得国家批准，历经坎坷艰辛终于迎来了决策的曙光。

同年，由王化云主持撰写的集人民治黄40年经验之大成和凝聚着他本人一生治河心得的著作《我的治河实践》一书正式完成。遗憾的是，在生命的最后时刻，王化云却留给世人一篇未完成的大作——《说黄河》。他劳累一生为了黄河，他孜孜以求为了黄河，他四处奔波为了黄河，这部未完成的遗作正体现了一代河官王化云对黄河无尽的爱和深深的眷恋。

王化云潜心治理黄河长达40年，亲历了人民治黄从无到有、从初创到辉煌的艰难曲折历程。滔滔黄河见证了他的勤奋与钻研，座座丰碑昭示着他对治黄事业的忠诚与奉献，他在人们心目中就是名副其实的大禹传人。

王筱湖："坡里暴动"走出的"河官"

王筱湖像

王筱湖（1910—1997），原名王五泉，今山东省阳谷县郭店屯梨园村人。中国共产党党员，历任阳谷县抗日游击总队第一大队副大队长，阳谷县第三区区长，东阿县副县长，平原省齐禹县县长等职。新中国成立后，王筱湖由地方转入水利战线，历任山东黄河河务局清济修防处主任，水利部秘书处副处长，水利部国家监察局副局长，内蒙古自治区水利厅副厅长、党组副书记，水利电力部水利建设司副司长，水利部农田水利局副局长、顾问等职。

廉政思想：信念坚定，为民请命，保家护民，泽被乡里

中共鲁西党史上著名的"坡里暴动"，是在中共鲁西第一个党支部的领导下发生的，而"坡里暴动"发生地就在阳谷县郭店屯乡，王筱湖便是此次暴动的组织者之一。

王筱湖自幼深受革命真理的感染，向往革命，于1927年6月经杨耕心介绍加入共青团组织。

20世纪20年代，在军阀政府横征暴敛、土豪劣绅残酷压榨下，各地贫苦大众自发进行接连不断的抗捐抗税斗争。1927年7月，以"每亩加征四吊钱"的税钱为导火线，阳谷县爆发了一场大规模的抗税斗争。王筱湖跟随杨耕心以贴标语的方式在阳谷县城北村庄进行宣传鼓动，暗暗将"立即行动起来，反对苛捐杂税！""打倒贪官污吏！"等标语张贴在村外的树上、村内的墙上。短短几天时间，他们就聚集了数万群众，组织群众扛着红缨枪把阳谷县城围困起来，一直围城10余天，连续多次发起围攻。这场斗争吓得县知事紧闭城门，倾兵守城，大大削弱了阳谷县贪官污吏的威风。同年底，王筱湖光荣地加入了中国共产党。

1928年1月14日，中共东昌（鲁西）县委组织领导阳谷坡里暴动，王筱湖成为杨耕心发动、组织坡里暴动的通信联络助手。根据省委指示，东昌县委加强了阳谷坡里暴动的准备工作，把县委指导坡里暴动的联络站设在了梨园村王筱湖家，由王筱湖担任通信联络员，主要负责获取情报和联络工作。在杨耕心、聂子政的具体指导下，由原绿林武装韩建德、曹万年部近百人和九都杨支部组织的农会会员近80人组成暴动骨干武装，聊城省立二中进步学生数十人也参与暴动。暴动队伍占领了坡里天主教堂后，开仓放粮，张贴布告，向广大群众宣传共产党的主张，产生了巨大的政治影响。然而，在军阀和反动官府的联合镇压下，暴动队伍坚守了25天后以失败告终，从此内外断绝了联系。

在与上级党组织失去联系的情况下，王筱湖和杨耕心等积极进行了三项工作：一是主动地团结爱国人士，揭露蒋介石的卖国政策；二是注意培养青年一代；三是利用各种机会进行社会活动。王筱湖主要负责第一项和第三项工作。王筱湖由在北平做地下党活动的韩子栋推荐，以阳谷县民众教育馆附设平民小学教员的身份作掩护，继续为党工作，联系、结交爱国人士，宣传革命主张。

七七事变后，随着阳谷县抗日武装的逐步壮大，王筱湖与党组织重新取得联系，并担任阳谷县抗日游击总队总务股长兼第一大队副大队长，与敌伪军进行了长期艰苦的斗争。当时，阳谷县城及各区的敌伪军奸淫烧杀，搜刮民脂民膏，百姓生活困苦不堪。为保护人民的生命财产，王筱湖带领抗日三区的同志在聊阳公路两侧与敌人周旋，并与国民党县长朱子梅进行顽强的斗争。随着斗争越来越尖锐，面对敌人的疯狂捕捉和烧杀抢掠，许多抗日家属不得不逃离家乡，投奔到抗日根据地来，王筱湖的家也被敌人剿、烧，几乎被铲为平地，他的家人也被迫逃离家乡。

新中国成立后，王筱湖时刻不忘家乡民众，关心乡里人民生活，自筹资金为梨园村百余户接通水电线路，鼓励乡亲跟定共产党，艰苦创业，建设家园。目前，梨园村已成为省级文明模范村。

袁　隆：六十年治水志不移

袁隆（1918—2009），原名袁青春，今山东省莘县人。1935年参加革命工作并加入中国共产党。1947年投身治黄事业，10月任冀鲁豫黄河水利委员会秘书处处长、党总支副书记。新中国成立后，历任黄河水利委员会办公室主任兼人事处处长，河南黄河河务局局长，黄河水利委员会委员、党委副书记，河南省水利厅农田水利局局长、党组副书记，黄河水利委员会主任、党委书记，中共河南省顾问委员会常委等职。著有《治水六十年》。

廉政思想：初心不改，正直敬业，离休不褪色，离岗不离心

袁隆撰写的《治水六十年》

袁隆的《治水六十年》一书，记述着他几十年来从事治河、治水工作的实践经验和总结，为我们提供了珍贵的历史治水资料。

袁隆，出生于山东濮县孙堤口村（今莘县古云镇），该村紧邻黄河北金堤，土地贫瘠，却孕育了他坚韧不拔的品格。他自幼在黄河边长大，对这条母亲河怀有深厚的情感。从事治水工作60年，他为初期人民治理黄河事业做了大量开拓性工作，贡献了智慧和力量，亲眼见证了桀骜难驯的黄河由“害河”变利河，编织了一段与黄河的不解情缘。

1935年，年仅17岁的袁隆由本村小学教员皮文英介绍加入中国共产党，从此踏上革命的道路。不久之后，命运为他开启了另一扇门，在一次县里小学教师招考中，他抱着试一试的心态，却意外获得了小学教师的资格。这一张准教4年的证书，不仅开启了他教书育人的事业，更成为他秘密从事地下革命工作的掩护。19岁那年，战争的硝烟弥漫全国，抗日战争的烽火熊熊燃起。面对国家危难，袁隆积极响应党的号召，放下教鞭，走向了抗日前线，成为一名宣传抗日思想和激励民众奋起抗争的先锋战士。1938年，他毅然加入范筑先将军麾下的鲁西抗日五支队，随后转战八路军抗日先遣部队，从文书到排长，从训练队长到连指导员，每一个岗位都见证了他的英勇战斗与卓越智慧。在战火纷飞中，袁隆不断成长为一名智勇双全的抗日将领。1941年，他肩负重任，任永肥县武装部部长兼抗联主任，带领游击队穿梭于敌后，杀鬼子、除汉奸，与日寇、汉奸斗智斗勇，书写了一段段可歌可泣的英雄篇章。

指挥高村抢险

1947年，袁隆的人生轨迹发生重大转折，他被调任冀鲁豫黄河水利委员会任秘书长、党总支副书记，从此开启了长期治理黄河的征途。初涉治黄领域，面对尚不熟悉的治黄环境，袁隆便迎来了重大考验——筹备庆祝黄河安澜大会。他克服重重困难，将简陋的会场布置得既庄重又热烈，现场“战胜蒋黄”的口号以及振奋人心的锣鼓声，无不彰显着人民治黄的坚定信念与不屈精神。尽管条件艰苦，但袁隆凭着吃苦耐劳、任劳任怨的精神，赢得了群众的赞誉，也为他后续的治黄生涯奠定了坚实的基础。

1948年，黄河归故后迎来第二个大汛期，袁隆面临更为严峻的考验——高村抢险。作为中原野战军与后方联系的重要渡口岸接工程——山东东明县高村险工，常年受战争破坏，年久失修，防洪能力薄弱。随着黄河中上游连降大雨，大小洪峰接踵而至，黄河在对岸濮阳青庄以上至柿子园段冲刷成一个大湾，后直冲南岸高村险工7~8号坝，水势凶猛，坝埽接连被冲垮。险情发生后，冀鲁豫黄河水利委员会主任王化云迅速组织工务处处长马静庭等同志前去和驻地修防处、段的同志及群众共同投入护坝抢险。为应对危机，冀鲁豫区党委和行署领导派行署副主任韩哲一前往濮阳坝头和王化云一起坐镇指挥，并决定：集中黄河南北两岸所有黄河工程队及沿黄12个县的人力、物力，全力抗洪抢险。袁隆作为冀鲁豫黄河水利委员会秘书长，被调到高村抢险前线指挥所，与工务处处长马静庭、修防处主任韩培诚组成前线指挥小组，并肩作战，与这场自然灾害展开殊死搏斗。

高村抢险现场指挥部成员合影（第二排左四为袁隆）

袁隆和大家一起面对肆虐的洪水、敌军的侵扰以及恶劣的天气，毫不退缩。特别是1948年7月19日，为干扰抢险，蓄意造成决口，以达到水淹解放区的目的，驻菏泽的国民党六十八师突然出动一个团的兵力，从白店村偷袭高村险工。袁隆和韩培诚等4人冒着枪林弹雨，英勇掩护抢险队员和群众撤离，最终跳进黄河，涉水撤至北岸，才得以脱险。7月30日夜，解放军出动3个旅和3个基干团及民兵发起反攻，成功驱逐了国民党反动军队，并调集了东阿、寿张、范县、濮县、昆吾、濮阳、长垣、梁山、昆山、鄄城、郓城和东明12个县的人力、物力及黄河工程队的力量，全力投入抢险，保证了人力、物力的充足供应。袁隆与黄河职工和数千群众奋战在抢险第一线，冒着枪林弹雨，日夜不息地抢修险情。他们风餐露宿，饿了就吃点窝窝头，渴了就喝黄河水，困了就盖着一条麻袋露天宿眠，以血肉之躯筑起坚固的大堤防线。直至8月21日，历经两个多月的艰苦奋战，高村抢险终于取得了胜利，避免了黄河决口的灾难，为解放战争的胜利提供了有力的支援。

1949年9月，黄河再次泛滥，袁隆此时已担任平原省（8月撤冀鲁豫边区建平原省）黄河河务局副局长，他带领数十名干部再次奔赴抗洪前线。与聊城及沿黄各县党政军民紧密合作，坚守黄河北岸大堤，历时40个昼夜的艰苦奋战，成功抵御了洪水侵袭，保证了大堤安全，为新中国的诞生献上了一份厚礼。此后，袁隆被调任黄河水利委员会机关副书记、办公室主任，兼河南黄河河务局局长。

牢记嘱托勇担当

1952年10月29日，一个振奋人心的消息传来——毛泽东主席即将视察黄河。时任河南黄河河务局局长的袁隆被委以重任，负责向毛泽东主席汇报河南治黄情况。这一夜，他与黄河水利委员会主任王化云彻夜未眠，反复斟酌汇报内容。次日，当毛泽东主席亲临黄河东坝头时，袁隆以翔实的数据、生动的实例，向毛泽东主席阐述了黄河下游“悬河”的成因及治理现状，赢得了毛泽东主席的高度关注和肯定，并嘱咐大家务必把黄河的事情办好。

时间转至1954年，为制订第一个五年计划，国家决定组建由苏联专家和国家有关部委负责人及工程技术干部组成的黄河查勘团，对黄河进行全面查勘。袁隆担任查勘团副秘书长，负责与沿黄各省（区）的联系，解决查勘团120余人的车船交通、食宿和安全保卫工作。他率队踏遍黄河两岸，从山东黄河入海口开始，调查黄河泥沙填海造陆的速度和黄河尾闾入海摆动规律，随后沿黄河溯流而上，直到甘肃刘家峡。沿途，他们详细查勘了干流上可能筑坝的坝址、两岸的水土流失及治理效果、古老黄河灌区以及主要支流情况。历经百余天，行程万余里，风餐露宿，不畏艰难，先后完成晋陕峡谷中万家寨、龙口等坝址，山西汾河以及陕北水土流失区的查勘，选定了第一期工程项目，为制订黄河治理规划提供了宝贵的第一手资料。

然而，袁隆的治黄之路并非一帆风顺。1956年，他被诬陷打击，调至河南省水利厅任秘书。随后，河南省委、省政府任命他为农水局局长、水利厅副厅长。即使在逆境中，他依然保持积极乐观，无怨无悔地投入工作，带领群众累计打出数十万眼机井，连同沿河提水站，共灌溉农田4 000万亩，使河南省实现了粮食自给有余。曾任水利部部长的钱正英闻讯后赞誉道：袁隆同志是北方打井的开拓者，人民治黄的见证人。1980年，袁隆彻底平反。含冤受屈与黄河阔别20余年后，他终于重回黄河水利委员会工作，担任黄河水利委员会副主任、党委副书记。

迎战“82·8”洪水

1982年6月，国务院任命袁隆为黄河水利委员会主任，中组部通知他任党委书记，王化云改任顾问。7月29日至8月2日，黄河三门峡至花园口干支流区间4万余平方千米普降暴雨和大暴雨，局部地区降特大暴雨。伊河、洛河、沁河3条河和黄河三门峡至花园口干流区间相继涨水，水量巨大，来势汹汹，持续时间长，对沿岸堤防构成很大威胁，防守形势紧张。时年64岁的袁隆，再次重返抗洪抢险一线，指挥调度。

暴雨如注，袁隆的心也随之绷紧。他夜以继日地密切关注着雨情水情的变化，与有关专家并肩作战，反复推敲对策，以确保每一个对策都精准无误。他及时将最新雨情水情向国务院和中央防总汇报，聆听时任国务院副总理万里的指示。面对洪水肆虐，袁隆迅速行动，连夜召开会议，动员各级黄河防汛机构全面进入战斗状态，加固堤防，封堵险闸，并派遣工作组深入一线分赴重点防守堤段帮助指挥。

河南、山东两省党政军领导纷纷响应，迅速组织了20余万名军民上堤防守。他们日夜冒雨巡堤查险，抢护大堤裂缝、漏洞、管涌、坝岸坍塌等险情200余处，救护滩区受灾群众，依靠现有防洪工程，保障了防洪安全。在这场与洪水的较量中，袁隆决策果断，指挥有力，极大地提振了山东、河南沿线军民的抗洪信心。他们共同战胜了新中国成立以来的第二次大洪水，保障了人民生命财产安全，为国家治黄事业作出了卓越贡献，赢得了中央防总的表彰。

洪水过后，袁隆进行了深刻反思，认真总结经验，剖析原因，提出加速黄河下游防洪工程建设的迫切需求，特别提出了《从速兴建小浪底水库是保障黄河安全的最优决策》的建议，强调了兴建小浪底水库的重要性。

岁月流转，袁隆离休后，仍心系黄河防洪安全，为治黄事业献计献策，发挥余热。他曾两次上书党中央，力推小浪底水利枢纽工程建设，得到领导的高度认可。小浪底水利枢纽工程建成后，黄河防洪标准得以提高，解决了下游凌汛的威胁，又避免了黄河河床淤积抬高引起的持续复堤工程。他将自己多年来珍藏的10余部影集，部分画册、书籍等珍贵档案资料，捐赠给了河南黄河河务局档案馆。为庆祝人民治理黄河60周年，他献上了亲笔撰写的40万字的《治水六十年》一书，激励黄河人继续把黄河的事情办好。

“毛主席对黄河的殷切指示，在我心里扎了根，让母亲河安澜无恙，是我最大的心愿啊……”这是袁隆常挂在嘴边、记在心里的话，也是他一生的追求。袁隆的一生，是革命的一生、战斗的一生，更是为党和人民的事业无私奉献的一生。他矢志不渝的敬业精神和正直坚韧的崇高品德，鼓舞着新时代治黄工作者一路向前，把黄河的事情办得更好。

邱有宽：实干善为的治河公仆

邱有宽（1921—1984），今山东省阳谷县七级乡翟庄村人。1943年参加革命工作，同年加入中国共产党。历任阳谷县区抗联副主任、派出所所长，区委书记等职务。在抗日战争和解放战争时期，他积极组织带领群众，开展对敌斗争，为建立民主政权作出贡献。新中国成立后，邱有宽投身治黄水利工作，历任聊城专署治黄科副科长、科长。1958年3月至1981年6月，任聊城黄河修防处副主任（主持工作）、主任、党组书记。

廉政思想：求真务实，抓活思想，厉行节约

邱有宽是一名治黄专家，自参加治黄工作以来，始终以人民利益为重，以防洪保安全为己任，务实苦干，善作善为，为保障聊城黄河安澜、促进地区经济发展作出卓越贡献。

1958年聊城军民奋力抗御黄河大洪水

他是“除害兴利”的治黄专家。1958年7月，花园口出现22 300立方米每秒洪峰，到达艾山站时洪峰流量达12 600立方米每秒，相应洪水位达43.13米，超出保证水位0.87米，险情相继发生，给沿岸群众生命财产安全造成巨大威胁。危急关头，邱有宽接到抗洪命令，他身先士卒，迅速投身聊城地区抗洪抢险斗争。他根据黄河水情和本地区堤防实际情况，紧急调集4.4万民工组成抢险队，动员所有可用资源，奋战7个昼夜，抢险加高了东阿牛屯至李营长55千米、高1米的大堤子埝，抢修各种险情215处，及时消除安全隐患。抢险过程中，他根据水情变化，及时调整抢险策略，采取有效措施，筑牢安全堤坝，展现出超凡的领导力和果断的决策力，成功战胜黄河大洪水。此次抗洪抢险，共用土方4.32万立方米，石料2 570立方米，柳枝233.25吨，铁丝2.61吨，麻绳3.62吨，麻袋、草袋0.1万余个，用工13.32万个工时。除抗洪工作，他还领导了全区三次大规模的复堤工程、险工坝岸加高改建及河道整治工程，同时积极探索开发利用黄河水资源，发展引黄灌溉，为保障黄河防洪安全及振兴聊城地区经济发挥了重大作用。

邱有宽对待工程质量严格要求，一丝不苟。一次春修施工中，邱有宽发现一个硪工组的干幺重不合格，立即下令返工重打，但仍不合格。经分析研究，硪的高度和硪花密度都符合标准，干幺重不合格主要是沙土太干导致的。在调配土质后，每次检查这个硪工组都能做到全部合格，树起了硪工保质的标兵。随后，他发现许多新上堤的边锨工没有掌握工程质量要领，于是他一方面组织干部向他们传授技术；另一方面，通过召开土、硪、边会议，向他们进行新旧社会对比、今昔治河对比的教育，讲述治河的光荣和保质的重要性。他鼓励共产党员带头分享、带头示范，激发民工保质的干劲和积极性，大家拧成一股绳，推动修堤工作阔步前进。

邱有宽高度重视思想政治工作，关心民工生活。他认为，加强思想政治工作，大表扬、大抓活的思想，是做好一切工作的关键。有一天上午，工地没有动工，有两架硪打荏子，在无人监督的情况下也拉得很高。邱有宽在远处看了很久，到跟前向硪工了解情况，询问为什么没人在场还要把硪打荏子拉得这样高、套这样密？硪工解释说，不拉高、套密无法保证修堤质量，保住黄河不决口，人人有责，有人无人我们得一样干！邱有宽立刻进行了表扬。还有一次，有位叫王贵田的土工，运土时不小心掉了一锨土，他马上用手将土块搬到车上，并将剩下的碎土捧上去。有人当场笑话几句，王贵田却说，掉路土是个坏事，要当老实人，办老实事，所以我就得捧上去。邱有宽抓住这种爱护国家资产、点滴节约的精神，立即进行大表扬。通过抓活的思想，树立各种样板，弘扬正气，大力推动工作优质高效开展。邱有宽还常常深入工棚了解和检查民工生活情况，下雨时发现工棚漏雨的，及时进行修补，并为民工添置席子。有时为了让民工少走些路，特意将开会地点也安排在工棚，使民工深受感动。

1953年，邱有宽在《新黄河》（现更名为《人民黄河》）一刊中发表文章《在黄河建设施工中应注意节约问题》，对浪费国家财产的行为进行严肃批判。当时，中央把“增加生产，厉行节约，以支持中国人民志愿军”作为中心任务。山东黄河河务局为贯彻中央精神，作出“施工中做到保证质量、提高效率、加强计划，完成节约任务5%到7%”的工作部署。聊城东阿第一修防段在该年3月的施工中，相比计划节约19%，为此该段段长认为工程股股长的计划还不够准确，还需要进行检查。但该工程股股长个人主义思想严重，怕节约多了显出积压国家资金而受批评，因而强调4月的工程一定按计划办事，错了也按计划办，宁可浪费国家财产也不节约。后来，此事被提到县指挥部研究讨论，才得以纠正。邱有宽对此进行深刻批判，他在文章中写道：从这一事，说明我们的计划还不够合乎节约的精神，还存在供给制思想、保险思想及不负责任的态度，对增加生产、厉行节约的认识还不够明确，执行中还有思想障碍。除今后加强计划性，继续贯彻厉行节约精神外，还应当加强检查工作，与不良倾向做坚决斗争，并教育干部在施工中要注意节约问题，提高觉悟，以保证国家大规模的经济建设任务的胜利完成。

邱有宽坚持原则、廉洁奉公，始终以人民利益为重，以黄河防洪安全为己任，勤勤恳恳，一心治理黄河，在黄河治理工作中取得了显著成效。他是一个优秀的领导者，不仅有着丰富的经验和专业知识，更有果敢的决策力和坚定的信念，在困难面前勇于挑战，诠释了一名治黄工作者的责任担当和安澜使命。

廉洁篇

按语

廉洁，最早出现在战国时期诗人屈原的《楚辞·招魂》中："朕幼清以廉洁兮，身服义而未沫。"表达的是一种高尚的品德和行为。东汉著名学者王逸注释说："不受曰廉，不污曰洁"，即在面对各种诱惑和利益时，坚守道德底线，不接受他人馈赠的钱财礼物，不让自己清白的人品受到玷污。

作为中华优秀传统文化的有机组成部分，廉洁文化在中华五千年历史中扮演着重要的角色，它是以崇廉拒腐为主旨，融价值理念、行为规范和社会风尚于一体的文化形态。中华五千年历史，从某种意义上说不仅是一部文明进步史，也是一部反腐倡廉史。历朝历代的兴亡更替，都反复印证了一个铁律——廉则兴，贪则衰。在缤纷繁杂的社会中，总有那么一道廉洁的底线，像一盏明灯，照亮人们前行的道路。本篇将带您走进这一系列廉洁人物的世界，感受聊城历朝历代名人的廉洁力量和价值。这些人物包括先秦时期"以天下为己任"的伊尹，晋代"拒入豪厕"的刘寔，元代"俭以养德"的王懋德，明清时期"骑着毛驴上朝"的状元傅以渐以及当代"一尘不染、两袖清风"的好干部孔繁森。这些代表人物展现的廉洁精神，广泛流传，备受推崇，值得后人学习和传承。

从这些故事中，我们看到古人如何坚守廉洁，如何以实际行动践行廉洁精神。他们的故事告诉我们，廉洁不仅是个人品德的体现，更是社会责任感和正义感的体现，提醒我们要始终保持清白做人、廉洁从政的态度，不断提高自身素质和能力水平，为建设更加美好的社会贡献自己的力量。

鲁仲连：意轻千金 射书救聊

鲁仲连（约前305—前245），亦称鲁连，今聊城市茌平区冯屯镇望鲁店村人，战国时期名士，齐国稷下学派后期代表人物，著名的平民思想家、辩论家和卓越的社会活动家。

鲁仲连画像

廉洁思想：淡泊寡欲，大义卓识，扶危济困，仗义执言

春秋战国时期，列国争战不休，天下动荡纷乱，各诸侯国在群雄争霸的角逐中非常重视策士和计谋的运用，于是文人辩士应运而生，据时而谋，四处奔走，“纵横参谋，长短角势，转丸骋其巧辞，飞钳伏春精术；一人之辩，重于九鼎之宝，三寸之舌，强于百万之师”。鲁仲连便是其中著名的一位。

鲁仲连生于聊，居于狄，对聊城和狄邑的民众感情深厚。他年少聪明，勤学善思，口若悬河，以辩才周游各国闻名遐迩。他一生淡泊名利，无意于仕途，虽一介布衣，却位卑未敢忘忧国，为人排忧解难震惊天下却不收报酬，十分注重操守，为时人所推崇。

赵孝成王在位期间，秦国派兵击溃赵国40万军队，一路向东挺进，围困了赵国国都邯郸。赵国向魏国求救，但魏国派出的军队因畏惧秦军而不敢贸然前进，且魏王还派使臣新垣衍从隐蔽小路进入邯郸，劝赵王弃城投降，尊秦王为帝，赵王犹豫不决。恰逢鲁仲连游至赵国邯郸，当着新垣衍的面，向赵王分析了秦、赵、魏等国的局势和救赵与帝秦的利害关系，痛斥秦国的不义之举，与新垣衍进行激烈论战，以其卓越口才说服了新垣衍，坚定了赵、魏两国联合抗秦的决心，最终迫使秦军撤兵。

赵国解困后，赵王非常高兴，多次要加封鲁仲连，鲁仲连始终推辞不受。赵王又设宴款待他，喝到酒酣兴浓时，赵王起身献上千金作为酬谢，鲁仲连再三辞让，始终不肯接受，说道："所贵于天下之士者，为人排患、释难、解纷而无取也。即有取者，是商贾之事也，而连不忍为也。"遂辞别赵王周游而去。鲁仲连心怀天下，深明大义，又功成不居，不取千金，成为高洁之士的典范。

多年以后，燕国为争霸天下，攻下齐国的72座城池，聊城位列其中。周赧王四十年（前275年），齐国派大将田单收复被燕军攻克的城池，唯独聊城因燕军防守甚严，久攻不下，双方损兵折将，伤亡严重。田单心急如焚，派人请来鲁仲连寻求破敌之策。鲁仲连详细询问战事，分析利弊，提笔写了一封义正词严的书信《遗燕将书》，用羽箭射入聊城城中。燕将读后深受感触，在忧虑与彷徨中拔剑自刎，燕军军心大乱，田单趁机攻下聊城。凯旋后，田单竭力赞扬鲁仲连的功劳，齐王要赐予他爵位以示嘉奖。鲁仲连闻讯后悄然离开齐国，他说："我与其富贵而屈身于人，不如贫贱而轻视世俗，放任自己的心志。"鲁仲连射书救聊，抵得百万兵，创造了中国历史上以一封书信退敌兵的奇迹。

鲁仲连不仅仅是能言善辩的语言大师，善于排患解难的“及时雨”，更是一位爱国忧民、慷慨仗义的平民爱国者，其爱国、清廉、仗义的高尚德操，赢得了天下诸侯的尊敬。他“义不帝秦”“射书救聊”的两次义举，为世代敬仰；其视金钱如粪土、视富贵如浮云的高贵品质，令人折服。世人为纪念鲁仲连，修建了鲁连祠（鲁仲连纪念祠）。至清代，翰林大学士王曰高出资重修此祠，并将鲁仲连的故乡命名为望鲁店。

鲁仲连纪念祠

尹　齐：死后家财不超五十金

尹齐（生卒年不详），西汉大臣，东郡茌平（今聊城市茌平区）人。以刀笔吏迁都御史，累迁关内都尉，治有能声，拜为中尉，后官淮阳都尉，时有廉名。

廉洁思想：不避权贵，严格执法，清正廉洁

汉武帝时期，经济繁荣、文化昌盛，但也存在政治腐败、民生凋敝等社会问题。在此背景下，汉武帝推行了加强中央集权、削弱诸侯王国势力、推行儒家思想等一系列改革措施，并采用重刑政策以保障这些改革措施的实施，这使得如宁成、周阳由、赵禹、张汤、义纵、王温舒、尹齐、杨仆、减宣、杜周等酷吏得以广泛擢用，史称汉武帝“十大酷吏”。他们严格执行律法，虽然在实施刑罚方面过于严厉，但都为官清廉，勤于政

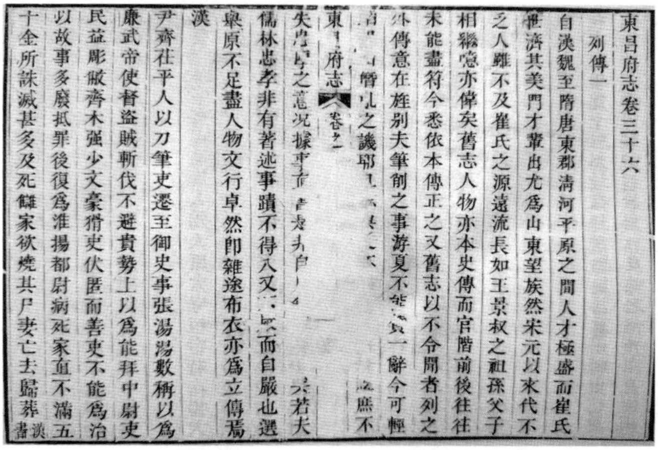
東昌府志卷三十六
列傳一
自漢魏至隋唐東郡淸河平原之間人才極盛而崔氏
世濟其美門才輩出尤爲山東望族然宋元以來代不
乏人雖不及崔氏之源遠流長如王景叔之祖孫父子
相繼亦偉矣舊志人物亦本史傳而官階前後往往
未能盡符今悉依本傳正之又舊志以不令聞者列之
外傳意在旌别夫筆削之事游夏不能贊一辭今可輕
[illegible]之譏耶[illegible]庶不
東昌府志　卷之
失[illegible]之意況據[illegible]若夫
儒林忠孝非有著述事蹟不得入又[illegible]而自嚴也選
舉原不足盡人物文行卓然即雜途布衣亦爲立傳焉
漢
尹齊茌平人以刀筆吏遷至御史事張湯湯數稱以爲
廉武帝使督盜賊斬伐不避貴勢上以爲能拜中尉吏
民益彫敝齊木强少文豪猾吏伏匿而善吏不能爲治
以故事多廢抵罪後復爲淮揚都尉病死家直不滿五
十金所誅滅甚多及死讎家欲燒其尸妻亡去歸葬 漢書

《东昌府志》三十六卷载·尹齐列传

务，亦被称为廉吏，尹齐便是其中之一。

尹齐作为当时的著名酷吏，精通律法，能够断察疑狱，以清正廉洁、打击豪强而著称，是一位刚正不阿、廉洁奉公的官员。

尹齐升关内都尉时，其前任宁成素以严酷著称，出入潼关者评价“宁见乳虎，无值宁成之怒”，可见对宁成畏惧如此。而尹齐上任后，其严酷手段比宁成更胜一筹，严酷之名“甚于宁成”，汉武帝认为他有才干，拜其为中尉。尹齐为官总是不避豪强权贵，严厉惩治贪官污吏和豪强恶霸，令他们闻风丧胆，其行为也有所收敛。他从不接受礼品和官员宴请，也不参与权力斗争，一心为公，廉洁自守，并尽量避免伤害到无辜的人，总是积极引导下级官员秉持正义和公正。之后，尹齐任淮阳都尉，卒于任中。尹齐去世后，家中所有财产不超过五十金，可见他做官清廉至此。但因尹齐平生诛杀过多，仇家欲联合焚烧其尸体，其妻只好载着其尸体逃回原籍。其身后悲凉，世事难为，却也令人唏嘘不已。

尹齐虽执政严酷，但无私财，是酷吏中的清官，其清廉形象备受人们称道。

华　歆：婉言拒金

华歆雕像

华歆（156—231），字子鱼，平原郡高唐淵河（今聊城市高唐县固河镇）人。东汉末年，举孝廉，授郎中，后出拜豫章太守，为政清明廉洁，吏民爱之。曹魏建立后，历任御史大夫、司徒、太尉、相国等职，晋封博平侯转拜太尉。

廉洁思想：恪守廉道，遵礼守法，不尚奢华

东汉末年，天下大乱，群雄逐鹿，社会动荡不安。华歆先后投奔孙权、曹操，凭借自己的智慧和才能，逐渐在政治领域崭露头角。他官至宰相，却从未因身居高位而滥用职权，始终严于律己，清廉自守。华歆任豫章太守时，为政清明廉洁，深受百姓爱戴，以廉洁之风闻名于世，备受孙策礼遇。

东汉建安五年（200年），曹操在官渡上书汉献帝，征召华歆至许昌任职。闻讯后，华歆的宾朋好友及昔日同僚千余人纷纷赶来相送，并赠送"数百金"的巨额钱物。华歆几番推托无果后，只得命人暗中在赠金上做了标记，并把送礼人的姓名和所送礼物记录在簿。临行之日，他将那些赠金悉数摆出，诚恳地对送行者说：本来没有拒绝诸位馈赠之心，但收受的礼品太多。想着我这次孤零零地单车远行，本来是无罪之身，但怀藏璧玉就有被杀的理由，望宾朋好友为我想一个万全计策。于是照单退还。华歆言辞委婉地感谢众人的馈赠，既坚守了清廉初心，又不伤及众人颜面，众人皆佩服他的品德。

华歆为官始终清廉自守，生活简朴，仅以简单的蔬菜佐饭，还经常把所得的俸禄和皇帝的赏赐用来接济需要帮助的人，而家中储存的粮食不超过一石。他淡于财欲、不尚奢华的高贵品质，令魏文帝及朝廷官员敬佩不已。其后人华峤（西晋史学家）《谱叙》曰：歆淡于财欲，前后宠赐，诸公莫及，然终不殖产业。

身处乱世，无关品格高低，所谓士各有志。华歆成为魏晋风度的重要代表，以清纯德素著称，展现出建安名士之俊伟风范，赢得世人敬仰和推崇。

刘　寔：清廉自守　拒入豪厕

刘寔（220—310），字子真，晋代高唐（今聊城市高唐县）人，汉济北惠王刘寿之后。曾任河南尹丞，后迁任尚书郎、廷尉正、吏部郎，西晋建立后，累迁少府、太常、尚书等职，后被起用为国子祭酒、散骑常侍。元康初年封太子太保，加侍中、特进、右光禄大夫、开府仪同三司兼冀州都督。晋元康九年（299年）策拜司空，迁任太保，后转任太傅。

廉洁思想：清身洁己，尚俭戒奢，推贤让能

晋惠帝在位时，社会局势动荡不安，百姓生活困苦，政治腐败和社会不公现象严重。当时的官场奢靡成风，官员们竞相攀比谁家更富有、生活更奢侈，在这种环境中，刘寔却依然坚守清廉作风，令人敬仰。

有一次，年逾七旬的刘寔，在石崇多次相邀之下，决定前往石崇的府邸"金谷园"拜访。在他家上厕所时，刘寔被引领到一个外表看似普通的房间。步入其中，刘寔发现墙上悬挂着绛纹帐，地上铺设着华美地毯，旁边还有两名婢女手持香囊和崭新的衣服服侍左右。这一幕令刘寔大为震惊，他感到十分尴尬，误以为闯进了石崇的卧室，急忙转身退出，满脸尴尬地向石崇致歉：对不起，我误入你的卧室。石崇却解释说：这就是厕所。为了防止如厕后有异味，如厕的人都要更换一套衣物。刘寔听到这个回答顿时目瞪口呆，无法理解石崇的奢华，感叹道：我本是贫寒之人，焉能用如此高级的厕所。于是，他不顾年迈体衰，坚持出门找了其他普通厕所。

此番经历，让刘寔深刻意识到当时社会上盛行骄奢淫逸的风气。他深知这种风气对国家的危害，于是心怀忧思写下了一篇长达2 000余字的《崇让论》，试图从道德层面矫正骄奢淫逸的社会风气。他强调“推让之风息，争竞之心生”，应“以让贤举能为先身”，倡导古代圣人推贤让能之风。他认为，只有当大臣们不再沉溺于享乐，才能真正为国家着想，为百姓谋福利。《崇让论》的发表，引起社会对骄奢淫逸风气的关注和反思，众多有识之士开始倡导节俭、朴素、谦让的社会风气，推动了当时政治和社会状况的改变。

刘寔一生崇尚勤俭节约，不求奢华，其思想和行动对当时的社会发展和文化传承都产生了积极影响。他虽然身居高位，但生活简朴，居住在简陋的房屋中，所得俸禄也全部用来周济生活困难的亲戚朋友。甚至在他的母亲去世后，连办理丧事的费用都拿不出来，只能依靠亲友们资助，才得以成行。史书称赞他“博通古今，清身洁己，行无瑕玷”。他的清廉和正直也为后人所传颂，其优良家风也被后人所称道。他的弟弟刘智、第七世孙刘伯龙、第八世孙刘肜（róng）和刘彪、第九世孙刘昭、第十世孙刘縚（tāo）和刘缓都作出了杰出的历史贡献。其中，刘肜曾任职北魏，展现出卓越的治理才能；刘彪以文治著名，官至太常卿；刘昭则在《续汉书》的撰写中发挥了重要作用，为后世所铭记。

据《高唐州志》记载，刘寔墓位于高唐县城外25千米处，是后

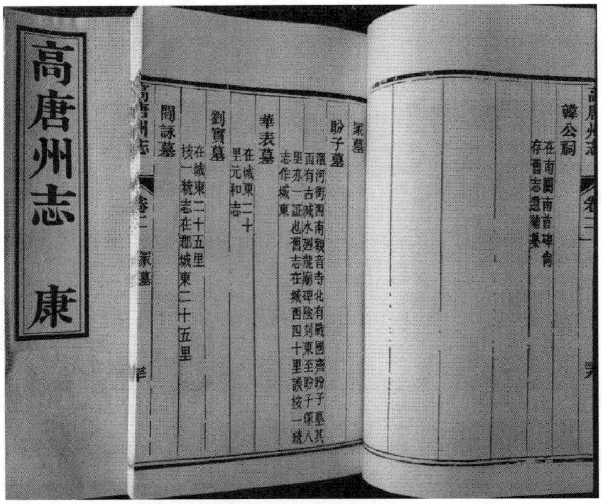

《高唐州志》记载的刘寔墓

人为纪念他的高尚品行而建的，也是他一生清廉正直、拒奢尚俭、推贤让能精神传承的载体，每年都有许多游客前来参观瞻仰，了解他的生平和事迹，感受廉洁思想，接受高行大义的熏陶。

马　周：以己克己　俭以息人

马周雕像

马周（601—648），字宾王，博州茌平（今聊城市茌平区振兴街道前曹村马庄）人，唐初宰相。历任监察御史、给事中、中书舍人、吏部尚书、银青光禄大夫等职，追赠尚书右仆射、高唐县公。

廉洁思想：以己克己，以恩施人，俭以息人，以民为本

马周年少孤贫，但天资聪慧，博学多识，尤其精通《诗经》《春秋》。因年少时放荡不羁，虽有雄才伟略亦不得志，后至长安，逐渐步入仕途。他为官廉洁奉公，明智忠谏，不置私产，主张“以己克己，以恩施人”，既要求官员自我克制，以身作则，同时也要对百姓施以恩惠，关心他们的生活疾苦。

唐贞观初年，唐太宗推行与民生息的政策，努力减轻徭役和税赋，提倡节俭。唐贞观三年（629年），天下大旱，灾情危及百姓的生产生活，唐太宗忧心如焚，便向朝臣征谏治国安邦良策。右骁卫中郎将常何是武将出身，不擅长儒家经典，便请门客马周代笔。常何将马周代写的20余条谏议上奏唐太宗，其中以隋为鉴、少兴徭赋、提倡节俭、反对实行世封制等建议深得唐太宗赏识。唐太宗询问常何时，常何诚实地回答说：这不是我所能想出来的，都是家中门客马周所写，他每每与我交谈，总是把忠孝作为原则。唐太宗听后便立即召见马周，并在马周前来的路上派人催了4次。马周到后，唐太宗与他探讨为政之道，相谈愉快，肯定了他的才能，遂安排在门下省供职，后又授官监察御史。

唐贞观十年（636年），唐太宗却不再像往日那般节俭，开始大兴土木，增加徭役，百姓苦不堪言。马周深知一个国家的兴衰与民心向背密切相关，随即向唐太宗上疏，引经据典，以夏代至隋代历代兴亡为鉴，指出只要百姓怨恨背叛，国家无不迅速灭亡，国君即使想改过悔罪，也难以重新安定。凡是想抓好刑赏教化，就应在时机成熟时果断行动，若等到事变发生后再去补救，便无济于事了。马周强调：“自古以来，国之兴亡，不由积蓄多少，唯在百姓苦乐。”他认为，一个国家的繁荣昌盛并不在于积蓄多少财富，而是取决于百姓的苦乐，如果百姓生活困苦，国家就难以长久，只有对百姓实行休养生息的节俭政策，才能使百姓欢欣鼓舞，劝诫唐太宗恢复贞观初年的“以民为本，俭以息人”的作风。唐太宗对这封奏疏称赞不已，虚心接受马周的建议，并立即采取行动，令专供皇室器物的工场停工，不再大肆修建宫殿，从而减轻了百姓的徭役负担，使节俭之风重新盛行，唐太宗也因此赢得百姓的信任和尊重。唐贞观十一年（637年），马周再次上疏阐述节俭于身、恩加于人、刑赏教化、减少徭役等执政理念，唐太宗看后依旧称赞不已。

唐贞观十二年（638年），马周向唐太宗上疏，提出改革驿站制度的建议，强调要严格管理驿马的使用，提出“飞驿以达警急”，即采取更换驿马的方式，确保紧急军政要务能够快速传递，以提高行政效率。同时，他还建议剪掉驿马的尾巴，使驿马在路上更加醒目，避免有些达官贵人利用驿马搭送私信的现象发生，杜绝驿马因私滥用，这些建议均被唐太宗采纳。

马周为官近20年，始终居安思危，勤勉不懈，多次向唐太宗谏言，为推动唐代的政治稳定发挥了积极作用。唐贞观二十二年（648年），马周因病去世，家中仅留下一些零碎杂物，甚至难以料理后事。唐太宗得知后，感慨不已，追赠他为幽州都督，陪葬昭陵。这不仅是对马周的认可和尊重，更是对其他官员的激励，鼓励他们保持清廉自律的品质，为唐代的繁荣和稳定作出更多贡献。

崔　光：只要两匹绢

崔光（450—523），本名孝伯，字长仁，北魏清河郡鄃（音 shū，地名，今聊城市高唐县城北）人。拜中书博士，转著作郎，再迁给事黄门侍郎。孝文帝称其才："孝伯才，浩浩如黄河东注，今日之文宗也。"并赐名光。魏宣武帝时敕令其教导太子，后助太子即位，是为孝明帝。北魏正光四年（523 年）病逝，孝明帝亲自祭奠，抚尸痛哭，追赠太傅，领尚书令、骠骑大将军等，厚葬，追谥"文宣"。

廉洁思想：尚文崇廉，温良博物，直言善谏

崔光是北魏时期的一位杰出官员和学者。他自幼便展现出勤奋好学的品质，尽管家境贫寒，但他仍白天辛勤劳作，夜晚刻苦读书，有时还为他人抄写书稿赚取费用来赡养父母。他不仅注重提升自身的学识，也注重提高道德修养，时刻约束自我，抑制贪欲，保持正直。崔光只要两匹绢的故事一

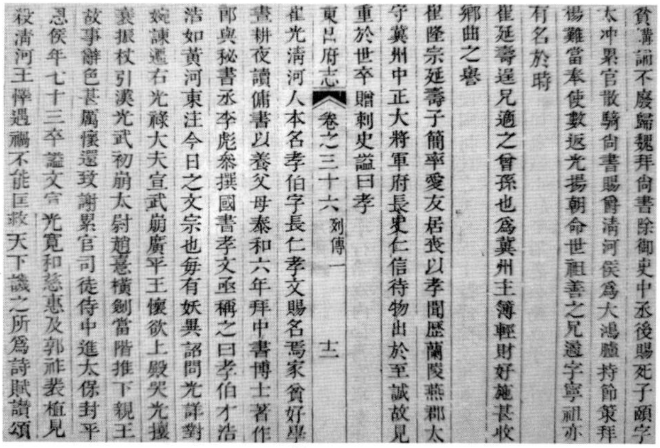
貧講誦不廢歸魏拜尚書除御史中丞後賜死子頤字
太冲累官散騎尚書賜爵清河侯爲大鴻臚持節策拜
錫難當奉使數返光揚朝命世祖善之兄邈字寧祖亦
有名於時
崔延壽逞兄適之曾孫也爲冀州主簿輕財好施甚收
鄉曲之譽
崔隆宗延壽子簡率愛友居喪以孝聞歷蘭陵燕郡太
守冀州中正大將軍府長史仁信待物出於至誠故見
重於世卒贈刺史謚曰孝
東昌府志　卷之三十六　列傳一　十一
崔光清河人本名孝伯字長仁孝文賜名焉家貧好學
晝耕夜讀傭書以養父母泰和六年拜中書博士著作
郎與秘書丞李彪參撰國書孝文亟稱之曰孝伯才浩
浩如黃河東注今日之文宗也每有妖異詔問光詳對
婉諫遷右光祿大夫宣武崩廣平王懷欲上殿哭光攘
袁振杖引漢光武初崩太尉趙憙橫劍當階推下親王
故事辭色甚厲懷還致謝累官司徒侍中進太保封平
恩侯年七十三卒謚文宣光寬和慈惠及郭祚裴植見
殺清河王懌遇禍不能匡救天下譏之所爲詩賦讚頌

《东昌府志》载・崔光列传

直流传至今。

北魏自孝文帝太和年间迁都洛阳之后，国家更加殷实富强，国库里货物充盈，金钱、绢帛都堆到屋廊下了，数量之多，难以计数。有一次，灵太后决定以一种别出心裁的方式来赏赐百官。她颁布旨意，打开国库，允许百官凭借自身力量拿取国库中的绢帛，数量不限，量力自取，并可带回府邸。此消息一出，百官激动不已，兴奋地期待着这一时刻的到来。于是，当太后刚宣布完，众多官员便迫不及待地涌向绢帛堆，贪婪地抓取。他们尽可能地多搬绢帛，以至于有人因扛得太多扭伤了脚踝，有人则扭到腰肢，场面一度混乱不堪。然而，在这疯狂的场景中，崔光却表现得异常冷静。

只见他缓步走向绢帛堆，仅取了两匹绢。这一幕令所有人震惊，大家都以惊奇的目光注视着他，太后也诧异地询问他，为什么只拿两匹绢？

面对太后的疑惑，崔光平静地表示自己只有两只手，只能拿两匹绢，这已经够多了。他的声音清晰而坚定，现场顿时变得鸦雀无声。崔光的回答不仅彰显了他的品质和道德标准，也展现出他超乎常人的理智和节制，身体力行地表达了对过度贪婪和虚荣的批判。崔光两手仅取两匹绢，其清廉自守、明礼明度、知足常乐的优良作风，令人叹服。

崔光为官心系百姓疾苦，而且擅长辞令，常以委婉的方式规谏皇帝。即使晚年多病，他仍坚持不懈地以撰写魏史为己任，常食宿于著作任所。崔光病危时，召集子侄至床榻前，留下遗言："吾荷先帝厚恩，位至于此，史功不成，殁有遗恨，汝等速送吾还宅……"回家后不久就去世了。崔光四代世家，自祖父、父亲至子侄，家风尚文崇廉，温良博物。他的子侄，大都从小爱好读书，博览经史，先后出仕，传为佳话。其侄子崔鸿后官至黄门侍郎，编有史书《十六国春秋》。

廉者常乐于无求，贪者常忧于不足。崔光面对财物，仅取自足，可见其清廉自守之品格，展现了他善于约束自己，时刻保持清醒、克制物欲的特质，不被贪欲所左右，始终保持心灵的平静和品格的正直。

阎　咏：朝乾夕惕　忠于厥职

阎咏（1165—1215），字子秀，号复轩，博州高唐（今聊城市高唐县）人，金翰林院学士。其先祖六世登科，阎咏擢金承安年间状元，有“气节豪迈，文字一流”之誉，著有《复轩集》。

廉洁思想：廉洁奉公，戒污近身，秉公执法，公正爱民

聊城铃铛湖西接东昌湖，东通大运河，西北临护国隆兴寺，南面是东关大街。铃铛湖上有一个状元岛，三跃龙门，就进入聊城历代状元的碑廊，记录着自隋以来聊城籍的状元。在状元岛东、西、北三面墙壁上记录了中国历代状元名录，共620名，其中含聊城籍状元15名，而在金状元榜中聊城籍状元仅阎咏一人。

阎咏，原名阎长言，因少时仰慕北宋名臣张咏，故更名阎咏。阎咏的先祖六辈皆有功名、官位，至其父辈时家道败落，所以其幼时生活穷困，一家人常以喝稀粥、吃咸菜度日，即便在春节这样重要的节日，有时也只有一樽清水、一盘白盐充饥。故云：竹箸沾白盐，清水迎新年。

贫困的生活并没有使阎咏屈服，聪慧有志的他每天偷偷到学屋外旁听，回家后则以柴代笔，在地上练习写字。后来被老师发现，主动接纳他为弟子，并免除他上学的费用。而阎咏的聪明好学也感染了乡亲们，在乡亲们的资助下，他昼夜苦读，最终于金承安年间擢词赋科进士第一，成为状元，后任职翰林院。

在翰林院供职的10年里，阎咏非常注重培养人才，经常挖掘天赋出众的人才，对他们进行重点培养和推荐。经过多年的努力，其门下弟子云集，人才辈出，如进士康晔和翰林学士阎复、康壁等均成为金元时期较为著名的人物。阎咏性格豪迈，好学善词，以谨慎宽厚著称，为官时时警惕赃污近身，远避奢华，清贫如故。

其间，阎咏回乡省亲，购置了高唐县三十里铺阎寺村南的2 000亩农田，赠与资助他求学的辛兴店乡亲万二，并为报答阎寺村乡亲们的恩情，在村北新建数座房院，供乡亲们居住，使阎寺村成为当时拥有2 200户人家的大村。阎咏去世后，葬于阎寺村南略偏东2千米处的万家洼农田之中，现已成为荒野中的孤冢。

王懋德：如圭如璋 令闻令望

王懋德（生卒年不详），字仁父，元官员，今山东省高唐县清平镇石门村人。仕官生涯经历元仁宗、英宗、泰定帝、天顺帝、文宗、惠宗等朝，历任宪府御史台中书掾、南行台监察御史、河南和燕南廉访司副使、淮西廉访使、御史中丞、中书左丞等职。擅长书法，且对诗文造诣很深，著有《仁父集》。他的父亲王佑，勤读经史，以廉自励，家风优良。

廉洁思想：清正廉守，克勤克俭，清风传家

高唐县清平镇，是一个具有悠久历史文化底蕴的鲁西古镇，孕育了厚重的清平文化。在这里，有一座始建于金大定十三年（1173年）的清平文庙，曾是清平县师范旧址，培养出诸多文化名人。元丞相王懋德就曾在此就读，其品德、文采为后人所称颂。

据元著名文人虞集所撰的《元统二年琅琊公王氏先德碑》记载：王懋德家族是琅琊王氏后裔，自宋初开始在高唐定居，族中曾有人担任宋军将领抵制金人入侵中原，也曾出过“衣紫佩金鱼”（三品以上官员的服饰）的达官显贵。到王懋德祖父一代，家中仅是粗有田业。王懋德自幼聪慧好学，在很小的时候就展现出非凡的才华和品德，深受家人和乡亲们的喜爱。他以小吏入仕，逐渐从九品升迁至正二品。

据史料记载，王懋德相貌伟岸、仪表轩昂。有一次，元文宗亲临南郊举行祭祀典礼，侍御史王懋德作为助奠官，身穿冠佩裳衣，腰佩玉带，身姿高大挺拔，神情肃穆而温和。他站在皇帝身后，时刻关注着祭祀的礼仪程序，谨慎地确保一切井井有条。他外貌伟岸、韬略内藏的形象，令在场众人纷纷感叹，可谓“颙（yóng）颙卬（áng）卬，如圭如璋，令闻令望”，认为他是真正具有“有德之容”风范的人。

当时，高唐州的社会风气有些浮华奢靡，人们过分追求物质享受而忽视道德修养的重要性。而王懋德则推崇俭以养德，经常邀请当地的贤达名士传授道德学问，引导民众重视道德修养。鼓励百姓学习文化知识，提高自身素质，更好地为社会作贡献，以实际行动传达一种崇尚节俭、注重品德的价值观，这对改善当时的社会风气起到了积极推动作用。

高唐县清平镇石门村的王氏先德碑

王懋德遵德守法，家风淳朴。他的父亲王佑为官以廉洁著称，母亲吴氏是一位颇具中国传统美德的古代妇女。她勤劳节俭，“首无金宝之饰，身无绮绣之华”。尽管后来王懋德身居高位、享受厚禄，吴夫人仍然坚持纺线织衣，儿子、儿媳多次相劝，她都不肯停下，还告诫家人：“衣服之供，女人之职也，难道因为俸禄高，就不要俭朴了吗？”王懋德在这种淳朴家风的熏染下，自幼就懂得了为人的道理，为官后时刻以勤政清廉严格要求自己，为家人立德立言。在他的言传身教下，他的3个弟弟都进入仕途，各有建树，其子王克修也曾任秘书监著作郎。元著名文人虞集感叹：王懋德家族的子孙们“守先德不敢废坠”。

至今，在聊城市高唐县清平镇石门村东南100米处仍保存着王懋德家族墓群，每逢年节，当地的王氏后人都会到王懋德祖孙三代墓群前祭祀，以示尊崇。

张养浩：四知堂号明廉志
潼关怀古系民心

张养浩（1269—1329），字希孟，号云庄，又称齐东野人，晚号云庄老人，山东济南人。元著名政治家、文学家，一生经历了世祖、成宗、武宗、英宗、泰定帝和文宗数朝。历仕礼部、御史台掾属、太子文学、监察御史、官翰林侍读、右司都事、礼部尚书、中书省参知政事等，先后被荐举为学正、礼部令史、御史台掾属，授堂邑（今聊城市东昌府区堂邑镇）县尹。据载，堂邑古有“四知堂”，为张养浩居住处，以“四知”喻为官清廉之意。

廉洁思想：严以律己，爱民如子，清正廉明

张养浩自幼就有德行和节义。有一次他出门，碰到有人把钞票遗失在路上，张养浩发现时，那个人已经走了，张养浩就追上去把钞票还给他。张养浩年仅10岁时，就一天到晚不停地读书，父母担心他过于用功而制止他读书，他就白天默默地背诵，到了夜晚

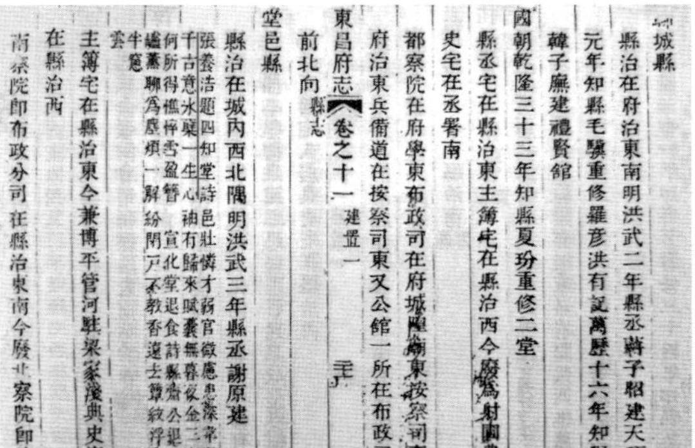
城縣
縣治在府治東南明洪武二年縣丞蔣子昭建天順
元年知縣毛驥重修羅彥洪有記萬歷十六年知縣
韓子廉建禮賢館
國朝乾隆三十三年知縣夏玢重修二堂
縣丞宅在縣治東主簿宅在縣治西今廢為射圃典
史宅在丞署南
都察院在府學東布政司在府城隍廟東按察司在
府治東兵備道在按察司東又公館一所在布政司
前北向 縣志
東昌府志 卷之十一 建置一
堂邑縣
縣治在城內西北隅明洪武三年縣丞謝原建
張養浩題四知堂詩 邑壯憐才弱官微慮患深幸弦
千古意冰檗一生心袖有歸來賦囊無暮夜金三年
何所得憔悴雪盈簪 宣化堂退食詩縣齋公退柱
爐薰聊為塵煩一解紛閉戶不教香遠去篆紋浮動
雲
主簿宅在縣治東今兼博平管河駐梁家淺典史宅
在縣治西
省察院即布政分司在縣治東南今廢北察院即按

《东昌府志》记载张养浩写的《题四知堂》诗

就关上房门，点上灯，偷偷地读书。山东按察使焦遂听说这个情况，就推荐张养浩做东平县学正。后来，张养浩游学京师，把自己写的文章献给宰相不忽木，不忽木大为称奇，任命他为礼部令史，并推荐他进入御史台。一天张养浩生病了，不忽木亲自到他家里探问，当看到张养浩家里四壁空空、什么也没有时，感慨叹息说：张养浩这种人才是真正的监察御史的好材料啊！

后来他做了宰相的属官，又被选授为堂邑县尹。他在堂邑为官时，最为人所称道的，是他将居室命名为“四知堂”的故事。“四知”并不是张养浩首创，而是源自东汉名臣杨震的故事。杨震，通晓经典，博览群书，淡泊名利。有一次，经他举荐的官员为答谢举荐之恩，趁夜深人静怀揣十锭黄金到驿馆拜见。来者曰：“暮夜无知者”，意思是：夜黑人静，是不会有人知道的。杨震义正词严地说：“天知、地知、你知、我知，你怎么说没有人知呢！”张养浩将自己的居室命名为“四知堂”，一方面书写了他仰慕先贤崇尚杨震高风的人生志向；另一方面也是他在堂邑廉洁从政的公开承诺，更是他反对官场不正之风的实际行动。因为，当时的堂邑虽是小县，但迎来送往等不正之风却很盛行，这样一来，实际上是把那些送礼人的想法和门路给堵死了。

人们传说堂邑县县官住的房子不吉利，住进去的人没有一个能免除灾难的，但是张养浩还是住了进去。张养浩带头捣毁了滥设的神祠30多所，免除了有强盗前科的人每月初一、十五例行到官府接受审讯检查的规定，张养浩说：他们都是善良的百姓，因为生活困难，为饥寒所迫，不得已而去做了强盗；既然已经处罚过了，现在仍旧把他们看成强盗，这是断绝他们悔过自新的道路啊！强盗们感动得流下眼泪，他们相互劝诫说："不要对不起张公。"有一个叫李虎的人，曾经杀过人，他的同党也都暴虐残忍，为害百姓，百姓不堪忍受，从前的县尹都不敢过问这件事。张养浩到任后，将他们全部依法惩处，老百姓非常高兴。张养浩调离堂邑10年，百姓仍然为他立碑，歌颂他的恩德。

为了让乡里的孩子学到知识，张养浩在家中设立私塾，聘请名师免费为孩子们授课。有一次，在一个寒冷的冬天，张养浩在私塾看到一个衣着破旧、被冻得瑟瑟发抖的孩子。孩子单薄的身影一直在他眼前晃动，令张养浩心中阵阵揪痛。他深感这个孩子家一定遇到了困难，决定为他做些什么。张养浩回到家，与妻子商量这件事。妻子听后，善解人意地拿出自己的陪嫁钱，让他用这些钱给那个孩子买一件棉衣。孩子终于穿上了棉衣，脸上露出灿烂的笑容。张养浩感慨地说：我们作为父母官，应该时刻把百姓的疾苦放在心上，不能只顾自己享受。这个孩子是我们的子民，他有权利得到我们的关爱和帮助。这件事传开后，当地百姓纷纷称赞。此外，张养浩还严格要求自己和家人不能接受他人贿赂，他的妻子也常教导孩子：做人要清白，不能因为贪图钱财而做违背良心的事。

元天历二年（1329年），陕西大旱，饥饿的百姓竟然出现了人吃人的惨状，朝廷特拜张养浩为陕西行台中丞。张养浩接到任命后，立即把自己的全部家产分给村里的穷人，之后，便向陕西进发，碰到饥饿的灾民就赈济他们，看到饿死的灾民就埋葬他们。路过华山，就到西岳庙去求雨，哭拜在地上都爬不起来。这时，天空忽然阴云密布，一连下了两天雨。等张养浩到了官府，又到土地庙里去求雨，结果大雨如注，下了3尺深才停下来，庄稼由此长起来了，陕西的民众十分高兴。当时1斗米值13贯钱，百姓拿着钞票出去买米，钞票稍有不清或破损就不能用，拿到府库中去调换，那些奸刁之徒营私舞弊，百姓换10贯只给5贯，而且等了好几天还是换不到，百姓处境非常困难。于是，张养浩检查府库中那些没有损毁、图纹可以看得清的钞票，得到1 850多万贯，全部在它的背面盖上印记，又刻10贯和5贯的小额钞票发给穷人，命令米商凭钞票上的印记把米卖给他们，到府库验明数目便可换取银两，于是那些奸商污吏再也不敢营私舞弊。张养浩又率领富人家出售粮食，为此又向朝廷上奏章请求实行纳粮补官的法令。张养浩听到民间有人为了奉养母亲而杀死自己儿子的事，为此大哭了一场，并拿出自己的钱救济了这户人家。

张养浩到陕西做官4个月，从来没有回到自己家里住过，一直住在官府，晚上便向上天祈祷，白天就外出救济灾民，一天到晚没有丝毫的懈怠。他每想到一件牵挂的事，就按着胸，感到痛苦，后来病情加重，卧病不起，去世的时候才60岁。陕西的百姓，悲哀的程度像失去了父母。

张养浩以一颗时刻挂念天下百姓的赤诚之心，始终秉持“为民为国”的信念，铭记“不枉受天禄”的原则。他的才华横溢、卓尔不群，也让他在山水中纵情放歌，留下无数令人赞叹的诗文曲作。他那首《山坡羊·潼关怀古》的传世名作，为人们所耳熟能详，道尽人间疾苦声：“峰峦如聚，波涛如怒，山河表里潼关路。望西都，意踌躇。伤心秦汉经行处，宫阙万间都做了土。兴，百姓苦；亡，百姓苦！”

曹自守：一尘不染的“乡土大夫”

曹自守（生卒年不详），字伯化，明博平县（今聊城市茌平区）人。明嘉靖三十八年（1559年）中进士，先后任吴县知县、吏部员外郎、江西按察司副使，御赐“天官大夫”。

廉洁思想：公正廉明，甘于清贫，赏罚分明，清廉爱民

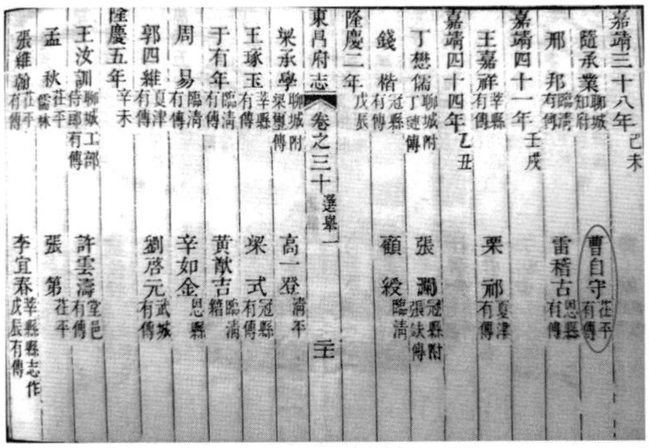
嘉靖三十八年己未
隨承業 聊城知府 曹自守 茌平有傳
邢邦 臨清有傳 雷稽古 恩縣有傳
嘉靖四十一年壬戌
王嘉祥 莘縣有傳 栗祁 夏津有傳
嘉靖四十四年乙丑
丁懋儒 聊城丁建附傳 張瀾 冠縣張鈇附傳
錢楷 冠縣有傳 顧綬 臨清
隆慶二年戊辰
東昌府志 卷之三十 選舉一 三
梁承學 聊城梁國附傳 高一登 清平
王琢玉 莘縣有傳 梁式 冠縣有傳
于有年 臨清有傳 黃猷吉 臨清籍
周易 臨清有傳 辛如金 恩縣
郭四維 夏津有傳 劉啓元 武城有傳
隆慶五年辛未
王汝訓 聊城工部侍郎有傳 許雲濤 堂邑有傳
孟秋 茌平翰林 張第 茌平
張維翰 茌平有傳 李宜春 莘縣戊辰有傳縣志作

《东昌府志》载·曹自守嘉靖三十八年进士

在聊城市茌平县城东2里有一个小有名气的村庄，叫曹庄，由曹氏始祖曹士忠于明永乐三年（1405年）自山西洪洞县迁来并立村，因出过曹真父子三举人、曹自悟和曹自守兄弟二进士等名人和官员而闻名，尤其是曹自守的故事在这一带广为流传。

曹自守，自幼丧父，家道贫寒。但他聪颖伶俐，奋发自强，15岁考中庠生，17岁中举人，23岁考中进士后任吴县知县。

明代的吴县（今苏州境内）是一个十分繁华的地方。明洪武四年（1371年），吴县户籍数已达14.6万余户，至嘉靖年间，人口数目更多。吴县的丝绸业极为发达，带动了各项经济迅猛发展。这里人才辈出，既有文人墨客，亦有美貌佳人，更有贤臣良将。在这样的地方做官，曹自守常有如履薄冰之感，他深知自己的学问仅限于时文八股，对历史和理学所知甚少。处在这种心态中的曹自守，一边兢兢业业打理县上政务，一边刻苦钻研历史著作，苦学多年，终有所成，心明眼亮，处理起政事来更加得心应手。3年内，把一个盗匪四起、公案成堆的吴县，治理得夜不闭户、路不拾遗。

曹自守作为一名地方官，自然成为众多属官、商人竞相攀附的对象。有人请他去喝茶，被拒绝；有人请他去吃饭，也被拒绝；至于登门送礼，更是进不了他的家门。曹自守虽然清廉自守，但并不迂腐，如果属官有合理要求或实际困难，他知道后总是给予妥善解决。对商人，无论是行商还是坐商，他都在权力范围内免除一些不合理的捐税。虽然吴县大街上的人们十有八九衣着华丽，但曹自守却3年未添置一件新衣，仍穿着上任时的那件衣服，一洗再洗，都洗得发白了，露出布的本色，但他毫不在意。

曹自守的清廉名声传到朝廷后，朝廷封他为吏部员外郎，授中宪大夫，专管对吏卿以下和外任官员的监察督促。由于他不徇私情，铁面无私，被朝中奸党陷害，改任江西按察司副使，代管饶州等地。但他仍不改初衷，衣着朴素，粗茶淡饭，轻车简从，明察秋毫，赏罚分明，令贪官污吏胆战心惊，土豪恶棍闻风丧胆。在这个职位上，他弹劾掉2个知府、9个知县，还有7个贪污受贿的官员被处以死刑。经过他的治理，江西和饶州官清民顺，百废俱兴，五谷丰登。

待他年老后，多次上疏朝廷，乞求致仕。他认为，一个人盛年为官，可以为朝廷多做一些有益的事，年老力衰时还贪恋权位，就会给朝廷增加负担。虽然朝廷一再挽留，但曹自守依然坚持，于是朝廷便批准了。曹自守告老还乡时，皇帝为表彰他的贡献，特意拨款要给他修建一座天官府，以供他养老。但是，曹自守却拒绝了皇帝的好意，他说：我出身农家，做官多年，已经习惯简朴的生活。我希望回到村子里，和乡亲们一起耕作，享受乡土之乐。

回归家乡后，曹自守过着平凡而简朴的乡村生活，家中只有3间老屋和4亩林地，除此之外，没有其他的财产。尽管如此，他却将自己的俸禄全部资助家境贫寒的学子们。为了弥补家用，曹自守便去采集中草药，然后到集市上卖掉。这天，一个吴县商人经过茌平，突然看到一个卖中草药的人很像是多年前的曹知县，近前一看，果不其然。这商人大为感动，双膝跪地，泪水直流。商人说，没有想到我的父母官做到三品，却像一个农夫那样卖药。曹自守听了，反而笑道：这不奇怪，因为我本来就是乡间的一个农夫。

江　东："当朝红人"的坚守

江东（1508—1565），字伯阳，号芳溪，朝城县江楼（今聊城市莘县朝城镇）人，明嘉靖八年（1529年）中进士，历任工部主事、按察使、布政使、巡抚、御史、兵部侍郎、户部尚书、兵部尚书等职。

廉洁思想：清忠履正，至德行本，以廉率兵

江东是明嘉靖年间的大臣，他一生公正勤廉，鞠躬尽瘁，政绩突出，是嘉靖皇帝的"当朝红人"。在浩瀚的历史长河中，关于江东清廉的记载并不多，只有两句话。一是刚任工部主事时"以廉能膺（yīng）上考"，二是"不置田产，清寒如故"。寥寥数语却描绘出一位廉洁自律、品行卓越的官员形象。

江东，虽是一位出身贫寒的官员，但对于他来说，始终淡泊名利，从不为金钱所诱惑。他被委派到清江（今江西省樟树市）主持船政工作时，尽管这是一个肥差，但他始终保持清廉公正，从未为自己谋取私利。他出任工部主事时，主要负责国家工程建设，以其聪明才智和勤奋的工作作风，成功完成了许多重要的工程项目。他坚守廉洁，不贪图个人利益，始终保持着一颗公正无私的心，以清廉能干获得上级赏识。史书评价他："公之清忠类此，未可枚举。"

经过十几次的职务升迁，江东从工部主事做到兵部右侍郎。此时，江浙沿海十几个县遭到倭寇侵略。内阁接到军情后，按照皇帝的旨意，进行“廷推”，即内阁召集六部官员一块儿推选出兵人选，结果一致认为江东是文武全才，可以担此重任。于是，朝廷将江东的职务升为兵部尚书，派他挂帅出征。江东以身作则，带领士兵们进行严格的训练，关心他们的生活和福利，激发士兵们的斗志和忠诚，这也进一步印证了清廉可以生威、可以提高战斗力的说法。

江东一生高官，但公正勤廉，不置田产，鞠躬尽瘁，巡边时卒于河北怀来县的任上，年仅58岁，谥号“恭襄”，葬于家乡朝城。现朝城镇江楼村的江氏祠堂，就是为供奉先祖江东而建。此外，《朝城县志》中也有两句关于江东的记载：“今，去公百余年矣；遐迩，亲疏智愚老少无不知公、慕公、乐道公者。”意思是说，江公去世离现在已100多年了，远近的人，无论亲近的、疏远的，无论智商高的、愚笨的，无论年老的、年少的，都愿意知道江公、羡慕江公、述说江公。这足以看出江东的人格魅力和他在百姓心中的地位。

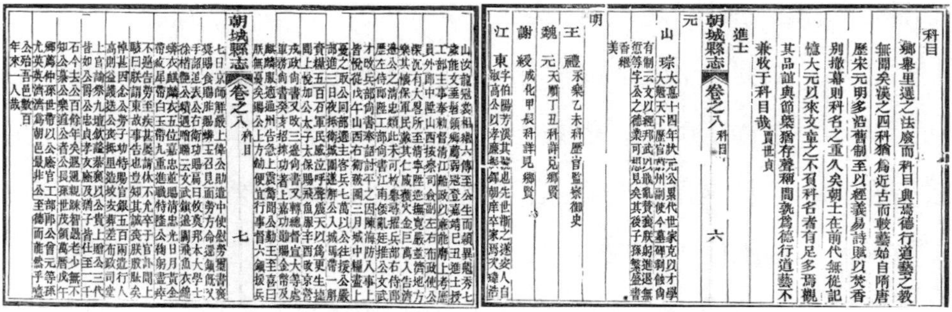

《朝城县志》有关江东的记载

邢从礼：肩挑行囊把乡还

邢从礼（生卒年不详），陕西通渭县（今甘肃省定西市通渭县）人。明嘉靖二十年（1541年）以监生任阳谷县知县。

廉洁思想：清廉自守，义不苟取，生活简朴

“政声人去后，民意闲谈中。”一个为官者的政绩如何、名声好坏，离任之时可见一斑。千余年间，历史上清廉之士颇多，他们在离职卸任之时，清廉本色尽显，留千年美名，传千古佳话。曾任阳谷县县丞的邢从礼便是其中一位。

邢从礼出身于一个普通家庭，他的父亲是一位严谨的教书先生，一直教育他要正直做人。邢从礼为官后，时刻牢记父亲教诲，以清廉自守为准则，从未做过违背良心的事情。

邢从礼一生只当过阳谷县县丞这一小官，但他在阳谷县的历史上，却是一位备受尊敬的官员。他以刚正不阿的性格和清廉自守的品质，赢得了百姓的深深敬仰。据《阳谷县志》记载：“邢从礼，性刚直，甘清苦，以清廉自持，义不苟取。任二年期满，县民欲以车送，坚辞不许，自肩挑行囊而去。”

两年的阳谷县丞任职，邢从礼始终保持清正廉洁的本色，不收受贿赂，还时常带领百姓一起努力发展农业、兴修水利等，并减轻百姓

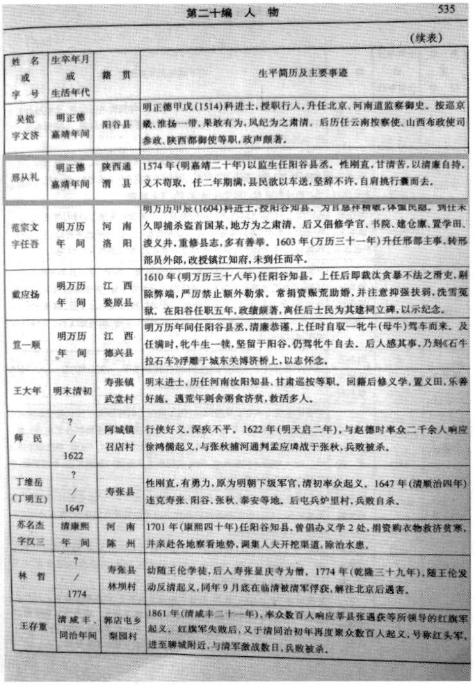

第二十编 人 物 535

(续表)

姓名或字号	生卒年月或生活年代	籍贯	生平简历及主要事迹
吴铠字文济	明正德嘉靖年间	阳谷县	明正德甲戌(1514)科进士，授职行人，升任北京、河南道监察御史。按巡京畿、淮扬一带，果敢有为，风纪为之肃清。后历任云南按察使、山西布政使司参政、陕西都御使等职，政声颇著。
邢从礼	明正德嘉靖年间	陕西通渭县	1574年(明嘉靖二十年)以监生任阳谷县丞。性刚直，甘清苦，以清廉自持，义不苟取。任二年期满，县民欲以车送，坚辞不许，自肩挑行囊而去。
范宗文字任吾	明万历年间	河南洛阳	明万历甲辰(1604)科进士，授阳谷知县。为官慈祥精敏，体恤民隐。到任未久即捕杀盗首国某，地方为之肃清。后又倡修学官、书院、建仓廒、置学田、浚义井，重修县志，多有善举。1603年(万历三十一年)升任邢部主事，转邢部员外郎，改授镇江知府，未到任而卒。
戴应扬	明万历年间	江西婺原县	1610年(明万历三十八年)任阳谷知县。上任后即裁汰贪暴不法之滑吏，剔除弊端，严厉禁止额外勒索。常捐资赈荒助婚，并注意抑强扶弱，洗雪冤狱。在阳谷任职五年，政绩颇著，离任后士民为其建祠立碑，以示纪念。
苴一顺	明万历年间	江西德兴县	明万历年间任阳谷县丞，清廉恭谨，上任时自驭一牝牛(母牛)驾车而来。及任满时，牝牛生一犊，坚留于阳谷，仍驾牝牛自去。后人感其事，乃刻《石牛拉石车》浮雕于城东关博济桥上，以志怀念。
王大年	明末清初	寿张镇武堂村	明末进士，历任河南汝阳知县、甘肃巡按等职。回籍后修义学，置义田，乐善好施。遇荒年则舍粥食济贫，救活多人。
师民	?／1622	阿城镇召店村	行侠好义，深疾不平。1622年(明天启二年)，与赵德时率众二千余人响应徐鸿儒起义，与张秋捕河通判孟应琦战于张秋，兵败被杀。
丁维岳(丁明五)	?／1647	寿张县	性刚直，有勇力，原为明朝下级军官，清初率众起义。1647年(清顺治四年)连克寿张、阳谷、张秋、泰安等地。后屯兵炉里村，兵败自杀。
苏名杰字汉三	清康熙年间	河南陈州	1701年(康熙四十年)任阳谷知县，曾倡办义学2处，捐资购衣物救济贫寒，并亲赴各地察看地势，调集人夫开挖渠道，除治水患。
林哲	?／1774	寿张县林坝村	幼随王伦学徒，后入寿张量庆寺为僧。1774年(乾隆三十九年)，随王伦发动反清起义，同年9月底在临清被清军俘获，解往北京后遇害。
王存重	清咸丰、同治年间	郭店屯乡梨园村	1861年(清咸丰二十一年)，率众数百人响应莘县张遇获等所领导的红旗军起义。红旗军失败后，又于清同治初年再度聚众数百人起义，号称红头军，进至聊城附近，与清军激战数日，兵败被杀。

《阳谷县志》有关邢从礼的记载

赋税，使阳谷县的经济得到长远发展。同时，他还大力打击贪污腐败，严惩不法之徒，使得阳谷县的社会治安得到极大改善。

邢从礼在生活上极其简朴，常常粗茶淡饭，吃简单的食物，穿朴素的衣物。即使在寒冷的冬天，也只是多穿一件棉袄而已。当他的任期结束时，阳谷县的百姓纷纷挽留他，希望他能够继续留任。离别的那天，阳谷县的百姓纷纷赶来送行，想要送他一辆马车，以方便他搬运行李。但邢从礼坚辞不受，最后自己一人肩挑行囊，坦荡而别，踏上千里迢迢的回乡之路。

邢从礼肩挑行囊回乡的举动，彰显出其清廉本色和坚定的道德信念。作为一位县丞，他循清风而来，踏清风而去，引得后人无限赞颂和追思。

于天经：匹马走全县 招待一餐食

于天经（生卒年不详），字克孝，明代冠县博宁乡三里街村（今山东省冠县烟庄街道）人。幼家贫，喜读书。明万历十四年（1586年）中进士，先任山西阳曲县令，后以贤迁海盐。

廉洁思想：视民如伤，清俭自持，爱民如子

于天经出身贫寒，但他读书刻苦，最终踏入仕途。为官后，他廉以立身、勤政爱民，幼时的成长经历使他能够深深地体恤民间疾苦，处处为民着想。

1586年，刚中进士的于天经被派往阳曲县任县令。刚到阳曲县时，于天经并没有急于展开工作，而是先走遍全县各地，了解民情。为了不给百姓造成负担，于天经每日骑着马，带着两名随从，穿梭在田间地头，累了就在寺庙、道观这些地方休息，饿了就在野外吃随身携带的咸菜和糙米。他视民如伤，对待端着茶水和拿着酒迎接他的百

商民心後爲山西按察副使兵備懷隆以疾歸卒
于天經字克孝性爽朗美丰儀家貧志操皭然萬歷
十四年進士知陽曲縣屬太原附郭供億旁午下
車嘆曰奈何舉一邑任全省之費請減徭賦分徵
鄰邑使節過者餽遺不過一餐菹官疆察部署各
曹什物米鹽皆關其手匹馬行縣野食露宿同官
以爲矯上官聞而益賢之除海鹽地稱饒腴天經
獨甘鹽虀賦長懷例金躡嚅不敢進卒於官兩邑
士民肖像祀之

《冠县县志》有关于天经的记载

姓，一律婉言谢绝。他们有时会在农家小憩，与百姓亲切交谈，询问他们的生产、生活情况，鼓励并督促百姓抓好农业生产。

通过寻访，于天经了解到当地百姓因徭役过重，生活困苦不堪，感叹道："奈何举一邑任全省之费？"便请求朝廷给予调剂减免，以减轻百姓负担，还制定了减免赋税、兴修水利、鼓励农耕等一系列政策，以促进农业发展。有一年，阳曲县赶上饥荒，百姓吃不饱、穿不暖。于天经看在眼里，急在心里，反复思量后，他顶住压力，暂停徭役和赋税。他的做法不仅提高了他在百姓心目中的威望，也留下了亲民爱民的好印象。

于天经对待百姓尽心尽力，处理公务则能简则简。对待过境的使节，更是将其清廉、俭朴的本性展现得淋漓尽致。"使节过者，馈遗不过一餐"，也就是按照标准仅仅招待一顿饭，完全不考虑趁此机会盛情款待、结交人脉。日常生活中，于天经始终保持俭朴的生活作风。即使任职于物产丰腴的海盐县，他依然每日甘愿食用海边的野菜等简单素食，每当收到朝廷给予的俸禄，他总是心中有愧，感觉自己做得还不够好。

正是因为于天经的廉以立身、勤政爱民，在他因父母去世回乡守孝而离开阳曲县的时候，百姓竞相围着车子随行，直到傍晚还依依不舍，不肯离去。于天经去世后，阳曲、海盐两县百姓特地为他塑像，每年祭拜。

笪一顺：去任留犊

笪（dá）一顺（生卒年不详），江西省德兴县人，明万历年间任阳谷县县丞。

廉洁思想：清正廉洁，勤政爱民，简素淳朴

明万历年间，朝政腐败堕落。笪一顺身处暗世，却依然保持清正廉洁。《阳谷县志》寥寥数语，却记载着笪一顺一个感人至深的故事。

笪一顺任阳谷县县丞时，已是花甲之年。他上任时，自驾一牛车，几经风雨，一路颠簸，终于准时到达阳谷县城。他的职位，虽然是一个比“七品芝麻官”还要小的小官，但他为官清正廉洁，勤政爱民，秉公办案，仗义疏财，从不以权谋私。有一年，阳谷大旱，笪一顺把全部家当卖掉，为百姓买粮食和生活用品，及时为百姓排忧解难，深受百姓爱戴。

3年任期满后，笪一顺离开阳谷之时，坚决要把母牛产下的小牛犊留给一位孤苦无依的老人。他对相送的百姓说：我来的时候是这头老牛拉来的，走的时候也让这头老牛拉走。身边这头小牛犊是吃阳谷的草长大的，就把它留在阳谷，等它长大了，好给大家耕地出力。随后，就带着寥寥无几的行李与百姓告别，老牛也悲切地和小牛犊分开前行，一如他来阳谷时的场景，只是车更破了，人和牛更老了。就这样，一车简素，笪一顺走了，“车去留犊”的故事和他清正无私的精神却一代代地流传下来。

在当时的社会，笪一顺一身清正廉洁、爱民如子，为阳谷县的百姓撑起了一片晴天。当地百姓为感念离任不久的笪一顺，在阳谷县博济桥上雕刻了“石牛拉石车”的场面，以表达对他的永久纪念之情，这座桥也被称为“廉桥”，至今仍被完好地保存在阳谷县谷山路与育才街交叉口的博济广场上，属省级保护文物。

博济桥

王克治：金顶御葬石马林

王克治（1557—1610），祖籍茌平老王庄。明万历年间，王克治进京赶考，连中三甲，被任命为顺天府宛平县县令。

廉洁思想：廉洁奉公，勤政爱民，不畏豪强

茌平县城西南有个石马林，里面精雕细刻的石人、石马、石羊、石虎、石猴，高大雄伟，栩栩如生。石马林正面，有个高大的石牌坊，刻着圣谕："文武官员至此一体下马。"石马林里金顶御葬的是一位小小县令——王克治。

茌平县城西南的石马林

明万历年间，王克治进京赶考，凭借出色的成绩连中三甲，被分配至翰林院候职，后被任命为顺天府宛平县县令。在任期间，他深知作为一方父母官的责任重大，始终把民生福祉置于首位，秉持廉洁奉公、勤政爱民的原则，对当地民众关怀备至，深受民众爱戴。他不仅治理有方，还敢于直面权贵，从不阿谀奉承、趋炎附势。

有一次，王克治在宛平县征收田赋时，遇到一个难题。当地的皇亲国戚倚仗权势，拒绝缴纳田赋，这使王克治十分生气。他深知，如果放任这些达官贵人不缴田赋，将严重损害宛平县百姓的利益。于是，王克治决定亲自登门征收田赋。他毫不畏惧权贵的威胁，无论对方地位多么显达，都毫不退让，坚决要求对方按照规定缴纳田赋。在王克治的坚持下，这些达官贵人最终将田赋如数上缴，他也因此得罪了许多权贵，但他的行为却赢得百姓深深的敬佩。

有一年，王克治携带银两前往河南灾区放赈救灾。路过老家老王庄时，因考虑到携带大块银两不便发放，便用家存的散碎银两如数抵换后带往灾区，不料此举却为他埋下了杀头祸患。

在他任期已满，让夫人携带家产先行归家时，却遭人诬蔑贪污救灾银两。此举也引起朝内谗臣的注意，他们添油加醋地渲染此事后，王克治竟惨遭皇帝下旨斩首。王克治之女闻讯后，进京替父鸣冤。皇帝派人调查核实后，发现王克治发放的救灾银两没有丝毫亏损，才知是屈杀了人。于是下令给王克治制作了金头，予以金顶御葬，修了石马林，立了石牌坊，并赐封王克治为边郎官。王克治的冤案至此得以昭雪。

师　逵：人皆不敢干以私

师逵（1366—1427），字九达，明兖州东阿县（原属山东省聊城市东阿县，今属山东省平阴县东阿镇南市村）人。历任辽东按事、陕西按察使、兵部侍郎、南京户部尚书等职。明永乐四年（1406年），主持建造北京宫殿。

廉洁思想：公正无私，清正廉洁，干练果敢

师逵是一位历史上备受赞誉的廉吏。他幼年聪敏，8岁读书时就能日记千言。居官40余年，为政清廉，家无积蓄，其清廉和才智深受两代皇帝的认可：明成祖赞誉，六部中跟随我北征过蒙古的大臣，不贪污的只有师逵一人；明宣宗赞誉，大臣持廉守正者，唯逵一人。

师逵身上有着山东人的耿直劲，初入仕途时，就因刚正不阿的性格得罪上司，遭到诬陷入狱。然而，令人意想不到的是，他被押往京城这件事竟成了他命运的

東阿縣志

《东阿县志》有关师逵的记载

转折点。朱元璋看他仪表不凡，详细询问缘由后，不仅没定罪于他，反而提升他为御史，成为一品官员。师逵到任后，以其清廉的为官之道和出色的断案能力赢得百姓认可。

在吏部的20年里，师逵全力支持尚书蹇义的工作，致力于选拔贤能之士，管理官吏的升迁事务。他始终秉持着公正无私的原则，20年间没有官员敢于通过私人关系向他谋求升迁或调动。朱棣登基为帝后，师逵被提拔为兵部侍郎，负责筹措和管理作战用的粮草和物资供应。尽管这个差事油水颇丰，但师逵经手的所有物资均详细造册在案，毫厘不差，因此得到了皇帝的赞许，擢升户部尚书，主要负责国家的户籍管理和财经事务。在尚书任上工作的10余年间，他每天经手大量的钱款和物资，却从未贪污一分一毫，也从未收受一文一钱。

师逵为官始终注重为民服务、为国尽忠，从不追求个人利益，也从未利用职权谋取私利。尽管明代官员的俸禄并不丰厚，但作为一、二品大员，养家糊口还是不成问题的。然而，师逵却经常把他的俸禄和皇帝的赏赐分给宗族，导致家中经济时常拮据，8个儿子也经常挨饿。他依靠俸禄过着简朴的生活，对物质享受并不在意。

尽管生活简朴，师逵却始终保持着乐观开朗的性格。他常常与百姓沟通交流，深入了解他们的需求和疾苦。他善于倾听，总能及时发现百姓的困难并设法解决。他的清廉形象和公正无私的行为不仅赢得了百姓的尊敬和爱戴，也在官场上树立了良好形象。“人皆不敢干以私”，这是对师逵公正无私、清廉为政的高度评价，其清廉本色在新时代党的自我革命实践中也具有重要的借鉴意义。

于慎行：立身行事求无垢

于慎行（1551—1613），字吁远，更字无垢，今山东省东阿县人。明隆庆二年（1568年）中进士，官至东阁大学士，是晚明政坛饶有声誉的领袖人物。著有《谷城山馆文集》《读史漫录》等。

廉洁思想：恬淡为儒，清白作吏，廉洁为官

山东省济南市平阴县有一处于林（此处的林在当地指坟地），在这个有着400多年历史的墓园里，埋葬着一位明代帝师——于慎行。

于慎行在中国历史上不仅是一位廉臣，更是一位品德高尚的文

位于山东省济南市平阴县的于林

人。他一生清正廉明，品行高洁，立朝居家，俱有风范，甚至被方志誉为“有明一代之完人”。

于慎行出生于一个并不显赫的家庭，其祖父于时虽是一介布衣，但仗义轻死，鞠躬化俗。其父为吏10年，以廉明著，家风优良，非常重视子女的教育。于慎行除深受家风熏陶外，还有幸接受了当时最好的教育。他早年先后师从朱衡、赵贞吉、殷士儋等名臣大儒，其中朱衡的清廉对他产生了润物细无声的熏陶，经过不懈努力，最终成为一位博学多才、才华横溢的官员。他为官始终秉持着“公生明，廉生威”的信条，宽厚待人，从不贪图权力和金钱。

晚明时期，社会风气败坏，贪污腐败盛行。于慎行身处乱世，却始终保持着清醒头脑和高尚品德。他不仅在著述中痛批腐败现象，更在生活中进行抵制和斗争，坚决反对官员贪污受贿，主张以廉洁正直的品德来治理国家。其为政经历，堪称廉臣的典范。

明万历五年（1577年），御史刘台因弹劾张居正独断专行、压制百官，被逮捕下狱。满朝大臣中，只有于慎行一人敢去看望被张居正治罪的刘台，这一行为也令张居正非常恼火。次年，张居正的父亲去世。因贪恋权位，张居正不回家守3年孝期。在那个以孝道为道德标准的年代，此举必然会遭到谴责，但是张居正大权在握，逮捕了上疏弹劾他的人。虽然于慎行是张居正的学生，但他并不阿谀奉承，反而十分气愤地上了一疏。张居正知道后，对于慎行说：“你是我最赏识的学生之一，我平时待你不薄，没想到你也弹劾我。”于慎行从容回答：“正因为你待我不薄，所以才这样做啊！”张居正听后并未理解于慎行的用心，反而十分恼火地用力拍了一下桌子。于慎行接二连三地不给张居正面子，遭到张居正的冷遇和排挤，但在张居正失势被抄家时，他并没有落井下石，而是不计前嫌地请人照顾张居正80多岁的老母亲和年幼的孩子。于慎行高风亮节，心胸坦荡，即使归隐乡野，仍心系社稷民生，临终前还向皇帝上疏，恳请皇帝亲大臣、录遗逸、补言官。

民国《许昌县志》称其“为吏廉贞，多有异政”，乾隆《静宁州志》称其“性廉介”，乾隆《甘肃通志》称其“以廉明著”，康熙《东阿县志》称其“以廉爱著称”。于慎行自称“恬淡为儒，清白作吏。夙夜勤勤，先德是继”。廉洁是其为官生涯中最突出的特征之一，也是其游宦之地和家乡的方志一致的定评。他热情讴歌清官廉吏，严厉斥责贪官污吏，堪称中国历代廉洁正直官员的楷模。

蔡兴周："六知桥"上的廉吏

蔡兴周（生卒年不详），辽阳贡生，清顺治十八年（1661年）任东昌府知府，廉洁从政。曾捐俸修考院，修护城堤，修文庙和府城。

廉洁思想：廉洁奉公，"六知"拒贪，造福一方

聊城，又称水城。有水必有桥，在聊城东昌湖景区内就有桥梁60余座，其中在东昌湖的东、西、南、北4个方向各有一座通往古城区的桥，分别为东关桥、西关桥、南关桥、北关桥。

在古代，南关桥和北关桥两桥合称"六知桥"。2009年，聊城市人民政府对聊城城区的桥梁名称进行规范，将位于古城南城门南侧的

南水桥

南关桥（也叫南水桥）命名为“六知桥”，一直沿用至今。

为什么称之为“六知桥”呢？这与清代的东昌知府蔡兴周息息相关。在聊城一直流传着他爱民如子、两袖清风的佳话。

有一次，聊城河堤决口，蔡兴周与河院一起抗洪救灾。他们采取加固堤防、疏通河道等一系列措施，使得洪水得到有效控制。在治河的过程中，蔡兴周不仅展现出他的聪明才智和领导能力，还以身作则，带领百姓一起奋战在第一线。因治河有功，皇帝把抗灾剩下的银两赏赐给他们。

河院面对赏赐动了心思，就准备好酒菜约蔡兴周来喝酒。酒过三巡后，河院对蔡兴周说：“蔡公，我们劳苦功高，皇帝把剩下的银两都赏赐给我们了，我俩就把这些银两分了吧，反正也不会有人知道。”蔡兴周听后则义正词严地说道：“天知、地知、你知、我知、水知、河知，何来无人知晓？此钱取之于民，理应用之于民！”蔡兴周认为，这些钱财是皇帝赏赐的，应该用于民众。

回到家后，蔡兴周立即让师爷盘点账目，开列明细，邀请地方士绅公议，做到账目公开透明和征求民众意见。用这些银两修建了南关桥和北关桥两座桥。这些桥的建设为当地民众提供了实实在在的便利，也进一步体现了蔡兴周的廉政精神和以民为本的执政理念。

后人感念蔡兴周的义举，将南关桥改称“六知桥”，以表达人们对他的敬仰和纪念。这个故事不仅展示了清代官员的廉政形象，也传递了以民为本、公开透明的执政理念。同时，警醒为官者要心有所畏、行有所止，时刻保持廉洁自守，警钟长鸣，不贪图私利，以维护公平和正义。

傅以渐：骑毛驴上朝的状元

傅以渐（1609—1665），字于磐，号星岩，聊城东昌府（今聊城市东昌府区）人。清顺治三年（1646 年）中进士，为清代开国状元，一代名相，知名学者、史学家。历任弘文院修撰、国史院侍讲、詹事府左庶子、秘书院侍讲学士、詹事府少詹事、国史院学士、武英殿大学士兼兵部尚书等。居官以“清勤”著称。

廉洁思想：温良恭俭，淡泊名利，为官清廉

傅以渐虽然家境贫寒，但读书刻苦，每日燃灯夜读，不辞劳苦。有一年夏天，傅以渐跟往常一样在家里点灯看书，没想到看了一会灯便灭了。傅以渐的母亲便劝他不要再读了，早些休息吧，毕竟家里连买粮食的钱都没有，怎么能有钱再买油或蜡烛呢？傅以渐便想方设法地借光读书。后来，他听说玉皇皋（今聊城市利民路东头）灯火通明，就每天夜里去玉皇皋的大殿里读书，这一读就读了好几年。

傅以渐骑毛驴上朝雕像

清顺治三年（1646

年），大开“恩科”，傅以渐去京城参加会试。这时，他的同乡、富家子弟刘泽芳等纷纷骑着高头大马，衣着华丽地去赶考，那场面可谓壮观。然而，傅以渐却没有像他们那样骑马，而是选择了一头小毛驴。

当刘泽芳等人看到傅以渐骑着一头小毛驴，不禁纷纷嘲笑起来：“骏马方能配金鞍，毛驴岂能登金殿？”他们认为傅以渐这样的行为实在太寒酸，甚至有些自取其辱。然而，傅以渐丝毫不理会他们的冷嘲热讽，他深知只有通过自己的努力才能取得真正的成就。

考官们非常欣赏傅以渐的文章，认为他思维敏锐，见识广博，有着深厚的文化底蕴。最终，傅以渐凭借着自己的才华和扎实的知识储备，取得优异成绩，被顺治皇帝御笔亲点为第一甲第一名，成为清代开国第一位状元。刘泽芳等人得知傅以渐成为状元后，感到非常惊讶和羞愧，也意识到自己之前的嘲笑是多么的肤浅和愚蠢。他们开始反思自己，深刻认识到只有真才实学才能取得成就，而不是凭借外在的物质条件。

中了状元的傅以渐，依然保持他的俭朴作风。文武百官都骑马坐轿去上朝，而傅以渐仍然骑着他那头小毛驴，悠然自得地去上朝。顺治帝被他清廉自守和不慕虚荣的行为深深打动，亲自为他绘制了骑驴小像，以表对傅以渐的赞赏、肯定和褒奖。

傅以渐入仕仅8年，便深得顺治皇帝的信任和重用，被任命为宰相，这不仅仅是看重他的出众才华，更看重他的高尚品德。他虽然生活寒素，但仍竭力周济贫苦，唯恐关怀不及，对乡里百姓从未疾言厉色，深得百姓拥戴。他始终坚持清廉自守，不贪不腐，为国为民作出许多贡献。后人常常用“骑毛驴上朝的状元”来形容他俭朴、清廉和不慕虚荣的精神。

任克溥：一文不取 敢于谏言

任克溥画像

任克溥（1614—1703），字海眉，绰号任帽子，清代聊城（今聊城市东昌府区）人。清顺治四年（1647年）中进士，初授南阳推官，以“治行第一”授吏科给事中。后历任太仆少卿、右通政、刑部侍郎等职，为官清正，才智过人。

廉洁思想：清正廉洁，严于律己，忠勇刚直

走进聊城古城区的任克溥陈列馆，首入眼帘的是“诗书礼乐构家风，忠勇刚直铭史册”14个大字，生动概括了任克溥清廉刚直的一生。

任克溥一生为官清廉，刚正不阿，不妄取一文，安于清淡，在官场几经沉浮，终靠一身正气获得认可。康熙皇帝“南巡”至聊城绮园，赐“松桂堂”匾，乾隆皇帝称赞他：“克溥逮事两朝，抒诚建白，无愧直言謇（jiǎn）谔之臣。”能得皇帝如此评价，足以说明任克溥堪称一代贤良。

清顺治四年（1647年），任克溥中进士，授南阳推官，后政绩卓著升任吏科给事中。上任后，他对众多荐才奏议严加审理，量才取用，并上疏：“上励精图治，知亲民之官莫过守令，特择各府繁剧难治者，许三品以上各举一人，破格任用。使保举得当，一人贤则一郡安，人人贤则各省安，太平何难立致。乃为时未久，以贪庸劾罢者已有数人，前此保举不能秉公慎选可知。乞敕部察处。”

清顺治十四年（1657年），任克溥由吏部转至刑部，在这个职位上展现出极高的智慧和才干。当时，顺天府的科考出现舞弊现象，任克溥通过多方调查，终于查清事实真相。而后，任克溥毅然上疏检举顺天乡试给事中陆贻吉与同考官李振邺、张我朴行贿，揭露他们以标价出卖举人的方式获取利益，并请求制裁他们。皇帝对此事非常重视，批示让吏部和都察院严格审理，后经查证核实所陈述属实，最终对相关人员进行判决，判定陆贻吉、李振邺、张我朴以及牵涉此案的蔡元禧、项绍芳、田耜（sì）、邬作霖皆处以死刑，考官庶子曹本荣、中允宋之绳被降职调往外地为官，并命礼部重新复试，被褫（chǐ）夺流徙的有25人。

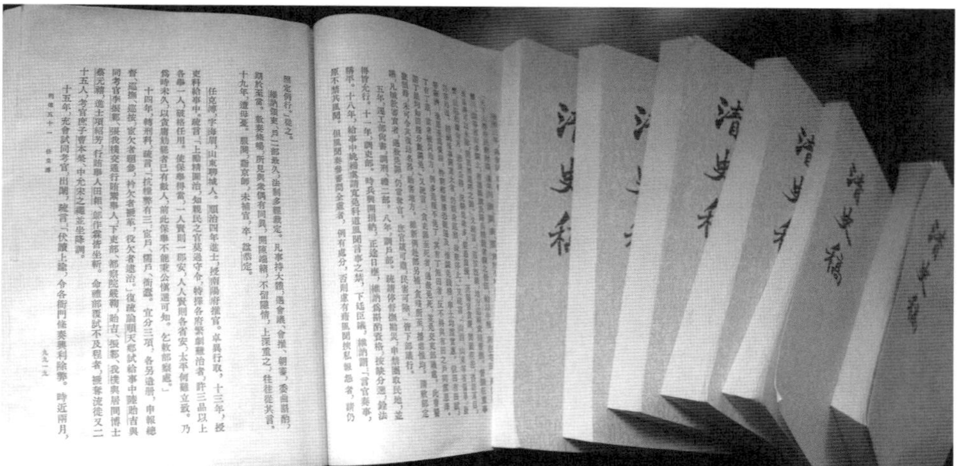

《清史稿》记载任克溥上疏检举李振邺、张我朴行贿

清康熙十一年（1672年），任克溥任通政使。此时，王公将军捉拿逃犯，拟行公文，规定捉住逃犯者即可升官。任克溥认为此举不妥，停止行文，特上疏请裁督捕。康熙看过上疏，称道：人言任某能干，确是如此。不久，即升任刑部右侍郎。

任克溥在担任吏科给事中、通政使期间，不仅参与国家大政、大狱之决策及会推文武大臣等大事要事，更掌管着内外奏章疏敷奏封驳之事，承担着国家治理和稳定的重要责任。处于这么重要的位置，任克溥面临着形形色色的诱惑和考验。许多人希望通过他的影响力和权力，获得个人私利，因此只要任克溥稍一放松警惕，就会出现行贿受贿的不正之风。然而，任克溥始终保持清廉自守的定力，不为所动，一文不取，拒绝任何贿赂。

有一次，一位官员悄悄地来到任克溥的家中，希望任克溥能够从中帮忙，影响吏部的决策，为他谋取升迁的机会。然而，任克溥毫不客气地拒绝了他的要求，并严厉地警告这位官员不要妄想利用他的职权谋取私利。

任克溥为官敢于直言，多次上书直指漕运、河道、军饷、盐法、科场等事宜，勇于揭示当时的腐败现象。他主张以俭养廉，其中有两篇疏文流传很广。

一篇疏文写道：督抚初受命，群馈裘马、弓矢，而为督抚者亦饰观瞻、趋奢侈，一时费累万。上任后，为酬报取偿，遂苛索属吏，贻累于民。请敕督抚赴官之先，屏绝馈送，勿铺张行色，以俭养廉。

另一篇疏文写道：有司十分精神，三分办政事，七分奉上官。迎送细节也，有因失而受辱者矣。参谒屡禁也，有渐远而获谴者矣。馈送严饬也，有以奔竞之疏密定官评之优劣者矣。有司精神有限，竭尽心思，弥逢上官之不暇，而何服暇于政务乎！

两篇疏文不但提到了官场弊端，还提出避免苛索属吏、贻累于民的解决方法。任克溥认为，要解决贪污受贿等问题，关键在于预防，强调最好的方法是在这些不法行为发生之前就予以杜绝，建议加强对官员的监督和管理，从源头上防止贪污受贿等行为的发生，并建议督抚等高级官员在赴任前拒绝接受馈送，不要铺张浪费，以俭朴的作风来树立廉洁形象。

在任克溥的影响下，十几个或任知府或任知县的后代人物，都秉承清正廉明的精神，为国事尽心尽力，为当地政治清明、社会稳定、百姓安居乐业作出贡献。任克溥离任后，定居在聊城老家，他居家20余年，乐善好施，遗惠一方，陆续捐助修建多处学校，有时还亲自去学校授课，讲解四书五经、历代兴衰。

“一文不妄取，贿赂不入门”是世人对任克溥为官的评价，也是他一生清廉的写照。他高尚的品德，不仅赢得了人们的尊重和信任，也为后代树立了榜样。同时，启示我们，党员干部要持守正确的权力观，保持清正廉洁的政治本色，弘扬清廉之风，真正用党和人民赋予的权力为人民谋利益、办实事。

耿如杞：刚正不阿 义举救灾

耿如杞（1578—1631），字楚材，聊城馆陶县（今河北省馆陶县）人。明万历四十四年（1616年）中进士，历任户部主事、陕西参议、河南副使、太仆寺卿、右佥都御史等职。他自幼好学，博览群书，著有《与争录》《抚晋疏稿》《中丞公集》等。

廉洁思想：刚正不阿，以民为本，廉洁从政

明清时期，东昌府有五大望族：任、邓、朱、傅、耿，其中居住在东昌府区鼓楼东路南的耿氏家族人才辈出，出过5名进士、1名举人。现聊城铃铛湖状元岛一带原是耿氏家族的墓地，人称耿家林（也称耿园）。经过历史变迁，墓林早就荒废湮灭，只留下耿家林这处地名，但耿氏家族中的进士耿如杞的故事，至今仍在聊城流传着。

状元岛一带（原耿家林所在地）

耿如杞，少年时勤奋好学，博览群书，胸怀大志，人送外号"耿书篓子”。他为官后，公正廉明，一心为民，因嫉恶如仇而得上司褒奖，再因不拜阉党魏忠贤而身陷囹圄，后因蒙冤受屈而丢掉性命。

明万历四十四年（1616年），耿如杞考中进士，授户部主事。因其韬略娴熟，且善骑射，于明天启元年（1621年）改调职方主事，后转职方郎中。在职4年间，他绝贿赂，拒请托，禁克扣，人人敬服。当时耿如杞的上司就说，用黄金铸一个耿如杞，不易也。

明天启六年（1626年），耿如杞任河南副使，监军遵化。当时，宦官魏忠贤专权肆虐，各地都为他树立雕像并建立生祠。巡抚刘诏为巴结魏忠贤，也嘱咐耿如杞建立魏忠贤生祠，遭到耿如杞的严词拒绝。当巡抚率领文武官员拜魏忠贤像时，耿如杞也坚决不拜。有人警告他，不拜会招致杀身之祸。耿如杞却厉声道：“吾头可断，膝必不可屈。且吾祖以劾逆瑾得罪，此膝一屈，吾何面目复入先人坟墓乎？”很快，耿如杞的话传到魏忠贤的耳朵里。魏忠贤大怒，命令他的亲信捏造罪名，将其逮捕入狱，严刑拷打，并诬陷耿如杞收受赃银6 300两，定为秋后问斩。然而，就在耿如杞即将被行刑前，政治形势发生变化，明熹宗死后，明思宗继位，魏忠贤失势，耿如杞被释放并被任命为太仆寺卿，后又晋升为右佥都御史，负责巡抚山西。

耿如杞在巡抚山西期间，山西正遭遇严重灾荒，百姓生活困苦，急需援助。耿如杞立即上奏朝廷申请赈灾，然而，朝廷的回应缓慢，使得耿如杞焦急万分。为了救百姓于水火，他毅然拿出自己的俸禄，迅速行动，组织一批得力的助手开始筹备粥厂，为灾民提供免费的粥，以解百姓的燃眉之急。随着时间的推移，越来越多的灾民得到救助，也对他的善举非常感激。然而，救灾工作并未结束。耿如杞清楚，要想真正解决百姓的困境，还需要进一步的努力。为此，他多次催促朝廷加快赈灾步伐，及时拨付救灾物资，加强对赈灾物资的分配和使用监管，尽职尽责地治理着整个管理区域。在他的带领下，整个管理区域的救灾工作步入正轨。

正当耿如杞全力以赴地治理山西时，却传来京师戒严的消息。他深知京师的安全是国家的重中之重，毅然率领总兵张鸿功和5 000名精兵援助京师。按照规定，军队到达后第二天会发粮饷，然而耿如杞率先到达京师后，兵部却命令他防守通州，第二日又调到昌平，第三日又调到良乡。3日内3次调防，均没有得到粮饷，致使军兵发生骚乱，开始四处抢掠民财。这一事件引得崇祯皇帝大怒，下诏逮捕耿如杞和张鸿功，并将他们斩于西市。

耿如杞忠心耿耿，却落得身首异地的下场，他的死给家庭带来巨大悲痛。他的次子耿章光因父亲含冤而死不服，不惜刺破手指，血书冤情，向朝廷上疏鸣冤。而他的长子耿含光，为替父亲洗刷冤屈，不惜变卖全部家产，历经重重困难，最终使父亲得以昭雪。原本，耿如杞的职位应由长子继承，但耿含光为侍奉年迈的老母亲，主动将爵位让给三弟耿大光，这一举动充分展现耿如杞一家人的高尚品格和对家族荣誉的珍视。

耿如杞曾说："身教胜似言教，教养吏役不识字，政事难行。公者，勤俭者，廉者，不公不勤不俭不廉，一切政事无由行。"强调为官者要以身作则，不存贪念，用自己的行为去影响和带动身边的人，为后人树立廉洁从政的榜样。

刘　琰：离任无盘缠的铁面清官

刘琰（1651—1712），字公琬，号介庵，今聊城市阳谷县东八里营村人，清康熙三十年（1691年）中进士，先后任翰林检讨、江宁（今南京）知府、江西学政等职。居官清廉，义不苟取，贫困终生。

廉洁思想：居官清廉，刚正不阿，廉洁自律，义不苟取

刘琰，出生于阳谷县城东八里营村一个贫苦的农民家庭。幼年，父亲离世，家庭生活困难。刘琰入仕前是私塾先生，全家靠他微薄的束修度日，生活极其窘迫，但刘琰并没有被生活的困难打倒，他从不接受邻里的赠送，勤读诗书，志存高远，积极向古代圣贤学习。入仕后，他居官清廉，义不苟取，虽贫困终身，但声誉朝野，是历史上的一位清官。

刘氏家谱

当时，江南地区的社会风气和官场作风极为腐败，贪污受贿、徇私舞弊等不良现象普遍存在。虽然在康熙皇帝的治理下，政治风气逐渐好转，但社会秩序依然混乱。在这种社会背景下，刘琰被任命为江宁知府，开始了他治理江南的历程。

刘琰刚到江宁知府任上，有一书吏禀告："知府大人，您的铺堂砖可以换了。"刘琰不明其意，询问何为"铺堂砖"？书吏解释道：本府旧规，公堂上的书案的4条腿各用一锭大银垫起，称之为"铺堂砖"。凡新任知府到任，都将此银收归己有，再从公库中取4锭银子垫上。刘琰不愿贪此不义之财，于是就问书吏旧有"铺堂砖"可有损坏？书吏回答："没有损坏。"刘琰笑道："既无损坏何必更换？"听说这件事的人无不盛赞他正直清廉。

刘琰始终坚守廉洁从政，从不收取不义之财，从不骄傲自满。他注重发展经济，改善民生，大力打击腐败现象，整顿吏治。在他的悉心治理下，江宁地区的社会风气得到根本性转变，百姓的生活水平显著提高，呈现出一派政通人和、百废俱兴的景象。当康熙皇帝"南巡"途经江宁时，曾与他开玩笑道："若年丰肥，可作梁箱人矣否？"刘琰则答："臣唯有一怀明月、两袖清风而已！"康熙深知其清廉，遂擢升他为江西学政。

刘琰为官不仅积极推动改革，注重兴利除弊，还特别强调廉洁自律。他任江西学政时，肩负着选拔人才的重任，始终坚持公平公正，严格以才取士，拒绝收受贿赂，因此赢得"铁面冰心"的美誉，被誉为"居官清正，两江第一"。他每次组织所属府州的文武童生考试时，都会亲自撰写范文示范，用自己的言行鼓舞参加考试的学生，并一再强调会选拔真才实学的人，坚决杜绝徇私舞弊行为。在他的影响下，江西的学风和文风焕然一新。

然而，由于刘琰坚持原则，拒绝向上司行贿送礼，最终被免去官职。卸任时，他家无余财，几乎无法筹措回乡的路费。巡抚郎廷极和属下官员得知此事后，纷纷慷慨解囊，捐出俸禄帮助他回到家乡。曾任监政的观察韩西崖也赞叹道：“学政试满无路费，本朝六十年来一覯（gòu）而已！”

一怀明月，两袖清风，是刘琰一生为官的写照。他为官十几年，始终保持着清廉自守、不为物役的崇高品质。他在《旋辕》诗中写道：“一轮明月闲中得，两袖清风淡处忙。”充分展现了他淡泊名利、心系民生的高尚情操。

邓钟岳：一生沉浮 清廉守礼

邓钟岳（1674—1748），字东长，号悔庐，聊城县（今聊城市东昌府区）人。清康熙四十七年（1708年）中举人、六十年（1721年）中状元，官至礼部左侍郎，著有《寒香阁诗集》4卷、《文集》4卷、《知非录》。

廉洁思想：为政清廉，谨慎守礼，举贤荐能，刚直端厚

聊城古城区，有一条状元街，位于原聊城实验小学、东昌府区妇幼保健院的位置。此街是邓秉恒（邓钟岳的曾祖父）于清康熙二十年（1681年）建立，因邓钟岳在康熙年间考中状元而得名，一直沿用至今，是聊城文化昌盛、文教发达的重要见证地。

状元榜

邓钟岳，清康熙六十年（1721年）应考殿试，因其楷书劲挺秀美，其殿试试卷被康熙御批为“字压天下”，一举夺得辛丑科状元，后以少詹学士身份担任广东学政，不久又升任内阁学士兼礼部侍郎。

邓钟岳为政清廉，非常注重礼仪和道德规范。他所奏的为政之道，首要在于正风俗、杜邪讹，这些建议得到雍正皇帝的赞许和采纳。他从不阿权附势，亦不随波逐流，而是注重人才的培养和选拔，一心为朝廷举荐贤才，经他举荐的左都御史梅谷成、通政使雷宏，皆是闻名遐迩的正直之士。

邓钟岳为官大部分时间致力于教育，无论是地方学政还是礼部侍郎，每到一个地方，他都摒弃一切无谓的陈规旧习，积极投身教育，颇有功绩。

清乾隆九年（1744年），邓钟岳赴任浙江学政。在这片繁华的土地上任职6年，他始终保持清廉自守，赢得廉名，后人评价他“莅浙六年清操无出其右者”。他特别欣赏莲花出淤泥而不染的高洁品格，于是手书了北宋哲学家周敦颐的散文《爱莲说》，将其高挂于厅中，以此明志，激励自己追求高洁，做到达观处世、乐观待人。作为学政，他严肃考风考纪，严谨治学。他曾训示诸生：“耻为羞恶之本，干谒标榜、颂辞连篇，或因细故，骨肉成隙，耻何在焉。”强调，一个人要明辨是非，贵在知耻，更要知廉耻、重名节、轻私利。

清乾隆十二年（1747年），邓钟岳被调任广东学政，再次展现出他卓越的教育才干。他打破旧的教学习惯，试行了《程氏分年读书法》，教授诸生研读经学，提倡每人备有一本记录簿，随时记录学习心得，按期进行会讲。每当学生读完一部经书，他便亲自组织以科考形式的测试，认真检验学生的学习成果。这不仅改变了旧有的教学法，还极大地提高了教育质量，使学生能够很快掌握儒学经典的要义。

邓钟岳一生宦海沉浮，历经诸多波折。但他从不汲于名利之争，乐于扶植后进，劝学励品，赢得人们的广泛赞誉。他任江苏学政时，曾积极刊印《近思录》和《白鹿洞规》等教育书籍，为求学之士提供免费的学习资料。他一生酷爱书法，因字而成名，至今在聊城光岳楼上仍保留着他的墨迹，流传着他飞笔点云脚的故事。

有一次，邓钟岳回乡探亲，恰逢光岳楼进行修缮。当地官员为表敬意，特设宴款待，并请他为光岳楼题写匾额。邓钟岳也想为家乡尽点绵薄之力，便欣然应允。宴会上，大家谈笑风生，邓钟岳的言谈举止更是令众人受益匪浅。酒过三巡，笔墨纸砚已准备就绪。邓钟岳走到案前，沉思片刻后，挥毫泼墨，“就日瞻云”4个大字便跃然匾上。众人纷纷赞叹不已，匾额随即被高高悬挂于光岳楼西面二楼的正中间。

然而，邓钟岳却突然指向匾额，询问众人是否发现有何不妥之处。众人端详，果然发现“云”字下方似乎少了一点。然而，在场官员或平民因敬畏状元之名，而选择了沉默。就在这时，一个七八岁的孩童大声说：“状元爷，那个‘云’字少了一点！”邓钟岳笑着点头，

聊城光岳楼上邓钟岳题写的“就日瞻云”匾额

表示确实如此。他随即拿起刚才写字的大毛笔，奋力向上一甩，笔点精准地落在了“云”字的右下方，完美地补上了缺失的一点。

众人见状，纷纷鼓掌喝彩，赞叹邓钟岳的才华与机智。那块“就日瞻云”匾额成为光岳楼的一道亮丽风景线，静静地悬挂在楼上，见证着岁月的变迁和家乡的繁荣。

邓钟岳为人刚直端厚，从政数十年，三任典考乡试，四任提督学政，以实际行动为地方教育工作贡献力量。但他的一生却极为清贫，尤其在他人生的最后时刻，时常是贫穷与疾病相伴。去世后，家里没有余银安葬，只能草草将他入殓，葬于院子一角。

张彤标：宦囊空空 卖产还债

张彤标（生卒年不详），字念慈，号伊蔚，清观城县（今聊城市莘县观城镇）人，清康熙五十七年（1718年）中进士。幼从父读书，以文章而有名。清雍正四年（1726年）在京待选，受到雍正皇帝的3次接见，回答问话时3次以“勿欺”二字相对，得赏识。

廉洁思想：守廉拒贿，正身律己，两袖清风

张彤标是一位清廉的官员，素以勤政爱民、正直清廉著称。他为

《莘县志》有关张彤标的记载

官时，严格遵守律法，时刻保持清正廉洁，坚决不接受任何形式的贿赂和礼物，也不贪污国家一分一毫的财产，其清廉形象赢得百姓的尊敬。

然而，张彤标在离任回乡时，却宦囊空空，穷得连路费也没有。当时，一位忠诚的属官李明得知他的困境，十分难过，心想："张大人是一位非常正直的人，他为官清廉，从不接受任何人的贿赂，现在他离职了，却连回家的路费都没有，这实在太不公平了。"

于是，李明在充分考虑到张彤标的声誉和清廉形象后，决定以自己的名义向当地的一位富商借了200两银子，并郑重承诺由他来偿还这笔债务，以此帮助张彤标解决困境。就这样，张彤标筹措到路费，终于可以回乡了。到乡后，张彤标变卖祖产，用以归还李明的银子。

这个故事告诉我们，一个真正的清廉之士并不会因为自己的困难而放弃原则。同时，警醒新时代的党员干部，要时刻保持清正廉洁形象，以身作则，严格遵守法律法规，做到两袖清风为人民、一身正气行天下。

周天爵：垦荒拓土的知县

周天爵（？—1853），字敬修，清山东东阿（今聊城市阳谷县张秋镇孟家海村）人。清嘉庆十六年（1811年）中进士，是嘉庆、道光年间的朝廷重臣，先后任怀远、阜阳知县，宿州、卢州知府，江西、安徽按察使，陕西布政使，漕运总督，河南巡抚，闽浙总督，湖广总督等职。

廉洁思想：持身守正，清廉自律，一心为民

周天爵是一位出身寒微的读书人，他自幼勤奋好学，凭借自身的努力和才华考中进士。为官后，他以勤政、清廉而著称，在治理漕运、兴修水利、发展农业和维持地方秩序等方面政绩突出，官职屡升。即使在官场中面对诸多诱惑和挑战，也从未动摇过自己的信条。

周天爵担任阜阳知县后，并未像其他官员那样追求奢华生活，而是始终保持着清廉品德，不收受贿赂，不偏袒亲友，严格遵守律法。他不仅严格要求自己的行为，还严格监督身边的人，不容忍任何不当行为。他与夫人和母亲一起靠缝补浆洗度日，他的夫人甚至没有一件适合出门参加应酬的衣服，而周天爵本人则更是一副平民形象。

一次，有位访客来到阜阳，远远地看到周天爵站在田间，身穿短布衣，头戴大毡笠，正在指挥牧童驱赶牛犊归家。这位访客对他的形象深感惊讶，没有想到这竟是一位官员。但是，周天爵并不在乎别人的看法。他深入基层，了解民情，积极为百姓排忧解难。在他的治理下，阜阳的社会风气逐渐好转，百姓们的生活水平得到显著提高，社会秩序井然，人民安居乐业。周天爵的清廉形象和高尚品德深受阜阳百姓的敬仰和爱戴，不仅被当地百姓赞为好官，还被朝廷提拔为两广总督等重要职务。

周天爵任职湖广总督期间，正值鸦片战争爆发之际。他虽已年近古稀，但仍积极参与抗英斗争，亲自巡视长江沿岸，为抗英前线筹集粮饷和兵员，最终取得显著战功。他还多次上书朝廷，直言不讳地指出军队存在的问题和弊端，提出许多宝贵建议。他不仅关心地方治理和百姓生计，还十分注重节约开支和抵制奢靡之风，严格遵守清廷法度，以身作则，为属下树立良好榜样。此外，他还积极举荐贤才，为朝廷选拔了一批优秀官员。

清咸丰三年（1853年），周天爵担任安徽巡抚。他苦苦支撑阻止太平军攻陷安庆，最后因病卒于军中，葬于其家乡张秋镇。咸丰皇帝嘉其“秉性忠直，勇敢有为”，追赠尚书衔，谥号“文忠”。周天爵墓占地约10亩，墓地四周建有围墙，内原有石头牌坊、石马、石羊等石刻建筑，周天爵墓和夫人墓前各有墓碑一通。2005年，由窦营村周氏后代重修其墓。

周氏牌坊

陈宗妫：官无长物 弃轿进村

陈宗妫（1854—1922），原名建中，字麓宾。今聊城市东阿县鱼山镇青苔铺村人，清财政大臣。清光绪六年（1880年）中进士，历任户部主事、福建司主事、山西司员外郎、广东司郎中、度支部左丞等职。

廉洁思想：为国忧思，廉洁自守，克己奉公，清廉传家

坐落于聊城市东阿县鱼山镇青苔铺村的陈宗妫故居，是一栋青砖建成的二层楼房。历经百年，依然散发着历史的气息，让人眼前仿若看到陈宗妫在危难时代不畏不惧、一心为民的清廉形象。

陈宗妫为官一生，始终清正廉洁，克己奉公，因其“品端学正、心细才长”，连获清重臣翁同龢（hé）、张之洞等人赏识。当时，正值外族多次侵扰和经济衰退的艰难时刻，政府风气日益恶化，王公贵族的贿赂行为蔚然成风，社会动荡不安，百姓生活困苦。陈宗妫看到这种现状，心情十分沉痛，但他依然清廉自守，尽心尽力地为朝廷服务。他常说：“不患国之不富不强，患人之不廉不耻。”他的言行激励着周围

陈宗妫故居

的人，也为那个动荡的时期带来一股清流。

尽管陈宗妫长期管理财政，经手无数银两，但他却两袖清风，清廉之声闻达朝野。《东阿县志》记载：“陈宗妫居官廉洁自持，清廉之声，朝野皆知。”他从不接受任何人馈送的冰炭敬等礼品。在他担任户部银行总办期间，按照规定分得花红及大清银行监督所应得车马费共计16 000金，而他毫不犹豫地将这些钱物全部捐献给财政学堂，为培养人才作出重要贡献。

《东阿县志》中还记载着这样一个故事，讲述一个名叫那桐的旗人，曾任总理衙门大臣，以贪黩而著称，但他对陈宗妫却非常敬服。

有一次，那桐和陈宗妫共同负责监修一项重大工程项目。那桐不断劝说陈宗妫接受一些不正当的利益，但陈宗妫却坚守原则，坚决不受。那桐见状，以一种幽默而诙谐的方式对陈宗妫说：“你是个大姑娘，贞节要紧，我则早非完璧，不在乎此矣！”那桐的这句话虽然有些自嘲意味，但也从侧面反映他对陈宗妫的高度敬佩和赞赏。

陈宗妫身居要职，却从不滥用职权，居官自傲，而是严于律己，克勤克俭。他每年都要家人给他捎去两双家里做的布鞋，以示不忘过去的艰苦生活。他回故乡探亲时，至村口便弃轿步行进村，以一个平民的身份走在乡间的土道上，与家乡父老执手相见，亲切交谈，从不摆当官为宦的架子。

“遍地情怀同野马，还乡况味问河鱼。官无长物身粗健，缓步懒骑湖上驴。”这是陈宗妫辞官乡居时所作的《辞归故里》一诗，寥寥数语勾勒出一个淡泊功名、造福乡里的官员形象，也是他为官清廉正直的自我期许。辛亥革命后，他将私蓄悉数捐赠给了国家财政学堂，自己则过着布衣粗食的清淡生活。

宋良薰：管官不卖官

宋良薰（1820—1861），字琴斋，号南轩，山东省堂邑县宋小屯村（今聊城市冠县范寨乡）人。清咸丰二年（1852年）中举人，咸丰三年（1853年）中进士。

廉洁思想：清廉自守，严守规矩，公平公正

宋良薰是清代的一位官员，以清廉自律、办事严格遵守章程而著称。清咸丰十年（1860年），宋良薰被授予吏部考功司晋级表彰，同一天，他的父亲宋永泰被诰赠为奉直大夫。宋良薰在吏部任职期间，主要负责官员的考核。

1860年咸丰皇帝表彰宋良薰的圣旨

宋良薰虽然身居要职，但他严格遵守吏部的规章制度，坚守本心，坚决拒绝任何形式的贿赂和礼物，不论礼物多少、关系亲疏，都一概不收。为了避嫌，宋良薰将家人安置到北京西北一个偏远的小村庄居住，而他自己则住在吏部值房里。他每天在值房工作时，白天经常大开值房之门，晚上也不关闭，使得来往人员都在吏部人员的视线之中，一些官员就连对宋良薰使眼色的机会都没有。

宋良薰在处理官员考核事宜时，始终保持公开透明的态度。他将考核结果公示出来，让所有官员都能了解自己的表现和评价，这种做法使得官员不敢行贿或私下进行不正当交易。同时，他在吏部设立监察机构，负责监督官员的行为和工作情况。这种机制使得官员无法隐藏自己的不当行为，为发现和处理腐败问题提供了有力保障。

有一次，一位风尘仆仆的官员出现在宋良薰面前，他暗中向宋良薰赠送了大量的金银财宝，希望能打动对方，从宋良薰这里谋得一个好官职。但是，宋良薰却坚决拒绝，他诚恳地劝说这位官员，金银财宝并不能让你获得真正的成就和尊重，只有通过自己的努力，才能获得别人的认可。宋良薰的话语如同一股清泉，洗涤了这位官员心中的贪念，使他为自己的行为感到羞愧。

这个故事流传开来，在他的影响下，吏部的风气开始发生改变，基层官员对吏部的工作更加信任和支持，宋良薰的廉洁和正直也得到皇帝的赏识和广大官员的尊重，他一时成为吏部的楷模。

范筑先：清似水、明似镜的铁血将军

范筑先像

范筑先（1881—1938），原名金标，字夺魁，山东省馆陶县（今河北省馆陶县）人，著名民族英雄、抗日烈士、爱国将领，名列第一批300名著名抗日英烈和英雄群体名录，现聊城古城光岳楼东北角建有范筑先纪念馆。历任中华民国陆军第四师第八旅旅长、国民革命军第二集团军第三军参赞、国民革命军第二集团军南路军总司令兼参赞、临沂县县长、沂水县县长、聊城县县长、山东省第六区游击司令部司令等职。

廉洁思想：洁身自守，从政廉明，体恤民众，大义殉国

1881年12月12日，范金标出生于一个贫苦农民家庭，9岁入私塾读书识字。13岁时，他的父亲病故，因家庭失去收入来源，他只得辍学回家务农。成年后，他当过脚夫，以运粮谋生，常推着独轮车奔波于山东西部、河北南部各县之间。1905年，适逢北洋陆军在天津附近的马厂编成第四镇，而范金标因家乡卫河泛滥，灾疫横行，不得已弃农从军，成为北洋陆军第四镇炮兵第四标三营右队第一棚的“备补兵”，不久升为“副兵”。当时北洋士兵中识字者不多，他靠着几年私塾的底子，很快就掌握了炮兵技术，被送入第四镇随营学校学习，归队后被提拔为正目。后又进入天津北洋陆军讲武堂炮科深造，续升为哨官。

辛亥革命后，北洋陆军第四镇改称中央陆军第四师，范金标任炮兵连连长。1913年7月，国民党“二次革命”失败后，袁世凯派遣北洋军第四师第七旅旅长杨善德率部进驻松江，控扼浙江咽喉。范金标随之南下，并逐步积累军功，擢升为炮兵营营长、补充团团长、师参谋长、第四师第八旅旅长等职。1924年9月，江浙战争爆发。孙传芳出兵抄袭了沪浙联军后路，浙江督军卢永祥战败下野。孙传芳拟收编隶属于卢永祥手下的第四师，但范金标拒绝收编，并将军中公积金尽数发给士兵，将部队遣散。随后，他改名为“竹仙”，开始了隐居生活，后遂以“筑先”为名。

1931年，范筑先由西北军将领张维玺介绍，在山东省主席韩复榘手下任第三路军参议，后出任沂水、临沂两县县长。由于他为官清廉公正，深得民心，颇受地方称许。在任临沂县县长时，国民党军师长展书堂曾拥兵要挟他，让为其母送厚礼祝寿，遭到范筑先的严词拒绝。范筑先经常下乡了解民情民意，但从不扰民，更不接受地方官员的宴请。他颁布了严禁贩卖、吸食毒品的禁令，严惩违令者。在一次得知警士班班长王兴盛收受他人贿赂、诬陷他人贩毒吸毒时，他立即组织人员查清事实真相，最终将王兴盛依法处决。他遇到特务队随便抓人，总是极力阻止，解救抗日民众、学生脱险。1936年5月中旬，范筑先调离临沂时，临沂城的百姓夹道相送，百姓自发沿街摆了许多桌子，有的在桌上放一碗清水、一面镜子；有的则放一块豆腐、几棵青葱、三杯白酒，以此体现范筑先清似水、明似镜，公正廉明，一清二白；有的桌上摆几盘糕点，以示郑重。

1936年11月，范筑先任聊城县县长时，曾立下志愿，要竭尽全力为养育他的故乡做些事情。1937年夏，聊城发大水，徒骇河洪水漫溢，许多房屋倒塌，道路被冲毁，到处一片汪洋，而城东南于集牛耳洼附近的群众却因是排水还是堵水发生争执，械斗一触即发，范筑先亲临现场解决了纠纷，化险为夷。为解决城里百姓的饮水问题，他召集政府雇员及乡绅商议修复被洪水冲毁的道路事宜，并亲自下水修路。在国难严重、天灾人祸交迫之际，范筑先处处以百姓为重，充分展现了他的爱民、护民之心。1937年冬，驻临清的日军高桥联队派出一支18人的骑兵队，到聊城侦察骚扰，遭到我方当时守城部队打击后向北逃窜。这时，范筑先正在清平收编武装力量，闻报后，立即亲率警卫队、政训队六七十人，奔赴聊城以北的梁水镇伏击日军，毙敌小队长以下数人，缴获战马7匹，这是鲁西北抗日武装与日军的初次交锋。虽是一次小规模的战斗，但在当时国民党数十万大军纷纷南退的情况下，给气焰嚣张的日军迎头一击，极大地鼓舞了鲁西北抗日军民的士气。

1938年11月中旬，日军分三路进犯鲁西北。11月14日，范筑先指挥城防部队，与从东阿渡黄河的日军第114师团秋山旅团千叶联队平田大队展开英勇悲壮的聊城保卫战。15日拂晓，日军集中兵力，配以飞机、大炮，猛攻东门一线。范筑先亲至东门督战，左臂被炮弹击伤。9时，东门失守，范筑先率一部分武装退至光岳楼下，与敌人展开激烈的巷战。17时许，守城部队损失殆尽，就连范筑先的腿骨也被打断了。当他只剩下最后一颗子弹时，便将枪口对准自己的太阳穴，壮烈殉国，终年57岁。

噩耗传来，举国震哀！国共两党都举行了隆重的悼念活动。国民政府还特令褒奖，通电全国降半旗3天。各党派团体纷纷发唁电、召开追悼大会，哀悼这位为捍卫中华民族尊严，血洒疆场、为国捐躯的民族英雄。许多报刊也纷纷发表文章，宣传范筑先精诚报国、守土抗战的英雄事迹。范筑先年近60岁仍在抗日战场上抛洒热血，不甘被俘举枪自戕，诠释着中华民族的精神和气节。

范筑先血战聊城
——光荣殉国纪实
李士钊

《新华日报》刊发的《范筑先血战聊城》的纪念文章

他把一腔热血洒在了聊城大地，把一片丹心献给了国家民族，不愧为一代英豪。他崇高的爱国精神永放光彩，精诚的团结风范永驻中华，英勇的抗日壮举永载史册。

位于聊城古城范筑先纪念馆内的范筑先纪念碑

1940年，聊城县曾改名为“筑先县”。1987年，邓小平曾为范筑先纪念碑题词——“民族英雄范筑先殉国处”。

金谷兰：毁家纾难干革命

金谷兰像

金谷兰（1904—1938），字贮溪，今山东省高唐县韩寨乡谷官屯村人，革命烈士。1926年加入中国共产党，是高唐县第一位共产党员。创建高唐县第一个党组织——中共高唐县谷官屯党支部，任支部书记。

廉洁思想：家资革命，传播火种，无私无畏，忠心向党

高唐县谷官屯村村南的谷官屯暴动纪念馆，详细讲述了谷官屯暴动的前因后果，其中一位抗战英雄的故事最为瞩目，他就是高唐县第一位共产党员——金谷兰。

金谷兰，出生于一个农民家庭，少年便从事农业劳动，目睹劳苦农民的凄惨生活和地主的残酷剥削。他在山东省立第三师范学校（原东昌府考院）读书期间，刻苦学习，崇尚简朴，深受革命进步思想影响，萌发了救国救民的思想。1925年，从山东省立第三师范学校毕业回乡的金谷兰，看到辛亥革命后农村的劳苦大众仍处于水深火热之中，更加坚定了他成为一名共产主义战士的决心。

1926年秋，金谷兰经杨笙甫（山东高密人，在鲁北一带从事党的地下工作）介绍，加入中国共产党。之后，金谷兰受中共鲁北县委

谷官屯“红团”团部旧址

指示，发展农民武装力量，积极传播革命思想，发展“红门”（高唐城北一带具有迷信色彩的群众自卫组织红枪会）首领姜占甲加入中国共产党，并逐步将“红门”改造成党领导的农民武装“红团”。这一年，高唐爆发大范围蝗灾，百姓食不果腹，苦不堪言，金谷兰义无反顾地将自己家中积存多年的一仓谷子全部分给了附近的贫苦百姓，而他和家人却仅仅依靠着所剩无几的地瓜充饥度日，这一举动赢得了农民的尊敬和信任，也为后期活动的开展及武装力量的壮大奠定了基础。

1927年3月，金谷兰在城西十里铺召开的十乡（10个村）会上提出了“抗捐抗税”“打倒土豪劣绅”等口号，以及将“红门”改称为“红团”的主张，还被推荐为十乡“红团”团长，得到了群众的拥护，从此声名远扬。

同年秋，金谷兰根据中共鲁北县委召开的党的工作会议精神，以自己的家乡谷官屯为活动中心，从事发动群众、教育群众、发展党团组织和组织农民武装等革命活动。他积极团结国民党进步知识分子，宣传反帝反封建思想，并提出了“打倒大褂子客（指地主土豪劣绅）”的口号。在谷官屯小学教师徐馨斋的支持下，他在谷官屯小学开办了农民夜校，亲自讲授革命进步思想，先后发展徐馨斋、杨厚基等人加入中国共产党，为创建高唐党组织打下基础。当时，中共鲁北县委负责人李宗鲁经常到高唐指导工作，并和金谷兰一起在小学教师、农民中发展了一批中共党员，创建了高唐县第一个党组织——中共高唐县谷官屯党支部。支部设在金谷兰家中，金谷兰任支部书记。中共高唐县谷官屯党支部建立后，金谷兰为了发展革命事业，不惜牺牲一切。随着“红团”的发展壮大，为了解决“红团”的武器和经费问题，他卖掉了自家的18亩良田，拿着卖田的480块银圆赶赴济南，购买了长矛400支、大刀40把以及手电筒和电池等。他又参考古代兵器的式样，设计并请人制造了300余个“铁蒺藜锤”。有了这些武器和设备，“红团”开展宣传工作和农民运动就更有条件了，也更有利于推动高唐县革命武装迅速发展。

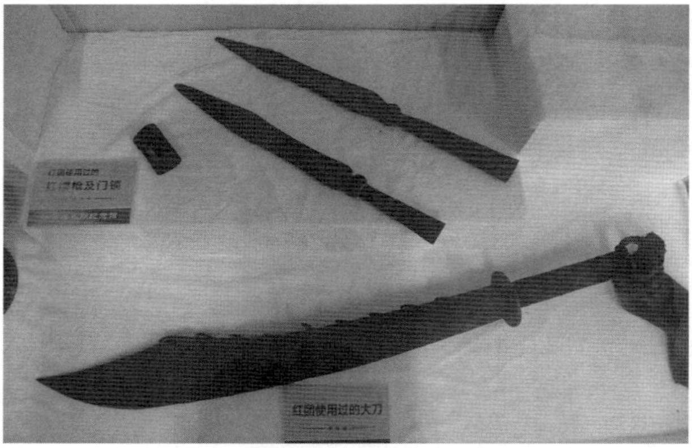

“红团”使用过的武器

1928年初，中共鲁北县委第二次党的代表会议召开，决定组织武装运动。金谷兰带领中共高唐县谷官屯党支部组织“红团”团员和群众，开展了轰轰烈烈的“打虎除霸”运动。他们在高唐县城中山街（今鼓楼路）进行游行示威，狠狠打击了以“十虎”之一的高唐商会会长姚鼎汉为代表的高唐恶势力，并镇压了谷官屯鱼肉乡民的大地主李洪楼、惯匪郭景芳和张麻来，打开地主粮仓，救济贫苦农民。之后，他们又提出“抗捐罢税”的口号，得到盐民的积极响应，怒杀盐巡，严惩垄断高唐食盐市场的“官盐店”，维护了高唐城北十里铺一带盐民的利益，而“红团”也逐渐发展为人数达千人的农民武装力量，成为谷官屯暴动的主力军。中共山东省委和中共鲁北县委对金谷兰领导的这支农民武装非常重视，先后派县委负责人和省委委员等前去指导工作。

根据中共山东省委指示精神，鲁北县委找准奉军北逃、北伐军尚未到达鲁西北的短暂有利时机，决定组织武装暴动。为适应鲁北地区革命形势的需要，1928年4月28日，中共山东省委改组中共鲁北县委为中共鲁北特委，由省委委员李春荣任书记、金谷兰等任委员，特委机关仍设在谷官屯金谷兰家中。特委组建后，立即召开了会议，决定5月4日举行暴动，建立工农革命根据地和谷官屯苏维埃政权。

谷官屯暴动前，金谷兰希望能制作一面党旗，在打倒地主土匪后把党旗插在高唐县城的钟鼓楼上。他的妻子袁子孝知道后，把结婚时陪嫁的红被子翻了出来，扯下被面，缝制了一面党旗。金谷兰的妻子还曾给他缝制过三身长袍，可金谷兰总是早上穿出去，却不见穿回来，追问之下才知道他把长袍送给了缺衣服穿的其他同志。他的妻子心疼金谷兰日夜为革命操劳，有天中午在蒸窝窝时，用仅有的一点点白面蒸了两个馒头，想让他偷偷把这两个馒头吃掉。但金谷兰二话没说，转身拿来一个盘子，把馒头掰成一块一块的，按人头分给一起干革命的同志。而他的妻子什么也没说，默默地支持他开展革命工作。

中共鲁北特委机关驻地旧址

5月4日，中共鲁

北特委决定集结“红团”攻打十六、十七、十八区联庄会长，大土匪李采题老巢打渔李村，然后攻占县城，建立谷官屯苏维埃政权。但因保密工作不周，被谷官屯大地主、土匪头目李金海探听到消息，报告给了奉系高唐县县长张振声。张振声派警备队队长李长兴、联庄会长李采题带着五六十匹马的马队，纠集反动武装几百人，包围了谷官屯，意图摧毁“红团”。金谷兰等人得知消息后，迅速焚烧了文件，分头指挥应战。但敌我力量悬殊，金谷兰率部分“红团”团员和群众与敌人奋力拼杀，终于从北门冲出了敌人的包围圈。经此一战，“红团”及革命力量受到严重摧残。之后，国民党新军阀进驻高唐，高唐县的革命形势急剧恶化。

9月，因国民党线人郭庆江告密，金谷兰在高唐城西袁庄被捕，敌人多次严刑逼供，得到的只有一句：“怕死的不干共产党”，并在狱中写下《狱中杂咏》“工农闹革命，端在坚与贞。冻死迎风站，饿死不出声”的诗句。敌人恼羞成怒，最后给金谷兰强加上“聚众杀人”的罪名判刑7年，被押往泰安国民党高等法院监狱。

1935年出狱后，金谷兰一直从事中共地下工作。七七事变后，他回到高唐，组织抗日武装。1938年2月，金谷兰奉范筑先命令，前往清平与临清交界处收编地方武装，不幸被暗杀牺牲，时年34岁。

一寸山河一寸血，一抔热土一抔魂。金谷兰，一个坚定不移、不怕牺牲的革命烈士，他的革命英雄事迹和坚贞不屈精神激励着我们不忘初心，勇毅前行。

韩子栋：清风传家的“华子良”

韩子栋像

韩子栋（1908—1992），原名韩国桢，今山东省阳谷县韩庄人。1933年加入中国共产党，历任中财委人事局科长，北京机械厂副厂长，国家人事部副处长，国家一机部二局副局长，国家技委办公厅副主任，贵阳市委书记处书记、市委副书记、政协主席等职，也是长篇小说《红岩》中“疯老头”华子良的原型。

廉洁思想：矢志不移，克己奉公，清正廉洁，清风传家

对于长篇小说《红岩》，大家并不陌生，而其中因装疯卖傻而被特务称为“疯老头”的华子良更是给人们留下了深刻印象。华子良虽是小说中的人物，但他的生活经历其实来源于阳谷县革命志士——韩子栋。

韩子栋，出生于阳谷县石佛镇韩庄村的一个农民家庭。因家境贫寒，早年从老家到淄博鲁大煤矿当矿工。他一边打工，一边学习，受进步思想影响，被吸收加入中共组织。1932年，韩子栋参加革命工作，受党的委派打入国民党特务组织内部，在极其艰苦和复杂环境中，截取许多重要情报。

1933年，韩子栋加入中国共产党，参加了共产党领导的地下斗争。同年秋，按照党组织的安排，打入国民党特务组织“蓝衣社”，在北平一家书店的掩护下，组织构建党的地下情报网，出色地完成了组织交办的各项任务。

1934年10月，因叛徒出卖，韩子栋在北平被捕，先后关押于北平、南京、武汉、益阳、息烽、重庆等10个监狱和看守所。在狱中，他受尽敌人的严刑拷打、逼供等酷刑，过着非人的生活。但他从来没有忘记自己的党员身份，忍辱负重，坚贞不屈，始终没有泄露党的秘密，后来他以装疯卖傻的特殊斗争方式同敌人进行巧妙的周旋斗争，成功麻痹敌人。历经14年漫长的铁窗生涯，于1947年10月从白公馆越狱，最终在山东解放区找到了党组织。

新中国成立后，韩子栋即使担任领导职务，也始终过着艰苦朴素的生活。他仅有的一双皮鞋还是花20元钱在旧货商店买的，只有在外出活动或接见客人时才穿。他住的是几十平方米的顶层楼房，看书、看报、写东西都是在阁楼上，用木柜当桌子，用木箱当凳子，生活非常艰苦。韩子栋退居二线后，积极组织一些老同志筹办了“小萝卜头”少年教育委员会，宣传革命传统教育，培养社会主义事业接班人。离休后，他经常受邀到全国各地做革命传统教育报告，外出花费从未向单位提出过报销，都是自己默默付出，有的单位给他汇钱，他也总是一分不少地寄回去。在他的言传身教和良好家风影响下，他的3个子女在各自的工作岗位上勤勤恳恳、爱岗敬业、无私奉献，从未因父亲的职务而搞特殊化、谋取私利。他的妻子王玉玲在北京、贵州生活几十年，所用梳妆品还是1948年从山东老家带去的一把木梳和一面镜子。因为梳妆品过于老旧，曾被孩子多次扔进垃圾桶，而她一次又一次地捡回来继续使用。

韩子栋身上蕴含着中国共产党党员的坚韧意志、斗争智慧、简朴作风，彰显着崇高的理想信念的伟力，是人生的支柱和前进的灯塔。

申云浦：清廉为民 风范长存

申云浦像

申云浦（1916—1991），原名景玮，字蕴璞，今山东省阳谷县安乐镇北街人。1932年10月加入中国共产党。冀鲁豫根据地的创始人、冀鲁豫抗日战争著名人物、率领冀鲁豫干部南下的主要领导。历任中共鲁西特委宣传部部长、中共贵州省委副书记、贵州省副省长等职。

廉洁思想：一心为民，廉洁奉公，为党分忧，勤俭节约

申云浦，一位拥有着崇高信仰和坚定信念的革命战士，为中国的新民主主义革命、社会主义革命和建设事业呕心沥血，贡献毕生精力。他时刻以人民的信任为嘱托，保持着清正廉洁、勤政为民的干部形象，鞠躬尽瘁为人民服务。

申云浦受革命思想的熏陶，早在山东聊城师范求学时就投身革命，积极参加反帝反封建的学生爱国运动。加入中国共产党后，他在极其艰苦的环境下从事党的地下工作，深入发动进步青年、知识分子和群众加入党组织，秘密扩大党的队伍，并加入由中共九都杨支部书记杨耕心在阳谷县组织的“中坚社”，担任领导职务，为基层党组织的发展壮大和对敌斗争发挥了重要作用。当时，阳谷县对中青年男子有一种尊称为“二哥”，“申二哥”是申云浦从事党的地下工作时的隐称，当年冀鲁豫根据地的同志们提起“申二哥”都连连称赞。

抗日战争全面爆发后，申云浦在山东阳谷，聊城运东、运西，鲁西北等地组织领导群众开展游击战，出生入死，浴血奋战，出色地完成了上级交办的任务。抗日战争胜利后，他依然坚持实事求是，不骄不躁，勤勤恳恳地为党工作，以一位共产党员强烈的革命事业心和高度的责任感为开展党的工作和地方建设贡献力量。

1955年，申云浦被下放到贵州安顺的山京农场，任副场长。当时的山京农场生活条件十分艰苦，但他并没有因自己曾经的身份而要求特殊待遇，反而迅速适应农场生活，以坚强的毅力积极为党和人民的事业工作。在农场里，申云浦的穿着打扮、言谈举止都与工人一模一样，与农场里的工人同吃同住、同甘共苦，向工人学习饲养、种植技术，和周围农村群众建立良好关系，被大家亲切地称为“申二哥”。他常以自己是劳动人民为荣，时刻提醒自己：党派我来贵州就不是做官的，是为老百姓服务的，现在来农场便是为了更好地为老百姓服务。

为了改善农场条件，他刚到农场就徒步考察场内的实际情况，仔仔细细地从“海子边”到“十二茅坡”看了个遍，白天和工人们一起干活，晚上挑灯夜战积极为农场的建设和发展拟订规划，就这样一个新的农场规划蓝图产生了。在农场工作3年，他始终告诫自己：山京的人民也是人民，也需要过上和城里人一样的日子。他深入基层，为农场和附近群众解决了许多实际问题，在农场工人和周围群众的眼里，他是一位深入群众、关心百姓疾苦的老革命。

有一次，一位农民因饥饿难耐，偷偷潜入农场偷窃红薯，被工人抓住。申云浦了解情况后，不但没有处罚这位农民，反而从地里挖取一筐红薯送给他。对此，许多工人表示不理解，质问申云浦为什么要送红薯给偷盗者，申云浦耐心解释道，农民本该以种地维持生计，如果不是遇到困难，农民怎么会出来偷东西，我们工人也有责任帮助农民兄弟解决生活困难。申云浦离开山京农场时，附近的农户按照当地的习俗，每家都为他做了一个菜，让他品尝，送行的队伍排了500余米。申云浦逐个看了，泪水潸潸地说：看如吃，味道已经香到了我的心里。

1982年，申云浦担任贵州省副省长，负责分管财政等方面的工作。一天深夜，秘书送来一份快报，报告安顺地区遭遇了罕见雹灾，当地百姓受灾严重。第二天一早，申云浦没有通知安顺地区领导，直接前往受灾村寨和田间地头，实地了解受灾情况，思考救灾方案。回到安顺后，申云浦心系灾区的救灾情况，于是带着当地领导及省、地区两级财政干部，午餐就在路边店吃了一碗米粉，边吃边商定救灾事宜。

申云浦常说，只有心里装着老百姓，老百姓心里才装着我们！就像《清官谣》里唱的那样“天地之间有杆秤，那秤砣是老百姓”。对于一位官员的评价，老百姓是最有发言权的。申云浦为百姓做的一点一滴，都被百姓看在眼里、记在心里。在申云浦去世后，山京的百姓给他立碑“风范长存”，以示纪念。

申云浦一生从未向组织提出过任何要求，他的家里没有什么高档家具和奢侈品。去世后，留给孩子们的全部遗产仅仅是一个旧皮箱。箱子里除了几件旧衣服，还有一个布包，布包里是一本只有4位数的存折，这就是申云浦一生的积蓄。他的孩子们也深受父亲甘于清贫、廉洁奉公品质的影响，从未觉得自己是什么“高干子弟”，也从未要求过任何个人利益，都是靠自己努力奋斗来实现自己的人生目标。

孔繁森：一尘不染、两袖清风的好干部

孔繁森（1944—1994），堂邑县五里墩村（今聊城市东昌府区堂邑镇）人，1961年毕业于聊城技校，1966年9月加入中国共产党。1979年7月赴西藏任中共岗巴县委副书记，1992年11月任中共阿里地委书记、地区政协主席。1994年12月22日，中共聊城地委、聊城地区行署作出《关于向孔繁森同志学习的决定》，后被中共中央组织部追授为"模范共产党员""优秀领导干部"，被国务院追认为"全国先进工作者"称号。2009年，被中央宣传部、中央组织部、中央统战部等11个部门联合评为100位"新中国成立以来感动中国人物"。

廉洁思想：一心为公，清正廉洁，淡泊名利

孔繁森同志纪念馆

聊城市东昌湖畔的西北隅，有一座占地面积约1.04万平方米，建筑面积1 400平方米的宏伟建筑——孔繁森同志纪念馆。该馆是1995年7月经中央宣传部批准，为纪念领导干部楷模孔繁森、弘扬孔繁森精神、教育子孙后代而建的。

孔繁森，虽然出生于一个农民家庭，但他自幼受到良好家风影响，逐渐成长为一名党的好干部、人民的好公仆。工作中，他始终保持廉洁自律、艰苦奋斗的作风，经常用自己微薄的工资接济贫困百姓，为他们送去温暖和关爱，而自己却过着清贫的生活。

1992年，拉萨市墨竹工卡等县发生强烈地震，整个城市和乡村都被摧毁。时任拉萨市副市长的孔繁森赶赴灾区指挥抗震救灾工作，在羊日岗乡的地震废墟上，看到3名失去亲人、被困在废墟中的藏族孤儿，他毫不犹豫地将他们带回家，视如己出，抚养他们长大成人。

然而，收养3名藏族孤儿后，孔繁森的经济状况变得更加拮据，孩子们的衣食住行、学费等各种开销都压在他的肩上。为了给孩子们提供更好的生活、学习条件，孔繁森不顾自己的身体状况，悄悄地来到西藏军区总医院血库献血，他恳求护士："我家里孩子多，负担重，急需用钱，请帮个忙吧！"护士见他如此坚持，只好同意。在接下来的日子里，他先后献血900毫升，共收取医院按规定付给的900元营养费，这些钱不仅是孩子们的生活补贴和教育开支，更是孔繁森对藏族孤儿深深的爱。

孔繁森曾先后两次进藏，把自己的大部分工资用于帮助困难群众，接济困难家庭，经常为藏区群众买药，而委屈了家人。有一次，他的妻子到西藏探亲，由于看病将返程的路费花光了，只好向孔繁森要钱。孔繁森东挪西借才勉强凑了500元，而回程机票需要800元。妻子不忍心丈夫为难，就自己找熟人借了一些。孔繁森因车祸牺牲时，年仅50岁，他的遗物只有一件从内地穿到西藏、数十年来始终舍不得换的六七十块钱的西装，一台收音机，一份去世前4天写成的关于阿里经济发展的12条建议，以及仅有的8.6元钱款，这样的场景让在场的每个人都流下了眼泪。

“一尘不染两袖清风，视名利安危淡似狮泉河水；二离桑梓独恋雪域，置民族团结重如冈底斯山。”这副挽联，写出了孔繁森同志援藏工作时勤政为民、清贫廉洁的一生。他始终以人民利益为先，严格要求自己，无用权力行逾矩之事，无用职位贪公家之利，切实做到了一毫一厘取之于民、用之于民。新时代的发展需要更多像孔繁森同志这样靠得住、有本事、过得硬、不变质的领导干部担当起中华民族伟大复兴的重任。“一个共产党员爱的最高境界是爱人民。”这是孔繁森同志常说的话，也将永远激励着广大党员干部不断前行。

勤政篇

按语

古人云："勤者，政之所要；廉者，政之本也。"即勤廉是从政之德、为政之本。"勤而不廉要出事，廉而不勤会误事，不廉不勤必坏事。"勤政和廉政如鸟之双翼、车之双毂，密不可分。

纵观我国古代的传统廉政文化，从仁孝重民的从政道德到清廉节俭的优秀品德，从举贤任能的用人之道到克己奉公的修身之志，从公正无私的法度气魄到心忧天下的家国情怀，我们不难看出不少为官者既廉又勤，如"鞠躬尽瘁，死而后已"的诸葛亮，"躬亲庶政，不舍昼夜"的司马光等，让后人为之敬仰。

"廉不言贫，勤不言苦"（《左传》），向来为儒家思想所提倡，是历代为官从政者应具备的品德，也是中华民族最传统的禀赋。在本篇中，您将看到聊城历朝历代恪尽职守、勤奋工作、为民服务、治国安邦的官吏先贤，有直言善谏的贤臣马周，勤廉五朝的张本，勤政爱民的良吏田珍，不忘初心、甘于奉献的盛北光等，他们以国家和人民的利益为重，以提高民生福祉为己任，勤政务实，积极推行一系列有益政策，赢得人民的尊敬和敬仰。

政如农功，不勤无以成事。勤政是古往今来对"好官"不变的评价标准，也是我们践行党的宗旨的具体体现。新时代，习近平总书记也把勤政务实作为好干部20字标准中的一条。

对于领导干部而言，必须以身作则、躬行实践，把"廉"与"勤"作为身体力行的基本操守，坚持走在前、干在前。在勤政方面，始终坚持以人民为中心的发展思想，勇于担当责任，积极履行职责，不断提高工作能力和水平。同时，在廉政方面，严格遵守党纪国法，始终保持清正廉洁的作风，自觉接受党和人民的监督，以高尚的道德风范引领良好的社会风气。

伊　尹：元圣任天下之范

伊尹（？—前1713），姓伊，一说名挚，尹为官名，商初大臣，著名政治家、思想家、军事家，被祀奉为“商元圣”。他未仕时，曾耕于莘野，后辅佐商汤建立商，担任尹，是中国第一位奴隶宰相。先后辅佐成汤、外丙、仲壬、太甲、沃丁5位君主，为商朝的建立和兴盛作出了突出贡献。

勤政思想：胸怀天下，大国小鲜，以德治国，民本社稷

莘县城北的莘亭镇大里王村西200米处，有一碣石碑，宽约3尺，高不到1丈，碑上字迹斑驳，但依稀可见“莘亭伊尹耕处”6个大字。据说，此碑是由时任东昌府知府的程光珠书写的，以铭记伊尹。那么，伊尹究竟是何许人？

莘亭伊尹耕处

查阅古籍，伊尹是中国上古时期具有重要影响的政治家、思想家、军事家。他出生于伊水之滨，初为有莘国人，耕于田间，善于烹调，后奉命担任商汤的厨师，常借烹饪之道阐述治国之理，劝商汤修德振兵，最终助商汤完成大业，成为开国贤相。

伊尹任商相前以耕地为生，曾躬耕于莘县城北，后来莘县城北之地一度被称为“伊田”。伊尹虽出身微末，却自幼胸怀大志，勤奋好学，经常白天在田间躬身劳作，夜间潜心学习治国安邦之道，闲暇之余就四处游历，了解民间疾苦。一次游历中，伊尹发现有莘国国君颇具贤德，便自愿沦为奴隶以接近有莘国国君，充任国君的贴身厨师，后提拔为膳食官。经过一段时间的观察，伊尹发现有莘氏与夏都是夏禹的后代，血缘关系紧密，且有莘国国小力弱，难以担当起灭夏重任。于是，他经过深思熟虑，认为商汤是担当此重任的最佳人选，于是决定投奔商汤。

为见商汤，伊尹将自己作为有莘氏女的陪嫁奴隶，来到商汤家做厨师。有一次，伊尹用天鹅制作了一道美味的“鹄羹”，商汤品尝后非常满意，便向他询问烹饪技巧。伊尹回答，做菜要注意选料，只有调味精准，火候恰到好处，菜肴的味道才会最佳。然后，他以烹饪之道类比治国之理，指出治理国家也需要掌握好尺度，既不能过于急躁，也不能过于松弛懈怠，恰到好处才能将事情做好，并提出“治大国若烹小鲜”的至理名言，主张以德治国，强调道德和法治的重要性。

商汤听后大受启发，认为伊尹是一个难得的人才，便破格免去了他的奴隶身份，任命他为宰相，辅佐自己。伊尹凭借卓越的才智和谋略指挥军队屡次战胜夏军，最终助商汤灭夏建立商。之后，他尽心竭力地辅佐商汤，处理国家内政外交事务，推行了一系列改革措施，如培养贤才、发展农业、整顿财政、加强军队建设等，并常常以身作则、勤政爱民、德化天下。在他兢兢业业的辅佐下，商初期政治清明、经济繁荣、社会稳定、人民安居乐业。毛泽东主席曾高度评价伊尹，认为他在道德、学问、经济、功事等方面均具备全面的才能，称其为“生于专制时代，其心实太公也。识力大，气势雄，故能抉破五六百万年君臣之义，首倡革命”。

伊尹辅政50余载，为商的兴盛富强立下了汗马功劳。他一生勤政爱民、推行仁政德化天下，在历史上被赋予诸多崇高荣誉，被尊称为“圣”。

仲　由：刚正不阿

仲由（前542—前480），字子路，一称季路，春秋时期鲁国卞里人，孔子弟子，“孔门七十二贤”之一。周敬王七年（前513年）讲学于范县，在范县城北半里处，古有子路书院。并在卫水大泛时率众筑堤，至今莘县、范县至阳谷一带堤形蜿蜒，名曰“子路堤”。列入“二十四孝”中的子路百里负米奉亲的故事，即发生在范县。

勤政思想：正身律己，家国同构，忠诚勇敢

仲由，孔子的弟子之一，以刚正不阿、勇猛果敢著称。他出生于一个贫穷家庭，少年时期从事各种劳作来维持生活，甚至常以野菜充饥。尽管生活极为艰辛，但他仍然志气刚强，性格直爽。后拜入孔子门下，在孔子的教导下，逐渐崭露头角，成为一位优秀的政治家和军事家。

《论语·子路》中有言：“其身正，不令而行；其身不正，虽令不从。”仲由一生追随孔子，尊敬孔子，积极捍卫并努力践行孔子的思想学说。因自幼便伉直鲁莽，他经常对孔子的教导直言看法和批评，但他从不在语言上掺假欺瞒，并勇于接受他人的指正，其忠心不二、恪守信义的品性深得孔子赞赏，孔子曾说：“如果我的主张行不通，我就乘上木筏子到海外去，能跟从我的大概只有仲由吧！”

仲由擅长政事，常将孔子的儒家思想付诸为官从政的实践中，为官勤政廉明，是学而优则仕的典范。前487年，仲由被任命为蒲邑（今河南省长垣县）宰（县令），成为长垣县有文字记载的第一位地方长官。他治蒲3年，政绩卓著，勤政爱民，亲自视察全邑乡区，带领民众开挖沟渠，以利农耕。

有一次，孔子周游列国时刚进入蒲邑境内，听说仲由政绩斐然，就称赞说："善哉由也，恭敬以信矣！"走进城内看了一圈后，孔子又说了一句："善哉由也，忠信以宽矣！"走进衙门后，孔子第三次说了："善哉由也，明察以断矣！"这时，跟随孔子的颜回有些纳闷，就问：夫子尚未见到子路就三次称赞其善，不亦逾乎？孔子回答说，入其境见沟渠深治，田地整齐，庄稼茂盛，说明子路恭正以信，故民众尽力；入其邑，房屋完好，商贾繁荣，林木葱茏，说明子路忠信以宽，故民不偷懒；至其庭，满院清净，诸下用命，说明子路明察善断，故其政不扰。正如孔子评价的那样，仲由治蒲3年为当地百姓办了很多好事、实事。

周敬王七年（前513年），仲由讲学于范县，并在卫水大泛时，率众筑堤，名曰"子路堤"。今聊城市阳谷县城西南部金斗营乡西南2.5千米处（桩号75 + 800~78 + 200）的金堤，就是在子路堤的基础上加宽加高而成的。前480年，

子路堤

卫国内乱，孔悝（kuī）的母亲伯姬与人密谋欲立其弟蒯（kuǎi）聩为君，胁迫孔悝弑杀卫出公，出公闻讯而逃。仲由冒死去救孔悝，不幸被砍杀成肉泥，时63岁。

仲由周游列国时曾到现在的莘县、阳谷一带开坛讲学3个月，传播儒家思想，教化当地民众。当地民众为纪念他开坛讲学这一佳话，捐资在原仲由讲学处建起一座气势雄伟的庙宇，内供仲子神像，曰“仲子庙”（遗址在今莘县古城镇东南隅）。清乾隆七年（1742年），郑板桥任范县知县兼署朝城县事后曾参拜仲子庙，并亲自手书“仲子庙”牌匾一块，挂于庙门之上。

尹　齐：勤政爱民的铁血酷吏

尹齐（生卒年不详），西汉大臣，东郡茌平人。以刀笔吏迁都御史，累迁关内都尉，治有能声，拜为中尉，后官淮阳都尉，时有廉名。

勤政思想：不避权贵，执法严格，勤政爱民

尹齐出身贫苦，自幼刻苦读书，钻研律法，希望有朝一日能够为国效劳。为官后，他勤政爱民，执法严厉，成为西汉武帝时期著名的酷吏之一。

汉武帝时，酷吏是君主专制政治的产物，专门和豪强作对。成为酷吏的要求颇为严格，不仅要能干，还要善于强化治安。虽然他们一般较为清廉，但最终的结局却有些悲惨。

尹齐画像

尹齐作为酷吏，督察苛刻，执法严格，不避权贵，以坚定的道德立场和果断的执法行为而闻名。一次，尹齐被汉武帝派遣去捉拿盗贼，他不畏权贵，以严格的执法和毫不留情的态度，成功查办了所有涉案官员，将盗贼全部捉拿归案，得到汉武帝嘉奖，被提升为关内都尉。自此，他的严酷之名在朝廷内外引起广泛震动，令那些心怀不轨之人对他望而生畏，贪官污吏和豪强恶霸也有所收敛。但尹齐并非只是严厉执法者，他还勤政爱民，关注民生，经常不辞辛劳地巡视各县，深入民间，了解民情，及时解决百姓的困难和问题，赢得广大百姓的赞誉。

汉武帝非常赞赏尹齐的才能和功绩，便任命他为中尉，这个职位对于尹齐来说，无疑是一个新的挑战和更高荣誉。但他并未因此而骄傲自满，依然保持着一颗为公为民的初心，严格执法，一心为朝廷和百姓服务。

因尹齐大胆治事，执法严格，结下很多仇家。他死后，仇家谋划要焚烧他的尸体，以泄愤恨。他的妻子无奈之下，只好载着他的尸体逃回原籍。

华　歆：疏陈止战

华歆（156—231），字子鱼，平原郡高唐涸河（今聊城市高唐县固河镇）人。东汉末年，举孝廉，授郎中，后出拜豫章太守，为政清明廉洁，吏民爱之。曹魏建立后，历任御史大夫、司徒、太尉、相国等职，晋封博平侯转拜太尉。

勤政思想：博学勤勉，清廉爱民，秉持初心

华歆博学勤勉，时刻严格要求自己，初入官场时非常注重举止得体和行为端正，不随波逐流于时俗。在小说《三国演义》中，华歆被描写成一个趋炎附势、助纣为虐的政客，但历史上他身处乱世，不仅为官清廉，而且勤政爱民。汉灵帝时期，他被推荐为孝廉，授予郎中一职，汉献帝时又被擢升为豫章太守。他为政清静，不烦扰百姓，深受官吏百姓拥戴。

华歆故乡百姓为纪念他所做《止战疏》壁画

华歆不仅勤政爱民，还有较高的政治智慧和远见卓识，能够在复杂的情况下作出正确的决策。魏太和四年（230年），魏明帝派曹真征伐蜀汉，而他的车驾则来到许昌。当时，74岁的华歆有机会见到魏明帝，他不顾别人劝阻，冒着触怒龙颜的风险上疏一篇《止战疏》，劝告君王应注重治国圣道，征战只在不得已的时候使用，并大胆分析天下政治形势，提出修文德的主张，即“为国者以民为基，民以衣食为本”，强调治国者应当重视农业生产，安定百姓，使大魏没有饥寒的忧患，百姓没有背井离乡的顾虑，以圣贤教化使人感怀威德，吴蜀之地也会归附，这样天下才能治理好。华歆的言辞恳切和为国操劳之心，深深地打动了魏明帝，且正值秋季大雨，进军受阻，魏明帝最终听从华歆建议退兵，使百姓免受战争之苦。

华歆虽已暮年仍为国为民忧心，身处乱世而不忘初心，一心劝告君王注重治国圣道，提出诸多好的建议，解决了许多实际问题，值得人们信任和尊重。

马　周：直言善谏的贤臣

马周（601—648），字宾王，博州茌平（今聊城市茌平区振兴街道前曹村马庄）人，唐初宰相。历任监察御史、给事中、中书舍人、吏部尚书、银青光禄大夫等职，追赠尚书右仆射、高唐县公。

勤政思想：重民忠君，敢于直谏，选贤任能，不计名利

马周以一篇关于时政得失的文章走进唐太宗李世民的视线，得以重用，先后担任直门下省、监察御史、侍御史、给事中、治书侍御史兼知谏议大夫，前后10余年的监察官经历，也是其走向中书令的黄金时期。在此期间，他直言善谏、忠心耿耿，其奏疏理念屡次得到唐太宗李世民的赏识，终成一代布衣宰相。

马周的历史功绩主要在其奏疏的超凡脱俗，其阐述的许多观点正确总结了历史的经验教训，提出了以孝为基、以人为本、节俭于身、恩加于人、反对世袭、审慎用人、减少徭役、建章立制等诸条建议，特别是提出了“自古以来，国之兴亡，不由积蓄多少，唯在百姓苦乐”的忠告，颇具郑国公魏徵的风骨。他善于陈述奏进，屡次直言进谏，匡正朝政得失，为贞观年间的政治改良发挥了积极作用。

唐贞观六年（632年），马周上疏提出了以孝为基、反对世袭、审慎用人等多条建议，被唐太宗一一采纳。马周强调，圣人治理天下，都是以孝为根本，“孝莫大于严父，严父莫大于配天”。他引述古训，认为孝是无可比拟的，而宗庙祭祀更是国家大事，批评皇帝自登基以来未亲自参加宗庙祭祀，虽是出于减轻百姓负担的考虑，但此举不利于为后世树立榜样。马周进一步建议，为避免潜在的权力滥用和祸患，应该根据功臣的才干和品德来赐予他们封地和俸禄，而非简单地世袭官职。同时，劝诫皇帝勿过分宠信某些武将功臣，以免他们骄傲自负，对国家的稳定构成威胁。

当时，贪官污吏在乡间横行，百姓生活困苦。担任监察御史的马周向唐太宗上疏，指出：“致化之道，在于求贤审官；为政之基，在于扬清激浊。”他认为，谨慎用人至关重要，严格考核官吏的政绩是确保他们为人民服务而不贪污腐败的关键。唐太宗欣然采纳，自此开始注重人才的选拔和官吏的政绩考核，这一制度一直延续至今，仍有较大的参考价值。

唐贞观十一年（637年），马周再次就选拔官吏问题向唐太宗上疏。他指出，治理天下必须以百姓利益为根本，而要使百姓安居乐业，关键在于选拔好的刺史和县令。若每州都能有一个好刺史，整个州郡的百姓都能休养生息。马周认为，自古以来，刺史和县令都应选择由贤德的人来担任，朝廷不能只重视内臣的选拔，而忽视刺史和县令，若有准备升迁大将或宰相的人，一定要让他们先担任刺史等地方官，以此来考察他们的能力。为此，马周建议皇帝亲自选拔各州刺史，而县令则由在京五品以上官员每人举荐一名人选。他的这一建议对选贤任能、提拔良吏产生了深远影响，也为后来的贞观之治奠定了基础。

马周选贤用能，敢于直谏，他的文章引经据典，一般直指核心，其《上太宗疏》和《陈时政疏》青史留名，成为千古奇文。唐太宗曰：“我于马周，暂不见则便思之。”中书侍郎岑文本曰：“吾见马君论事多矣，援引事类，扬榷古今，举要删芜，会文切理，一字不可加，一言不可减，听之靡靡，令人忘倦。”马周的传奇一生不但载入史册，而且还得到历朝历代众多从政者和文人墨客的赞誉，特别是得到一代伟人毛泽东的极高评价。

毛泽东读到《马周传》马周上疏那一页时，在其天头处写下：贾生《治安策》以后第一奇文。宋人万言书，如苏轼之流所为者，纸上空谈耳。评价之高，竟至“第一”，而且不惜贬抑历代仰作文坛泰山北斗的苏东坡以做对照性褒扬。毛泽东还针对《马周传》所言：“然周才不逮傅说、吕望，使后世未有述焉，惜乎！”批注说：“傅说、吕望何足道哉！马周才德，迴乎远矣。”高度评价马周才德远超宰辅傅说和神通广大的姜太公（因受封于吕，从其封改为吕望）。

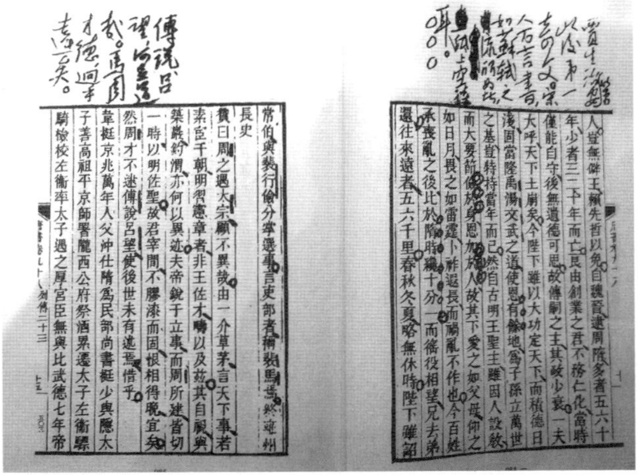
贾生治安策以後第一奇文。宋人万言書，如蘇軾之流所為者，紙上空談耳。

人豈無僻王賴先哲以免自魏晉逮周隋多者五六十
年少者三二十年而亡良由創業之君不務仁化當時
僅能自守後無遺德可思故傳嗣之主其政少衰一夫
大呼天下土崩矣今陛下雖以大功定天下而積德日
淺固當隆禹湯文武之道使恩有餘地爲子孫立萬世
之基豈特持當年而已然自古明王聖主雖因人設教
而大要節儉於身恩加於人故其下愛之如父母仰之
如日月畏之如雷霆卜祚遐長而禍亂不作也今百姓
承喪亂之後比於隋時纔十分一而徭役相望兄去弟
還往來遠者五六千里春秋冬夏略無休時陛下雖詔

傅說、呂望何足道哉。馬周才德，迴乎遠矣。

常伯與裴行儉分掌選事言吏部者稱裴馬焉終雍州
長史
贊曰周之遇太宗顧不異哉由一介草茅言天下事若
素宦于朝明習憲章者非王佐才疇以及茲其自視與
築巖釣渭亦何以異迹夫帝銳于立事而周所建皆切
一時以明佐聖故君宰間不膠漆而固根相得晚宜矣
然周才不逮傅說呂望使後世未有述焉惜乎
韋挺京兆萬年人父沖仕隋爲民部尚書挺少與隱太
子善高祖平京師署隴西公府祭酒累遷太子左衛驃
騎檢校左衛率太子遇之厚宮臣無與比武德七年帝

毛泽东笔下的马周

马周的许多观点和主张，在建设富强民主文明和谐美丽的社会主义现代化强国、实现中华民族伟大复兴的今天，仍具有很好的镜鉴作用。我们要学习马周契合时政、治国安邦的智慧，传承并弘扬其殚精竭虑、勤谨为政的精神，同心、同德、同向助力中华民族伟大复兴。

张　逊：增设榷易署

张逊（940—995），博州高唐（今聊城市高唐县）人。宋代武官，历任左班殿直、文思副使、香药库使、妫州刺史、右领军卫将军、陕西知江陵府等职。

勤政思想：质朴勤勉，殚思为国，宽严相济

张逊幼年丧父，由任职方员外郎的叔父抚养，后来跟随母亲嫁到北宋初年宰相魏仁浦家。宋太宗做晋王时，诏令张逊于帐下。

北宋太平兴国初年（976年），张逊补任左班殿直，从征太原归后迁任文思副使，又迁任香药库使。当时正值岭南被平定后，交趾国每年向北宋纳贡，互通关口贸易。跨海商人于是乘船贩卖外来物品，甗（yǎn）婆、三佛齐、渤泥、占城等各国也每年前来朝见纳贡，从此各国入贡的犀角象牙、香料药物、奇珍异宝充溢府库。张逊思维缜密，敏锐地察觉到国家财政和贸

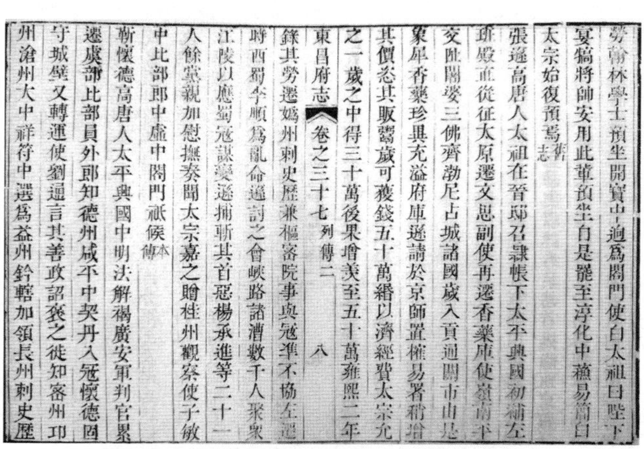
勞翰林學士預坐閤賓中適爲閤門使白太祖曰陛下
宴犒將帥安用此輩預坐自是罷至淳化中蘸易簡白
太宗始復預焉舊志
張遜高唐人太祖在晉邸召隸帳下太平興國初補左
班殿直從征太原遷文思副使再遷香藥庫使嶺南平
交阯闍婆三佛齊渤尼占城諸國歲入貢通關市由是
象犀香藥珍異充溢府庫遜請於京師置榷易署稍增
其價恣其販鬻歲可獲錢五十萬緡以濟經費太宗允
之一歲之中得三十萬後果增羨至五十萬雍熙二年
東昌府志　卷之三十七　列傳二　八
錄其勞遷嬀州刺史歷兼樞密院事與寇準不協左遷
時西蜀李順爲亂命遜討之會峽路諸漕數千人聚衆
江陵以應蜀寇謀變遜捕斬其首惡楊承進等二十一
人餘黨親加慰撫奏聞太宗嘉之贈桂州觀察使子敏
中比部郎中虛中閤門祇候本傳
靳懷德高唐人太平興國中明法解褐廣安軍判官累
遷虞部比部員外郎知德州咸平中契丹入寇懷德固
守城壁又轉運使劉逼言其善政詔褒之徙知密州卬
州滄州大中祥符中選爲益州鈐轄加領長州刺史歷

《东昌府志》列传有关置榷易署的记载

易方面的内在联系，积极请命朝廷在京城设立榷易署，掌管与外国通商事宜，并建议把国库中的贡品拿来买卖，允许商人以黄金和丝绸等钱物购之并自由贩卖，以增加国家财政收入，提高贸易效率。宋太宗答应了这件事，设立榷易署，并命张逊全权办理相关事宜，逐渐规范了贸易管理。仅一年，国库就增收30万缗（mín），并自此每年都有增加，最高可年获益50万缗。

宋太宗淳化四年（993年），西蜀李顺犯上作乱。宋太宗任命张逊为右骁卫大将军、江陵府知府，从水、陆两路同时发兵进攻征讨。张逊到达后，恰逢漕运士兵数千人聚集在江陵，有人揭发他们图谋叛乱来响应西蜀贼兵，并商议要将他们全部杀掉。张逊冷静应对，迅速作出决策，运用宽严相济的策略化解矛盾，仅仅逮捕了首恶杨承进等21人并斩首集市，对其他余党亲自抚慰，避免了不必要的冲突和损失，得到宋太宗嘉奖。几个月后，张逊去世，享年56岁，赠官桂州观察使，回京城安葬。

王　旦：以民为本 举贤荐能

王旦（975—1017），字子明，北宋大名府莘县（今聊城市莘县）人。北宋太平兴国五年（980年）中进士及第，景德三年（1006年）拜相，为相10余年，深得同僚赞誉和皇帝重用，被称为“一代良相”。他的父亲王祐，北宋时期大臣，先后任潞州知县、尚书兵部侍郎等，平生作为很有阴德，博得当世人的称赞，其后子孙多人，均为宋代显宦。

勤政思想：民心为上，尚贤无私，严于律己

宋相魏国公王旦神道碑

一个地名，一段印记。走进莘县东鲁街道办事处群贤堡村，迎面看到“三槐故里”几个大字，该村因王氏家族历代先贤聚居此处而得名，这里说的王氏家族就是“一代良相”王旦的本家。在群贤堡村东北方有一王旦墓，占地数十亩，有数量可观的石刻群，其中有一汉白玉碑——宋相魏国公王旦神道碑，其背面镌刻着节选自北宋著名文学家欧阳修为王旦撰写的神道碑铭，记录着一代名相王旦的生平事迹。

王旦，一位在中国历史上有着重要影响的政治家、文学家，宋代名相，是宋太宗、宋真宗时期内外政策的主要制定者之一。他自幼聪慧好学，颇有文采，为官40年，以知人善用、举贤荐能和勤政清廉而著称于世，受朝廷重用，累升至宰相。

王旦担任宰相时，时刻以百姓之心为心，注重民生和民权，推崇儒家的“仁政”和“民本”思想，强调“德治”和“教化”，致力于发展农业和商业，提高百姓的生活水平。有一位下属官员薛奎被任命为江淮制置发运使时，在上任前向王旦辞行，王旦没有谈论其他话题，只是对薛奎说：“东南地区的百姓生活非常困苦啊！”一语点出该地主要问题所在，使薛奎明白了到任后的努力方向。薛奎退出后，对王旦的敬意油然而生，感慨道：“从宰相的话中，可以看出他时刻都在关怀百姓生活啊！”薛奎到任后，采取革除陋习、整顿吏治、减轻赋税等一系列措施，使江淮地区治安好转，百姓安居乐业。

王旦不但关心百姓疾苦，还十分注重选拔优秀人才，经常不遗余力地举贤荐能。举贤荐能关乎国家利益，唯公正处事，唯才是用，方能为国家选拔德才兼备的人才。经他举荐的人，如寇准、包拯、范仲淹等都成为宋代的名臣或宰相，为当时国家的治理和发展作出巨大贡献。而王旦在推举官员时总是非常认真地进行考察，默默无闻地做事，从不宣扬。

王旦一生严于律己，清廉节俭，不追求奢华和享受。他居住的房屋十分简陋，宋真宗多次提出为他修缮，王旦都以先人的旧舍为由婉言谢绝。每逢赏赐，他总是感叹：“生民膏血，安用许多。”晚年的王旦因病归家，但他始终没有忘记自己的职责和使命，多次上书直谏，对北宋的政治和文化发展提出诸多建议。王旦临终留下遗嘱："我家盛名清德，应致力于俭朴，保守门风，不得将金银珠宝放入棺柩中厚葬，不得向朝廷提出任何要求。"告诫后代永葆勤俭廉洁的家风。

宋天禧元年（1017年），王旦去世，追赠太师、尚书令、魏国公，赐谥号"文正"。这个谥号是对王旦品德和才能的最高赞誉，也是对他一生忠诚勤勉、公正廉洁的肯定。

成无己：气节坚贞守手稿

成无己（1063—1156），宋聊摄（今聊城市茌平区洪官屯镇成庄）人，宋金时期著名医学家，被后人尊称为“国医亚圣”。著有《注解伤寒论》10卷、《明理论》8卷、《论方》1卷。

勤政思想：气节坚贞，大医精诚，处世不乱，宁静致远

成无己画像

成无己出生于中医世家，自幼天资聪颖，医学造诣深厚，《医林列传》评价他“家世儒医，性识明敏，记问该博”。后来，成无己入列大宋御医，深受宋徽宗器重，终成一代国医。

北宋末年，战争连绵不断，天灾人祸频发，百姓饱受流离失所之苦，生活环境极其恶劣。有一次，正值宋辽两军交战之际，聊城地区又遭瘟疫肆虐，百姓生活更是雪上加霜。在这艰难时刻，成无己悬壶济世，潜心钻研，研制出了“扶正汤”药剂，救治了无数在瘟疫中挣扎的百姓。成无己精通医理，擅长临床，他在聊城成颐堂行医多年，望闻问切，百无一失，前往问诊的人络绎不绝，时常排成500多米的长队，成为当年聊城古城区一大奇观。成颐堂名传千里，成无己被誉为“神医”。

成无己边诊病，边研读医学著作。他发现东汉大医学家张仲景所著《伤寒论》，虽是“医方之祖”，但文字言赅、义理深奥，不易被从医者理解掌握。于是，以《内经》《难经》的理论为基础，用“以经解经”的研究方法，对《伤寒论》中所述病机、病变及处方用药作了多方面的阐发。以经注论，以论证经，撰成了《注解伤寒论》10卷，开创了以注解的方法研究《伤寒论》的先河，对《伤寒论》的传承发展作出了巨大贡献。成无己的《注解伤寒论》是《伤寒论》成书后首次全文注释著作，也是现存最早的《伤寒论》全注本。它既保持了张仲景《伤寒论》的原貌，又通俗易懂，清晰明了，成为后世医家研究《伤寒论》的主要注本，同时也为我国中医药发展留下了宝贵的文化遗产。

宋靖康二年（1127年）四月，金兵攻破东京（今河南省开封市），俘虏了宋徽宗、宋钦宗父子及大量赵氏皇族、后宫妃嫔与贵卿、朝臣等3 000余人，押解北上。随后，聊城也被金兵攻陷，年逾六旬的成无己作为大宋名医被金兵掳走，在金继续行医，治病救人。他恪守医道，仁心仁术，凡就医者无论富贵贫寒，都尽心尽力医治。

成无己撰《伤寒论》10卷4册

当时，成无己将《注解伤寒论》手稿视如生命，随身携带守护。金规定：“未经进，不可传。”即《注解伤寒论》要进呈金朝廷，由金朝廷刻版印刷；否则，不许外传，违者将治重罪。成无己认为自己是宋人，书也成于宋地，不能流落在外，于是秘密地拜托友人将书稿送回家乡。此后，《注解伤寒论》书稿几经辗转，最终于南宋乾道八年（1172年）由王鼎刊印传世。成无己在晚年遭受了国破家亡之苦，至死也未能回乡，却为后世留下了不朽著作。

康　晔：兴学育人

康晔（生卒年不详），一名康煜，字显之，号澹轩，金博州高唐（今聊城市高唐县）人。金正大年间词赋科进士，后任东平词林祭酒，后召为东平府学教官，学问渊深，著有《澹轩文集》。

勤政思想：笃学重教，崇尚德育，涵养学风

金元时期，中国的政治格局发生巨大变化，文化、经济和社会制度都得到不同程度的发展和变革。尤其是到了元时期，统治者通过"设官办学""学田制度"等措施，大力推行汉化教育，使官学体系更为庞大。当时文化教育的一大特色就是书院，许多著名学者在书院中讲学，为文化的传承和发展作出重要贡献，康晔便是这些学者中的一员。

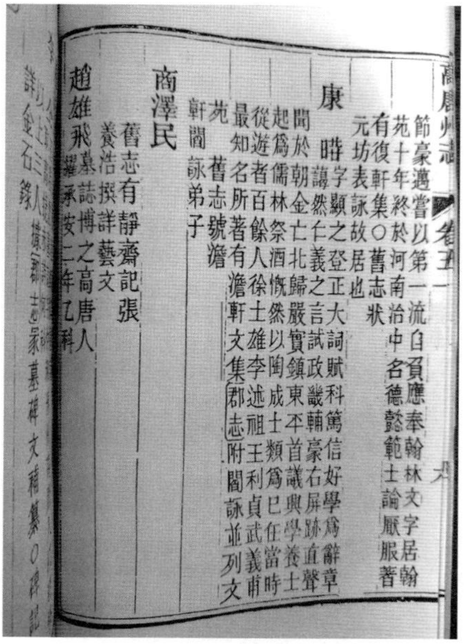
高唐州志　卷五　一
節豪邁嘗以第一流自負應奉翰林文字居翰
苑十年終於河南治中名德懿範士論厭服著
有復軒集○舊志
狀
元坊表詠故居也
康　曄
字顯之登正大詞賦科篤信好學爲辭章
藹然仁義之言試政畿輔豪右屏跡直聲
聞於朝金亡北歸嚴實鎮東平首議興學養士
起爲儒林祭酒慨然以陶成士類爲己任當時
從遊者百餘人徐士雄李述祖王利貞武義甫
最知名所著有澹軒文集郡志附閣詠並列文
苑　舊志號澹
軒閣詠弟子
商澤民
舊志有靜齋記張
養浩撰詳藝文
趙雄飛
[illegible]誌博之高唐人
[illegible]承安二年乙科

《高唐州志》有关康晔的记载

康晔，一位金元时期德高望重的名儒。他一生笃信好学、遵守善道，擅长辞章，精通六经子史，主张"学而优则仕"，强调学问与品德并重，致力于兴学育人。在他的影响下，他的孙子康壁遵循先祖遗训，在本州任教，传承家学。

金灭亡后，康晔带着满腔的热情和坚定的信念，毅然回到北方，加入东平府学，致力于讲学授业。当时的东平府学历史悠久，培养出了一批优秀学生，成为东平学派的重要学术基地。在康晔的观念中，教育不仅仅是知识的传授，更是人格的塑造和品德的磨砺。他主政东平府学后，经常以身作则，强调孝、悌、忠、信、礼、义、廉、耻等传统美德的重要性，以自己的学识和品德为学生树立榜样，教诲学生要效法圣人、贤人，以他们为榜样循序渐进，立志高远，修身齐家治国平天下。在他的教育下，许多学生成为品德高尚、学识渊博的人才，其中在朝廷中占据重要地位的达100余人，如翰林学士徐世雄，国子祭酒、集贤学士周砥，翰林学士承旨李谦，江西行省参政、翰林学士承旨徐琰，翰林供奉、淮东提刑按察使孟祺，礼部尚书、集贤大学士张孔孙等人皆出自康晔门下。当时的东平府学在康晔的主政下取得较高的教育成就，学风日益浓厚，学者云集，成为当时北方重要的儒家文化传播中心。

赵雄飞：与民共济

赵雄飞（1157—1204），字真卿，金博州高唐（今聊城市高唐县）人。金承安二年（1197年）举乙科，授长垣主簿。

勤政思想：廉勤爱民，和衷共济，事必躬亲

金元时期，博州高唐有一位读书人赵雄飞，出身于富裕人家，自幼聪慧，爱读书，20岁考中秀才，金承安二年（1197年）考中乙科进士，被任命为长垣县主簿（副县职文官）。

长垣县（今河南省长垣市）濒临黄河，赵雄飞到任时，刚刚遭受严重的洪水灾害。黄河决口，洪水淹没了田地，冲倒了一些房屋，百姓流离失所，生活困苦不堪，甚至连县衙也未能幸免。面对如此严重的洪灾，赵雄飞为了不给困境中的百姓带来诸多的困扰和压力，于是决定暂时借住在百姓家以便快速处置救灾事宜。

这间民房虽未进水，但也破旧不堪，透风漏雨，墙面潮湿，根本不适合居住。然而，赵雄飞并不在意这些，只是专注于了解百姓的受灾情况，以及如何有效地帮助他们进行重建工作。他每天都亲往现场查看，与百姓交流，帮助他们修复破败的房屋、重建损坏的道路和桥梁，鼓励他们重拾信心，让他们相信官府会与他们同在。他的行动深深地感动了百姓，使百姓看到一个真正关心他们、为他们着想的官员。在赵雄飞的帮助下，百姓的重建工作得以顺利进行，生活开始恢复正常。

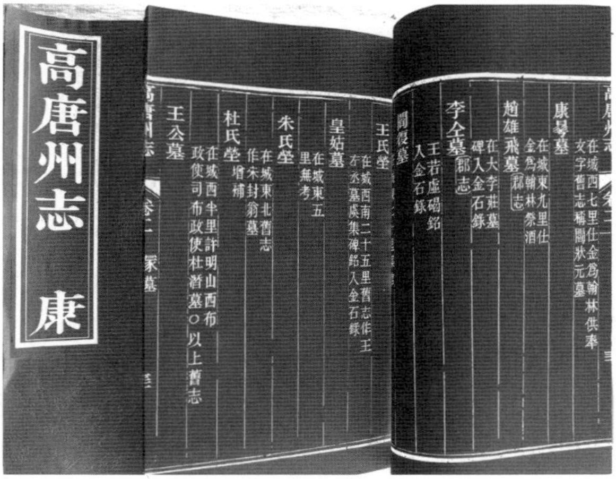

《高唐州志》载·赵雄飞墓

在此期间，赵雄飞始终廉洁奉公，从未利用职权谋取私利，也没有接受百姓的任何馈赠，反而自掏腰包帮助那些特别贫困的百姓，种种行为赢得百姓爱戴和赞誉，其事迹在长垣县广为流传，成为一段佳话。据《高唐州志》记载，在高唐县大李庄村原有后人为纪念赵雄飞而建的墓葬，现已无遗迹。

乌从善：不畏权贵、执法严明的直臣

乌从善（生卒年不详），字汝登，号龙江，博平县（今聊城市茌平区）人，明嘉靖二十三年（1544年）中进士，由太常博士历兵、礼两都给事，后监操团营事。

勤政思想：不畏权贵，清正严明，忠言直谏

嘉靖年间，大明王朝内忧外患，朝野动荡不安，百姓困苦不堪。明世宗朱厚熜（cōng）迷信方士，不问朝政。严嵩父子专政长达20余年，在朝中大力排除异己，戕害忠良，以权谋私，功臣、直臣多遭杀害、贬黜。山东进士乌从善就是其中一位被贬黜的直臣。

乌从善于明嘉靖二十三年（1544年）考中进士后，被任命为太常寺博士，因他刚正无私、为人耿直，一年后被旋改刑科给事中，开始有恤刑之奏。乌从善在复审众多案件和清理冤狱时，秉公执法，刚正不阿，从不受私贿，深得朝中官员赞扬，一时清直之名响于朝堂。嘉靖皇帝大加赞赏，于嘉靖二十七年（1548年）晋升乌从善为户科左、礼科右两科都给事。

明嘉靖三十一年（1552年），嘉靖皇帝在文华殿例行经筵（御前讲席）。嘉靖皇帝问群臣国家治乱之原，群臣不语。这时，乌从善向皇帝谏言，天下是大治还是大乱，在于对君子和小人是擢举还是逐退的取舍之间，取舍的把握全在皇帝是慎重行事还是肆意而为，慎重诚敬是君子的特质，也是治理朝政的根本，恣意放纵是小人的表象，也是祸乱朝政的途径。嘉靖皇帝听后大悦，乌从善又奏："当前国家边境南有倭寇频繁劫掠，北有蒙古鞑靼不断侵扰，朝廷应整顿军队，重用戚继光等良将，训练兵勇，赏罚分明，南歼倭寇、北拒鞑靼，国家可安矣。"嘉靖皇帝听罢心中暗自佩服，不住地捻须点头，当堂任命乌从善为兵科都给事中，负责监督整顿团营诸事。

乌从善在兵科督监军4年，吃住都在军营中，军纪严明，赏不避仇、罚不避亲，既重赏在战场上立功的将士，又对训练中的陋习、懒惰、不听指挥或临阵脱逃者严惩不贷。操练团营之初，乌从善借鉴孙武训练之法，先从严明军纪抓起，严整军官和士兵长期懈怠的作风。有一次，一名指挥官犯事，夜间偷偷到乌从善的军帐中贿数千金求赎罪。乌从善铁面无私，不受其金，依法将其治罪。大家知道后都非常震惊，从此人人严遵军纪不敢懈怠，在乌从善几年的严格治理下，明军作战能力大大提高。

明嘉靖三十五年（1556年），严嵩父子把持朝政，乌从善嫉恶如仇，上疏弹劾严嵩父子专权误国，残害忠良。一日，严嵩之子严世蕃来府上拜见，劝说道：当今朝中多为吾父党派，师伯何不加入其中？乌从善回答：我受皇恩浩荡，党派之争祸国殃民，恕不能为盟。严世蕃扫兴而回，到家中给严嵩添油加醋地说：乌从善太倔，不识抬举。严嵩阴险地说：我就不信天下还有不爱钱财的人？遂授意儿子把数千两银子装入油罐和醋罐中，让仆人套上马车直奔乌府。仆人见到乌从善道：这是首辅严大老爷看你家子女多，生活太过清贫，送些油醋接济一下。乌从善揭开盖子一看全是白银，脸色顿时沉了下来，拒绝道："我清贫惯了，实受不起。"严嵩听后怒不可遏。第二天一早，严嵩亲去乌府，落座后见屋中桌案之上放了一棵又青又白的大白菜，不解地问："这是何意？"乌从善郑重地说："在下天生清白，其志不能改易！"严嵩脸色铁青拂袖而去，从此怀恨在心，和乌从善断绝了一切往来。

某日，严嵩面见嘉靖皇帝使阴计，诬陷乌从善利用职权，多年来收受下属官员贿赂无数，贪赃枉法，还弹劾皇帝崇尚道士，不理朝政。嘉靖皇帝听后勃然大怒，命令内侍卫闯入乌府搜家，翻箱倒柜地找了半天，仅找到粗布一匹、糙米一斗、银子几十两，并没有其他贵重物品。乌从善深感自己清贫一生，廉洁奉公、兢兢业业却受此侮辱，而皇帝却听信谗言，不分青红皂白，命侍卫抄家，心中很是愤慨。严嵩趁机授意李本上奏例行京察，罢免了朝中和他作对的乌从善等38人的官职。

乌从善回乡时，行囊空空，两袖清风。他想，现如今奸臣当道，满腔志向不能报效国家，既然不能做个良臣，那就做个教书匠吧。于是，他回到了徒骇河岸边的山东老家博平，以讲学为业，布衣蔬食，出入徒步，克勤克俭，人们称其居为"清诒堂"。他的生活虽简朴，但品德却尤为厚重，为世人所敬仰。

遗存的"清诒堂"匾额

王懋德：刚正的铁面廉吏

王懋德（生卒年不详），字仁父，元官员，今山东省高唐县清平镇石门村人。仕宦生涯经历元仁宗、英宗、泰定帝、天顺帝、文宗、惠宗等朝，历任宪府御史台中书掾、南行台监察御史、河南和燕南廉访司副使、淮西廉访使、御史中丞、中书左丞等职。擅长书法，且对诗文造诣很深，著有《仁父集》。他的父亲王佑，勤读经史，以廉自励，家风优良。

勤政思想：仗义执言，铁面无私，平冤肃狱

在高唐县清平镇石门村东南100米处，有一王懋德墓，是由王懋德的后人修复而建，有石牌坊、石亭各一座，柏树数十株。还在村头修建了王懋德纪念馆，以纪念琅琊王氏后裔王懋德。

据石门村村民介绍，王懋德家族自宋初年便开始在高唐定居，族中曾有先辈担任宋军将领，在高唐一带带兵抵制金人入侵。王懋德为官期间，清正爱民、刚直持真，敢冒

王懋德墓

丢官杀头的危险，为朝廷纠错、为百姓仗义执言。

王懋德担任河南廉访司副使期间，发现有官员行贿受贿，致使国家财政空匮，而这些违法者位高权重，无人敢言。王懋德认为这些弊端“皆非祖宗立风宪之意”，顶着压力上章弹劾，此章一上，上下肃然。担任燕南廉访司副使时，大名、广平两地闹饥荒，王懋德认为当地“度地计口，地多者多给，地少者少给”的赈灾方式对灾民不利，主动向朝廷申请赈灾物资，得钞10万、粟25 000斤，以人口数为标准发放救助，成功救活了20余万人。

王懋德任职行台时，恰逢海北卫民发生民乱。他认为是官吏不爱民引起的，反对用兵力镇压，主张以理服人。按照他的方法，通过讲道理成功平息了叛乱，使海北地区恢复了安定。当时朝廷中权臣当道，出现台官多被罗织罪名下狱、对以贪获罪的官吏处理甚宽等许多弊端，朝臣怕引祸上身，无人敢言，唯独王懋德敢于上奏章斥责，引起皇帝的注意，使得正气得辅，朝廷肃然。

王懋德任淮西廉访使期间，积极处理各类积案，展现出高尚品质和敬业精神。他亲自提审郡县监狱里的囚犯，仔细审查案件，使各类错案冤案得以平反，许多人得到公正对待，其中6人免除株连罪，原判死刑的数十人得以减刑，开创了平反冤狱的先河。他的行动也受到当地百姓的广泛赞誉，被誉为“神明”，元文宗曾评价他“识治体，有君子之风，廊庙远大器也”。

钱　楷：为民效咫尽之劳

钱楷（生卒年不详），字范之，明贾镇（今聊城市冠县贾镇）人。明嘉靖四十四年（1565年）中进士，历任山西安邑、河南临颍知县，户部、工部、刑部主事、郎中，陕西按察司副使等职。性刚直，为官清正廉洁，喜吟咏，著有《万玉亭集》。其子允灿，明万历二十六年（1598年）中进士。

勤政思想：宽以恤民，极于扬善，循吏家风

钱楷，幼时聪慧，有神童之誉。14岁时就补为官学生员（秀才）。日夜攻读经典，钻研诗书，到20岁时，已经闻名齐鲁。

明嘉靖四十三年（1564年），钱楷以山东乡试第二名中举人，第二年中进士，出任山西安邑知县。安邑之地长年拖欠赋税，钱楷到任后，得知并非百姓有意拖欠，而是有豪族背后暗中操控，钱楷将那个豪族予以制裁，从此平安无事。在任时，他的父亲曾途经安邑县衙探望，待父亲离去时，他却连让父亲归家的几两银子都置备不起。然而父亲并未责备他，还再三叮嘱他，为官一定要对得起天地良心。之后，钱楷又转任河南临颍知县，后任户部、工部、刑部三部主事郎中，河间知府和陕西按察司副使等职。

据《河间志》记载，在河间知府任期内，钱楷时常来到河边，卷

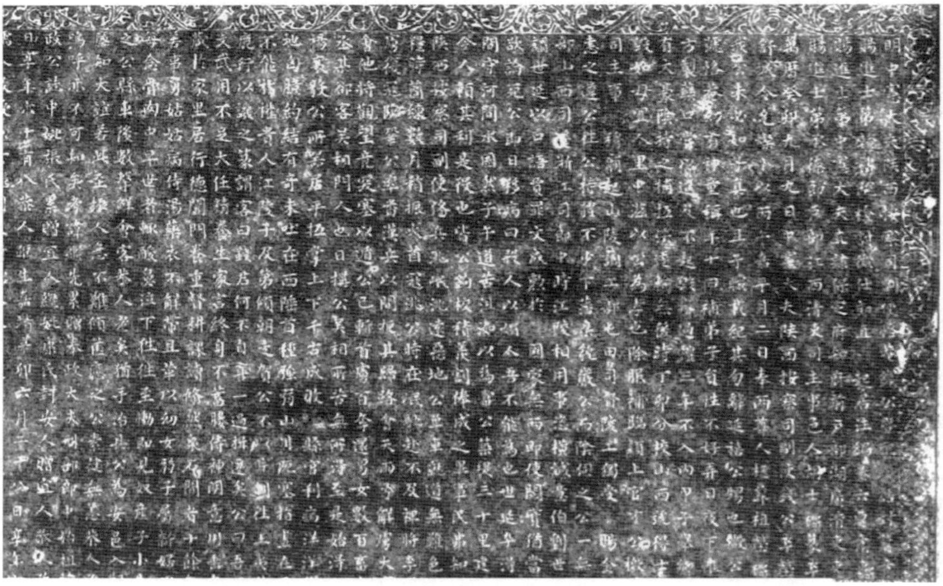

钱楷夫妇墓志铭

起裤腿，亲自查看水情，喟然长叹道：“为官的长吏兀自坐于公堂，受民脂民膏奉养，如果不能为百姓效咫尺之劳，减秋毫之苦，如此甘于平庸，怎对得起天地良心？”这与河间府署大堂前的《戒石铭》“尔俸尔禄民脂民膏，下民易虐上天难欺”，颇有相通之处。河间府自古地处九河下梢，河流众多。然而水景虽好，但遇到上游洪水泛滥时，田地庐舍便成了池塘湖泊，百姓苦不堪言。钱楷反复思考后，修建了古唐河，河堤长达20多里，不仅彻底解决了危害河间府多年的洪灾，还增加灌溉农田千余顷。至此，辖区内的百姓安居乐业。其间，他还主持修建了滹（hū）沱河堤防、古洋河堤、桥梁工程等水利工程，均取得了显著成效。

钱楷不仅心系百姓，且为官刚直不阿，不惧权势。据《冠县志》记载，刘伯温的后人刘世延因斥责权相张居正“柄国（把持朝政）不奔丧”违反礼制，被张居正送刑部治罪，“必欲杀之”。钱楷在刑部主审此案时，严格按照理与法办事，直言刘世延罪不当死：世延以言论获罪，即使他的罪过属实，但他的祖上刘伯温对国家的功勋无人能比，也该有所宽宥，怎能如此严苛就杀了他呢？不如让他以金钱赎罪。张居正仍然不愿意，坚持处死刘世延。钱楷便以身体抱恙为由，不再参与此案审理，并对众人言明：“杀人以媚人，吾不能为也!”刘世延得免一死，从此，钱楷以正直闻名天下。

在钱楷的影响下，其长子钱允灿自幼发奋读书，于明万历二十六年（1598年）考中进士，成为举国少见的“父子双进士”。钱允灿更是继承了父亲清正廉明、干净干事的优良家风，历任任邱、舒城、武清知县，以“循吏”著称，深受百姓爱戴。

许云涛：劝垦均役

许云涛（生卒年不详），字时化，明堂邑（今山东省聊城市东昌府区）人，明隆庆辛未科进士。初授直隶滑县知县，升户部主事，又迁大同佥事，再升参政。

勤政思想：民本民生，正身律己，以身示范

聊城市东昌府区堂邑镇西街村有一许氏祠堂，由明进士许维新建于明万历十七年（1589年）。该祠堂有正殿3间，山门1间，左、右厢房各3间，因许氏家族在明中后期出过三进士、一举人而远近闻名。许云涛就是三进士中的一员。

许云涛，一位出身平民的官员，初任大名府滑县知县时，便展现出其独特的为官风骨和卓越的治理能力。他始终坚守自己的原则和信念，勤政为民，以百姓的利益为出发点和落脚点，尽自己所能为他们解决困扰。

许家祠堂

当时的滑县荒地众

多，许云涛敏锐地洞察到这个问题的核心。他张贴告示，鼓励百姓开垦荒地，并给予“每开垦一亩地赏银一两”的激励政策。这一举措激发了百姓的垦荒热情，迅速带动滑县耕地面积的增长，在短短两年时间内，耕地面积便增加了1万多亩。这些新开垦的土地，经过百姓的细心耕作，逐渐转化为丰收的良田，为滑县带来丰硕的粮食和可观的经济收入。

除发展农业外，许云涛还在徭役方面进行改革。他通过深入调查了解滑县百姓的年龄、性别、贫富等实际情况，对那些家境富有但人口较少的人家，引导他们出粮出银以减轻百姓负担，而对于那些人口众多但经济困难的人家，则让他们多出劳力，并给予他们相对较多的工费，以帮助他们渡过难关。这种分配方式让滑县百姓感到许云涛的公正与公平。

许云涛任职期间，为滑县作出重要贡献，其为官之道和治理理念赢得了百姓的衷心爱戴和景仰，被后世广为传颂。

笪一顺：德政在民心 石牛流芳名

笪一顺（生卒年不详），江西省德兴县人，明万历年间任阳谷县县丞。

勤政思想：勤政爱民，与民同劳，清正廉洁

阳谷县城博济桥广场的东南角，有一座斑驳的3孔石桥，旁立一碑，上书“博济桥”。

这座桥始建于明万历二十五年（1597年），以青石砌就，有3孔，长8.3米，宽5.1米，为拱券式结构。该桥曾横跨阳谷护城河，是北通东昌、南达寿张、东去张秋的必经之路。它的存在不仅仅是为了交通便利，更是阳谷历史文化的见证。

桥上的历史痕迹诉说着“八仙过海”“寿星下棋”“石牛流芳”等故事，其中，在桥南西数第三块浮雕石栏上雕刻着一人驾牛车而去、一人牵牛犊而来的画面，记述着明万历年间阳谷县县丞笪一顺“石牛流芳，去任留犊”的场景，是后人为感念他的德政所刻。

笪一顺，于花甲之年被任命为阳谷县县丞，这是一个比“七品芝麻官”还要小的官职，但他并没有不满，依然自驾牛车上任了。

当时朝政腐败堕落，官宦搜刮民脂民膏，地方官员鱼肉乡里，笪一顺虽身处暗世，却依然保持清正廉洁，勤政爱民。他任职的县丞，

博济桥遗址，“石牛拉石车”场景

是仅次于知县的“二把手”，主要分管钱粮、文书等事务。上任后，知县让他管理水利事务，在当时，这是一件肥差，可以趁机在修堤建坝、挖河通渠方面以权谋私。但是，笪一顺并没有这么做，他把每一笔工程款项的往来情况、各方面开支都罗列清楚，公之于众，坦然接受全县百姓的监督。

年逾60岁的笪一顺，仍然坚持与民工一起搬运石头、挖掘河道，尽管身体有时疲惫不堪，甚至累倒在河堤上，但当民工们心疼地劝他休息时，他总是说，我们都是一家人，应该共享福祉、共渡难关。

这一年，阳谷大旱，百姓处于水深火热之中。笪一顺卖掉全部家当，购买粮食、生活用品分给百姓，帮他们解决当前困难。他的善举也感动了全县的乡绅、商人，他们纷纷慷慨解囊，捐款捐物，赈济灾民，赢得百姓赞誉。

当时，阳谷县城东门外的低洼路段是通往东昌、寿张、张秋三地的交通要道，每逢雨天便会积水严重，影响百姓通行，笪一顺为此萌生了建一座桥来解决通行问题的想法。当地乡绅董宪章被笪一顺的事迹所感动，得知他的想法后，慷慨捐款，最终建成了这座博济桥，并在桥上雕刻“石牛流芳图”，以感念这位虽离任不久却一心为民的笪一顺，这座桥现在也被称为“廉桥”。

笪一顺一生清正廉洁、勤政爱民，为阳谷县的百姓撑起一片晴天，他的事迹为世人所传颂。

张 本：勤廉一生 村以人名

张本（1367—1431），字致中，东阿县（今聊城市东阿县铜城镇）人。他先后辅佐明代5位皇帝治理国家，历任江都知县、扬州知府、江西布政司右参政、工部左侍郎、刑部右侍郎、南京兵部尚书兼掌都察院事等职。他一生为官清廉，即使生活艰苦，也从不因公谋利，因清贫一度被称为“穷张”。

勤政思想：勤勉尽责，体恤民情，清廉为官

张本，出生于一个普通的农民家庭，自幼艰辛的生活磨砺了他的意志，铸就他辉煌的人生，累至兵部尚书。他为官清廉，勤于政务，在当时盛行“是商即奸、无官不贪”的社会风气中，似一股清流，为世人树立榜样。

明永乐七年（1409年），张本任刑部右侍郎，负责监督北河航运。在这个职位上，张本表现得非常出色。他坚决查处那些利用朝廷船只捎带货物的不法之徒，对于那些通过航运中饱私囊的不法分子，也是绝不姑息。张本多次巡视北河，发现河道坍塌、桥梁损坏的地方，便立即着手筹备材料、组织人手进行修复。他在北河视察期间，确保了漕运船只畅通无阻。

明永乐十九年（1421年），皇帝亲自统帅三军，第四次征讨蒙古阿鲁台。军队的后勤供应是关系战争成败的关键环节，皇帝将这一重任交给了张本。张本与另一名官员先行在山东、河南等地制造运输粮草的车辆，此次运输动用了驴子34万匹，武刚车、独轮车177 500辆，民夫235 000人，共运载粮食37万石。为躲避攻击，运粮队伍需要随时变动行走路线，张本殚精竭虑地指挥调度，使得粮草能够及时补给，保障了此次征讨的胜利。

张本还爱民如子，十分体恤民情，关心百姓疾苦。当时，朝廷允许京畿一带的平民牧养兵马。但随着兵马的大量繁殖，当地百姓的负担越来越重，怨声载道、苦不堪言。张本了解情况后，就上奏明宣宗，请求安排山东、河南、大名等地的百姓分别牧养兵马，以此减轻京畿一带百姓的负担。明宣德年间，边疆各地粮食连年丰收，而京城一带粮食却出现紧缺状况，张本建议拿出丝麻布帛到边疆换取粮食。行情好的时候，可以换来三四十万石粮食，不好的时候也可以换10万石，这大大缓解了京城储粮不足的状况，解除了朝廷的后顾之忧。

明宣德六年（1431年），张本病逝。据《资善大夫兵部尚书兼太子宾客张公（本）志铭》记载："去世之日，家无余财。可见其平素的操守。"正如其墓志铭中称赞："一生高位，享受厚禄，却能以国事为家事，像张公这样的人有几个？张公廉洁正直而又有操守。"张本去世后埋葬于祖籍东阿，后人为纪念清廉的他，将王村改为"张大人集村"，并在此建立张氏家祠。

张氏家祠

贾 谅：万里千战功成死

贾谅（1387—1439），字子信，祖籍聊城市茌平区博平乡，明初定居在峄北山区的栲栳崮下（今山东省枣庄市山亭区半湖乡小西庄村）。贾谅自幼聪慧，20岁中府试秀才，又中乡举魁首。先后任刑部给事中、都察院右都副御史，后拜兵部尚书。

勤政思想：秉公执法，清正廉明，克己职守

贾谅，明代的一位清廉官员，他以身作则，严格要求自己，从不被权力和金钱所腐蚀，敢于直言、秉公执法、刚直不阿，受到廷臣的交口称誉，也为明代的政治清明树立了良好榜样。

明宣德四年（1429年），贾谅不畏强权，直言弹劾清军侍郎金庠（xiáng）受贿。当时金庠是朝廷中的一位重要官员，手握大权，但他却利用职权谋取私利，收受贿赂。贾谅得知后，不顾个人安危，冒着丢官罢职、下牢入狱的危险，毅然上疏揭发金庠受贿事件。最终，经过调查核实，金庠被罢免。除弹劾金庠外，贾

贾谅雕像

谅还弹劾郎中胡珏、萧翔等11人和御史方鼎等3人为官不称职，皇帝命其密查，获得真凭实据后罢免了这些人。阳武侯薛禄结党营私，扩充私人力量，朝中无人敢言，贾谅虽然官职小，但他不畏权势，毅然弹劾薛禄的所作所为，最终得到皇帝器重。

贾谅还东征西讨，多次平定叛乱，为朝廷立下汗马功劳。明宣德八年（1433年），江淮地区群盗四起，劫杀外国使者，地方官府无力剿捕，纷纷向朝廷求援，皇帝急命贾谅派兵选将速去征剿。贾谅运筹帷幄，督军日夜兼程赴战略要地徐州，以计捕获盗酋，平息江淮匪患。不久，江淮地区豪门又作乱，贾谅统兵平定，尚未还朝，又领命火速统兵入川平乱，日夜兼程赶赴巴蜀，冒严寒，顶酷暑，金戈铁马，驰骋沙场，历经大小战斗几百次，频频奏捷，使川境转危为安，百姓得以安居乐业。三军所到之处，百姓夹道欢迎，敬贾谅如若神明。贾谅正准备班师还朝之际，湖南湘潭又乱。征尘未洗、战袍未解的贾谅及三军将士又匆促挥戈东征。湖湘之战，贾谅每战必冲锋在前，大约一年锄强平暴，获得楚人称赞。明正统二年（1437年），江淮、河南洪水泛滥，贾谅奉旨前往灾区赈济，他清正廉明，克己职守，颇得灾区百姓称颂。

贾谅在任治理有方，兴修水利，减轻赋税，为百姓谋福利。率军出征7年，转战万里，历经大小战斗千余次，终因过度劳累而积劳成疾，于明正统四年（1439年）在返京途经山东德州时病逝于客邸，年仅53岁。《明史》对他的评价是“内行克修，当官有丰采”，表明他是一位廉洁、正直、勤勉、公道的好官。

刘　奎：博施于民

刘奎（1459—1501），字士元，高唐县（今聊城市高唐县）人，明成化二年（1466年）中进士，历任直隶淮安府赣榆县尹、陕西道监察御史、黄梅县丞等，以廉政称世，著有《勉强集》。

勤政思想：廉以律己，勤政爱民，以德化人

高唐县杨屯镇刘楼村，立村于明洪武年间，因其先祖刘氏兄弟刘奎、刘孝在此建宅院楼房而命名刘楼村。

刘奎画像

刘奎，幼时家贫，但他勤奋读书，最终功成名就，登罗伦榜进士。为官时，他以廉政称世，无论在哪个职位上，遇到什么困难阻碍，都矢志不渝地致力于爱民、除患、兴利。

任直隶淮安府赣榆县尹期间，刘奎解决了许多社会问题，恢复了旧荻水（今山东省日照市）被邻近戍边者夺去的千余亩土地，召回因逃避民赋而流散在外的农民500余户，将土地归还给他们，使他们安居乐业。

明成化十三年（1477年），刘奎巡按江南的苏州、松江、常州、镇江，恰逢海盗猖獗，便下令在海域附近张贴告示万余张，声明罪大恶极者难以赦免，受逼迫威胁并主动自首者免罪。众海盗纷纷自首，首恶就擒。又逢苏地淫雨成涝，造成山体崩塌、河湖漫溢，全郡的庄稼被淹没，数万人饿死，但当地长官依然征敛如故。刘奎上奏朝廷，言语极其恳切："财赋资人以成，人者财之本也。今欲取其末而先绝其本，假令尽得其末，以快目前，后日之计已匮乏。又恐民穷为盗，或至狡窃，则所赉（lài）亦不止逋税而已也。"最终力排众议，免于赋税，让益于民。

明成化十八年（1482年），刘奎到浙江见仁和钱塘两县巡视检查，发现每年上缴的银两还不足以维持一年的开销，便痛加节裁，削减一半的银两需求，并将这一举措推行到各郡，一律裁减，百姓多受其惠。

刘奎常以道德风尚感化人，遇有讼争时总是尽量说服，使犯法者心生愧悔。赣榆的百姓立石碑来纪念他，称赞他："遗爱类子产，而能教焉；德化媲鲁恭，而风范过之；民之思之如何式，而才力过之。"可见他勤政爱民，深得民心。

殷云霄：脱靴民谣传佳话

殷云霄（1480—1516），字近夫，号石川，明寿张县（今聊城市阳谷县寿张镇北台村）人。明弘治十八年（1505年）中进士。历任南直隶靖江县、浙江青田县县令，南京工科给事中等职，敢于上疏直谏，以峭直称。以文章著名当世，著有《石川集》《咏寿张八景》等诗。

勤政思想：清廉为民，公正无私，敢于直言

现河南省台前县后方乡殷庄村，距台前县城5千米，距后方乡1.5千米，耕地面积520亩。清代，殷姓八世祖携族人于山东省寿张北合迁入此地定居，起名殷那里，后逐渐简称为现在的殷庄。

河南省台前县后方乡殷庄村

这位殷姓八世祖，就是历史上有名的清廉之士殷云霄。他勤奋求学、廉洁修身、治家严谨的美好品德和作风世代传承，为后人留下一份宝贵的精神财富，也是殷氏家族为人处世、安身立命的重要准则。

明正德八年（1513年），殷云霄调任浙江青田县县令。任职期间，他勤政爱民，德行高标，清廉自守。《青田县志·官师志》以“清节高标，不阿上官，爱民如子”来肯定他的工作，赞扬他的人格魅力。

殷云霄离任时，浙江青田县的父老乡亲纷纷前来送别，有人脱下他的靴子，攀着他的马，哭泣着唱起“脱公靴，公将悉如？公行无靴，公行则退”的歌谣，希望他再多留一会儿，以充分表达对殷云霄的不舍和感激之情。这种感情的流露，无疑是对殷云霄辛勤付出的最好回报。殷云霄离任后，青田百姓为纪念他，建立一座脱靴亭，这个亭子既是人们情感的寄托，更是为官典范的象征。

明正德十年（1515年），殷云霄被擢授南京工科给事中。当时南京作为留都，其六部以及诸曹的权力被架空，甚至形同虚设。尽管如此，殷云霄仍然积极寻求机会，以期能够有所建树。在任期间，殷云霄实行严慈并济的治理方略，在严厉打击违法乱纪行为的同时，注重察民情、征民意、解民困。他经常走到田间地头，听取百姓的意见和需求，并积极向朝廷上疏，阐述自己对南京及其周边地区治理的见解和建议，提出了清理弊端、体恤百姓、严防奸微、公正赏罚以及消除邪恶等一系列措施。

明正德十一年（1516年）秋，殷云霄因病辞官归隐，不久病逝，时年37岁。他一生清正廉洁、爱民如子、公正无私，百姓建祠祭祀，其传载入史册。

吴　铠：名利杳杳羽毛轻
惩贪扬廉助边陲

吴铠（约1491—1539），字文济，今山东省阳谷县城西关吴南园人。明正德九年（1514年）中进士，历任南京道监察御史、北京道监察御史、陕西宁夏都御史等职，有清正声，阳谷尊为“乡贤”。爱文喜诗，创作了《盟台遗响》《阿井胶泉》《谷山春晓》《七级古渡》等多首吟咏阳谷名胜古迹的诗作。

勤政思想：铁面无私，严格执法，行事果断

吴铠出生在阳谷县城西关吴南园，是明正德九年（1514年）的进士，官至都察院右佥都御史（正四品）。他担任南京大理寺寺正时，其才干和品行得到广泛认可，他的上司张升曾称赞他：“此人是君子，极可用。”

明正德十四年（1519年），宁王朱宸濠叛乱，吴铠协助守将制定防守策略，亲自与守军一同防守南京，以智谋和勇猛为南京的和平作出重要贡献，受到了广泛的赞誉和敬仰。

明嘉靖二年（1523年），吴铠守孝期满后，改任北京道监察御史。在此期间，他认真履行职责，铁面无私，严格执法，坚决鞭挞贪官、褒扬清官，所管辖范围内为官风气清正廉洁。因其治理有方，得到皇帝的信任和器重。

当时，宁夏是明朝的边陲重镇，也是防御北方游牧民族的重要屏障。每年冬天黄河封冻时，东蒙古族鞑靼经常趁夜间越过黄河，对当地百姓进行掠夺，严重影响地区稳定和经济发展。吴铠巡抚宁夏时，了解到这一现状，果断采取有效措施，委派都指挥使吕仲良修筑镇河堡，阻断鞑靼人侵袭路线，成功地制止了鞑靼人的掠夺行为，保障了宁夏百姓的安全与稳定。此外，吴铠还非常重视军民的教育，经常选拔军卫子弟中的优秀者，将他们汇集到儒学学宫读书，接受儒家传统思想的教化。他的这一举措为儒家思想在宁夏的传播和发展奠定了基础，也为宁夏地区文化的进步作出了重要贡献。

吴铠不但是一位有着卓越才能和崇高品质的官员，还是一位极富文采的文人，擅长诗词创作，清康熙十二年（1673年）所编《阳谷县志》中收录了他的《盟台遗响》《阿井胶泉》《谷山春晓》《七级古渡》等吟咏阳谷名胜古迹的诗歌。

阳谷县城东北20千米有一座孟母祠，中堂塑有孟母圣像，吴铠游览之后写诗一首："教子祠前春草生，祁蚕原上暮云平。衣冠不改诗书泽，风木犹传机杼声。气象岩岩山岳重，名利杳杳羽毛轻。子贤母圣真堪羡，地厚天高感慨情。"寥寥几语，不仅道出对孟母的尊崇，更表达了吴铠本人视名利如鸿毛的赤诚之心。明嘉靖十八年（1539年），吴铠因过度操劳，卒于任上，归葬原籍，其墓地在今阳谷县城西吴南园。

吴铠墓

田　珍：勤政爱民的良吏

田珍（1571—1631），字子聘，号待溪，明河南虞城（今河南省商丘市虞城县谷熟镇）人。明万历三十八年（1610年）中进士、三十九年（1611年）任山东冠县县令，清廉有为，上司称之“田冠县”，官至山东道监察御史、南京通政使。他热心文教，注意搜集民间歌谣，著有《歌谣集》。

勤政思想：清以防身，惠以爱民，忠以体国，诚以御物

田珍为官清正廉洁、鞠躬尽瘁，为人谦虚温和，待人诚恳友善，是一位备受同僚尊敬和百姓爱戴的官员。他一生恪守“清以防身，惠以爱民，忠以体国，诚以御物”的信条，称得上是封建士大夫中的典型代表。其仕途生涯始终以“政斯善”“民斯安”的民本思想为主，“安民”“便民”的造福于民举措是他一生的真实写照。

田珍严于律己，秉公执法，不畏富豪权贵，处理的许多案件令人折服。他初任冠县县令时，由于长时间的干旱，土地严重缺水，庄稼颗粒无收，百姓面临着前所未有的饥荒。为帮百姓渡过难关，田珍通过多种途径筹措粮食，大量开设粥棚，以赈济抚恤百姓，甚至用自己的薪俸和田租来资助那些拖欠粮银、极度贫困的百姓。他还主张以智慧治理县城，政务闲暇期间，积极督促全县士子读书习文，使得地方秩序井然，夜无惊扰，因此被巡按御史推荐为“良吏第一”，后升任山东道监察御史。

接着，田珍被派往江西巡查。正值江水暴涌，冲毁百姓房屋，田珍便带领百姓修建了200余里的堤坝，使沿江一带安然无恙。他还大力修建粮仓，储存3万石粮食以备不时之需。后来，田珍又奉命巡查两浙盐政和南京政务，他整顿税收制度，严厉查处一批不法商人，使盐商能够有序经营，不仅完成了朝廷规定的税收，还超额征收7万余金，全部上交国库，为朝廷增加大量财富，赢得地方百姓的赞誉和朝廷认可。

巡按盐政3年后，田珍被提拔为大理寺丞。在大理寺这个负责执掌刑法的部门，他以“执法公正，不冤枉百姓”而闻名。明都察院右佥都御史宋权有“廷尉之良，前有张公，后有田公”的说法，将田珍与张居正相提并论，进一步突显了田珍的贤能。

明崇祯元年（1628年），田珍从大理寺丞升任南京通政使兼南京工部侍郎。当时，国库极度空虚，兵卒骄横无礼，胡作非为，整个局面混乱不堪，令人担忧。然而，田珍上任后，不畏强暴，以坚定的决心和果断的行动，一方面整顿军纪，一方面严惩贪官污吏，并积极催征拖欠的粮银，很快就扭转了局面，把南京治理得井然有序。

田珍墓

田珍在南京政务

中不畏寒暑，不辞劳苦，经常通宵达旦地处理公务。由于过度劳累，于明崇祯四年（1631年）去世，享年61岁。百姓得知他去世后悲痛欲绝，罢市7日，以表示对他的哀悼和怀念。田珍为官20多年，历经万历、泰昌、天启、崇祯4朝，但家中却一直清贫如洗。后来，崇祯皇帝钦命拨付巨资为他修建坟茔，以告慰他的忠魂。

田珍在《软抬重差说》一文中写道："凡为政者期安民而已，凡安民者期便民而已。举一政民曰便，举之；举一政民曰不便，已之。夫是谓同民心，出治道，而政斯善，民斯安矣。"他一生忠君爱民，其为官之道、治理之见、爱民之心、清正之本都值得后人学习、继承和发扬。

孙肇兴：勤于政务 一心为民

孙肇兴（1583—1661），字兴公，号振宗，明莘县（今山东省阳谷县定水镇双楼村）人，明末清初著名的教育家。明天启二年（1622年）中进士，历任淮安府山阳县（今江苏省淮安市淮安区）知县、兵部主事、江南广西布政使、工部右侍郎。著有《四书约说》，成为科举士人的教科书。

勤政思想：公正清廉，勤政爱民，刚正不阿

在今聊城市古城区内，有一条街名为“状元街”，沿状元街向东50米路北是聊城启文书院旧址。启文书院是明清两代东昌府颇有名气的书院，于清乾隆三十九年（1774年）由东昌知府胡德琳购孙家胡同路北孙肇兴的曾孙孙启淑旧宅而建立，因孙肇兴故居的厅堂“启文

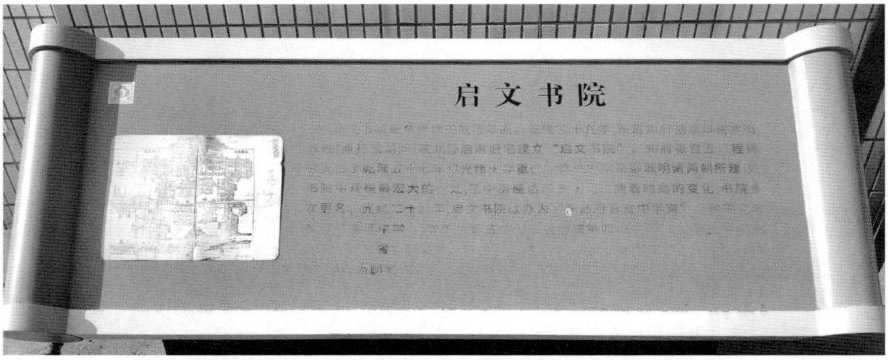

聊城市古城区启文书院标牌

堂”而得名，此处亦是孙肇兴的故居所在地。

据史料记载，孙肇兴的故居，朱红色的大门坐北朝南，门上悬挂“少司空第”金字牌匾，厅堂正中墙壁上悬挂着顺治皇帝御笔亲书的两块匾额，分别题写“理学名臣”“斯文宗仰”，这是对孙肇兴为教育事业所作贡献的最高赞誉。状元少保大学士傅以渐、刑部尚书任克溥都是他的学生。孙肇兴博览群书，常“以躬行实践、立说著书为己任”。

明熹宗天启二年（1622年），39岁的孙肇兴出任淮安府山阳县知县。在任期间，他广施德政，治理有方，兴利除弊，为当地百姓作出卓越贡献。

任上，他着手解决一个长期困扰当地百姓的问题——土地争执。当时，山阳县境内的土地经常被黄河水淹没，而河水退去后，原来的地界消失，各田主之间常常因此出现纷争。一些地主豪强趁机巧取豪夺，兼并农民土地，黎民百姓苦不堪言。孙肇兴上任后，根据明太祖颁行的田亩制，参照“田赋定田亩”办法，对全县境内的土地进行重新丈量，按照各户田赋的多少以及土地的贫瘠来界定，把土地分成上、中、下三等。上田一亩折制田一亩，中田、下田按照制田一亩的收获量，有的三五亩折制田一亩，有的七八亩甚至十余亩折制田一亩。折算后的土地按照制田的标准征收田赋，实际土地面积按照标准丈量时的面积统计，并且根据收成的变化情况变更土地的等级和田赋。这一项举措不仅平息了田主间的纠纷，还保证了朝廷的赋税收入，赢得了百姓赞誉，并被推广至其他州县。

面对山阳境内运河以西水路被堵，管家湖以西的千亩良田被河水淹没这一困境，孙肇兴毅然决然地毁家纾难，恢复良田，积极动员百姓自救，号召官绅捐资救灾。他自己则走遍河西村寨，实地考察地形，倾听百姓呼声，深切地体验百姓的艰难处境，并捐出自己的薪俸，甚至变卖家产，用以购买石头、木料，以实际行动激发了当地百姓灾后重建的信心和积极性。在他的统筹谋划下，百姓齐心协力，建造了一条高3尺、宽4尺、长35丈、上面盖着条石的涵洞，使河西千顷被河水淹没的良田得以恢复。山阳县的百姓十分感谢孙肇兴的功德，给这座涵洞起了一个十分响亮的名字——伏龙洞。

孙肇兴不但为官清廉，一心为民，还非常重视教育，致力于人才培养。他大力兴建学府，督促教谕和训导尽职尽责，为办好教育事业倾注心血。政务之余，还亲自为学子们讲解四书五经，谈论历代兴衰。他的行动极大地影响了山阳的文风，培育了优良学风，使得当地的教育事业取得了长足发展。

孙肇兴调离山阳时，数以万计的百姓夹道跪送，并赠送刻有“民之父母”四字的巨匾，以表示对他的爱戴和敬仰。《淮安府志》记载：“肇兴仁足以兴利，才足以制事，古良吏不能过也。”对孙肇兴的历史功绩给予极高的评价。他以仁义之心为百姓谋福祉，以卓越的才能处理政务，堪称古代官员的典范。

许其进：青天推官

许其进（1568—1648），字孔与，明聊城县（今聊城市东昌府区）人，明天启二年（1622年）中进士，历任扬州推官、吏部主事。自幼天资卓异，于书无所不读，尤爱好古文辞，下笔千言倚马可待，为诸生时即与号称饱学之士的朱延禧齐名。许其进是聊城傅氏的外甥，曾为从舅傅思义撰写《明孝子傅完贞传》。

勤政思想：勤政为民，廉洁自律，宽严相济

聊城市东昌府区东关古运河西岸有一古建筑群——山陕会馆，建于清乾隆年间，馆内现存历年重修大小碑刻19通，石雕方檐柱30根等。在南跨院的碑亭中，有数座斑驳石碑，石碑上的字迹经过历史的冲刷已难以辨认，其中一石碑的上方墙壁上标注着“故文林郎原任吏部主事尚玄许公暨元配敕赠孺人石氏继配敕封孺人赵氏合葬墓志铭”，此吏部主事许公即明聊城县人士许其进。

许其进自幼聪慧，好古文辞。明天启二年（1622年），官场混乱，营私舞弊、贪赃受贿现象层出不穷，而许其进却不受世俗纷扰，初心如磐，积极进取。后任扬州推官，因其秉公办案，一心为民，被百姓授予“青天推官”的匾额，并为其修建生祠。

明代推官相当于知府的副手，主要负责刑名和计典方面的事务。

故文林郎原任吏部主事尚玄许公暨元配敕赠孺人石氏继配敕封孺人赵氏合葬墓志铭

刑名主要是审理案件，计典则是考核下属官员。可以说，推官还是有一定权力，可以作出一番事业的。许其进以此为平台，凭借自己出色的才智，公正办案，勤于政务，为民服务。

扬州在明代是一个繁华的商业城市，吸引了众多商人和游客。许其进掌管审理案件的事务不久，便不断有人给他送礼。对此，许其进一概拒绝。他对人说，我来扬州，是来做好官的，不是来聚敛钱财的。下属及百姓见许其进这样的为人，就无人再去自讨没趣。许其进作为当地的推官，一上任就致力于整顿混乱的司法环境。他审理案件非常谨慎，不但反复推敲，还注重深入调查涉案人员的背景和人际关系，做到不偏袒任何一方，以确保案件得到公正审判。由于许其进的勤勉和智慧，经他审理的案子都得到了双方当事人的认可，此外，他还非常注重办案效率，及时结案，从不拖延时间。

许其进是一位善良而公正的官员，他深知作为官员的责任和使命，不仅要维护朝廷的法律和秩序，还要保护百姓的权益。当听说有两位百姓因不懂朝廷法度而犯下死罪入狱时，许其进感到非常遗憾和痛心，于是带着捕快和仵作，仔细询问两位百姓和相关证人，全面了解事件过程，亲自调查审理此案。经查证，发现这两位百姓并非有意违法，而是一时疏忽所致。许其进认为，对于这种非故意犯罪，应当从宽处理，于是判定两人无罪释放。后来，两位百姓让人制作一块匾额送给许其进，上书“青天推官”四字，以表达对他的敬仰和感激之情。

许其进不仅在司法上有所建树，还在整顿吏治、选拔人才方面也作出积极努力。他在江苏扬州任职期间，正值明代政治最为动荡的时期，而他始终保持清醒头脑和高尚品德，不为外界的纷扰所动，坚决维护正义，深受百姓爱戴。

当时，宝应知县是一位刚正不阿的官员，因敢于直面问题并果断处理事务，素有“强项令”的称号。但这样的个性也使他得罪了不少人，甚至有人指控他贪污治河银两。上官在未深入调查的情况下，轻率地将宝应知县投进监狱。许其进得知此事后，立即前往监狱探望知县。之后，经过深入调查，充分了解事情原委后，他向知府详细汇报情况，并联系按察使衙门，为知县澄清贪污的冤情，使知县能够继续留任。

明代，很多普通百姓信奉民间宗教，这也使得一些有野心的人尝试利用宗教进行非法活动。这一年，扬州府出现一个妖僧，他篡改佛教的教义，声称自己创立了一个新的宗教，并大肆宣扬，成功迷惑了许多百姓。这个妖僧甚至擅自封官拜将，私自打造兵器，企图发动叛乱。许其进得知后，来不及禀告知府，果断带领一队士兵，精心策划并成功逮捕妖僧。随后，他带着一个随从，亲自到那些被妖僧蛊惑的百姓集结的地方，大声宣告妖僧的真实面目和被捕消息。这些百姓原本都是老实本分的人，只是被妖僧的花言巧语所迷惑才卷入这场风波。当他们看到妖僧被捉，便纷纷四散离去，一场可能发生的大规模暴乱就这样被许其进平息了。

多年的地方官生涯，许其进因出色的政绩被朝廷提拔为吏部主事。然而，当时的明朝风雨飘摇，各种矛盾尖锐，局势动荡不安，许其进在吏部主事一职上干的时间不长，便被小人诬陷而被迫离职。回到家乡后，许其进继续致力于地方发展。去世后，百姓把他供入乡贤祠，以表达百姓对清官好官的赞许，这也是对许其进一生清廉从政、尽心尽力为民服务的肯定。

朱昌祚：百世明刑 不为佞生

朱昌祚（1627—1667），字云门，清高唐州（今聊城市高唐县梁村镇朱楼村）人。清顺治十八年（1661年）由工部侍郎任浙江巡抚，康熙初擢直隶、山东、河南三省总督，为官刚正不阿，清廉沉毅。其兄朱光祚有才，在百姓中有德望，其弟朱宏祚官至闽浙总督，声望、勋绩茂著。

勤政思想：重文严教，刚正不阿，善政廉政

在高唐县城北部20千米处，有一个朱楼村，该村因朱氏家族出过朱昌祚、朱宏祚、朱绂（fú）等著名人物而闻名当地。

刘化兵、张德印著《朱昌祚生平行实考述》

明崇祯年间，清军入塞劫掠，兵锋肆虐于华北、山东、京畿一带，山东诸多州县惨遭蹂躏。清军围困高唐县城时，年仅12岁的朱昌祚被掳至北方，求生痛楚、生活艰辛。这段北方求生的经历，让少年朱昌祚过早尝尽人间疾苦。饥寒交迫中啃食草根的生存挣扎，目睹同乡冻毙荒野的锥心之痛，不仅锻造了他铁骨般的意志，更在他心中埋下了对民生疾苦的深切共情。任职后，他为官清廉，刚正不阿，一心为民。《清史稿》中评论朱昌祚的为官功绩："平寇盗，拨荒地，给滨海内徙居民开垦，免其所弃田亩丁粮，戒所司藉端苛敛，浙人德之……"

朱昌祚童年凄苦的人生经历铸就了他珍视生命、爱民护民的情怀。清顺治十八年（1661年），时任工部侍郎的朱昌祚升任浙江巡抚。在任期间，他积极为百姓争取利益，平盗贼、减赋税、免欠饷、抚难民、除兵役等12项政绩均得到百姓赞誉，名声显赫。

当时的浙江百姓因迁海令流离失所、元气大伤。朱昌祚到任后，看到百姓惨状非常痛心，他亲自走访考察迁海实情，用心规划安民政策，对失地百姓按照"每一丁一口授田一十亩"的标准予以补偿，原本有主的土地则请求朝廷免除积欠赋税，以便迁民放心耕种；要求地方官按照每4户迁民发给官牛1头，拨发迁民修建房屋、购买农具的银两，并督促地方官执行。同时，上疏朝廷暂免赋税徭役，并向百姓发放饷银，减轻百姓负担。

为保护百姓利益，朱昌祚直言不讳地批评同僚在赋税徭役方面搞一刀切，不考察民情、不体恤民苦，没有设身处地地为百姓着想，主张浙江百姓本身负担就非常沉重，绝不能再滥用民力。在他的据理力争下，浙江百姓免于徭役之苦，受惠众多。朱昌祚精心谋划、妥善安置、为民请命等做法都体现了他的爱民、护民、为民之心，成为浙江百姓印象深刻的善政。

朱昌祚安置好迁民后，又致力于扭转混乱的地方治安。当时山中盗贼作乱，到处劫掠绑架百姓，使百姓惊恐不安。朱昌祚认为地方官员玩忽职守、疏于防范、治理无方，命令各官员限期缉拿盗贼，维护地方治安，对不服从命令、畏怯逃避、故意放纵盗贼的官吏，一律罢免。在朱昌祚的极力督促下，共抓捕盗贼数千名。朱昌祚花费几个月的时间，亲自审理案件，防止发生冤狱错案，并对无辜受牵连的百姓进行补偿。由于朱昌祚治理有方、防护得力、处理得当，使得盗贼全部解散，百姓安居乐业。此后，所辖境内地方治安得以好转，呈现出一片升平景象。

清康熙三年（1664 年），朱昌祚升任福建总督，加任兵部尚书衔，因丁忧未能上任。次年六月，朱昌祚任直隶（河北）、河南、山东三省总督，人称“朱三省”。他心胸坦荡，无私无畏，敢于直言，勇于主持正义。

朱昌祚在担任闽浙总督期间，遇到一个案子，涉及伪王朱在钺的同谋施普的家奴。按照规定，施普的家奴应该被判处连坐死刑。但是，朱昌祚认为这样的处置方式是错误的，因此他冒着袒护钦犯可能导致灭门的风险，根据律法向上疏奏，据理力争，经过群臣多次廷议，最终得到大家的认可和同意。为此，皇帝特地下旨，将朱昌祚的奏议颁行天下。这一举措使得许多罪犯或免于死刑之灾，或免于为奴之苦，在历史上这个事件被誉为“百世明刑，功在社稷”。

当时，辅政大臣鳌拜以八旗内部土地分配不均为由，请求重新划分各旗内土地，旨在进一步圈占百姓耕地。主管三省事务的朱昌祚和直隶巡抚王登联、主管民政事务的户部尚书苏纳海一起被任命为负责人，负责勘验八旗土地，调查换地之事是否可行。

他们风餐露宿，经过一个多月的实地调查，发现因为换地造成数十万百姓背井离乡、流离失所、怨声载道，大量耕地因收割无望而被抛荒，京城附近到处青黄不接。朱昌祚感到非常痛心，毅然率先上书陈述换地之策不可行，揭露百姓因圈地而遭受的痛苦、京城附近青黄不接的窘状，并极力反对换地。他在奏折里大胆提出让皇帝制止鳌拜的肆意妄为，因此惹怒鳌拜。鳌拜假传圣旨，以他们企图干预朝政为名将其逮捕入狱，后又私自矫旨秘密将朱昌祚及其一子处以绞刑，没收家产。"宁以忠死，不以佞生"的朱昌祚为他的坚守付出了生命代价。康熙皇帝亲政后，为朱昌祚昭雪，谥"勤愍（mǐn）"，赐祭葬。

朱昌祚曾经写过一句诗："立朝面冷如生铁，百炼之钢不可折。"他不忘初心、坚守信仰，为官无所阿附，为民据理力争，他的事迹和精神值得后人赞叹和铭记。他的哥哥朱光祚有才，在百姓中有德望。他的弟弟朱宏祚官至闽浙总督，为官廉勤自律，果敢刚毅，敢于任事，深受百姓爱戴。兄弟三人共同奠定了朱氏家族的德行家风。朱氏家族一门13人，或官或文，才华耀世。

王曰高：天子之师 慈严并济

王曰高（1628—1678），字登儒，号北山，今聊城市茌平区北八里村人。清顺治三年（1646年）中举人，顺治十五年（1658年）中进士，入翰林院，后升工科右给事中，被选为翰林后，曾任康熙皇帝的启蒙老师，后官至礼部掌印给事中。著有《槐轩集》十册。

勤政思想：一丝不苟，忠言上疏，以身示教

王曰高自幼聪慧，7岁能文，但他10岁丧父，由母亲要饭、织布供养他上学读书。贫苦的生活使他更加珍惜私塾生活，他刻苦读书，出类拔萃，于清顺治三年（1646年）中举人，后燕齐江淮地震，畿（jī）辅有水旱灾，王曰高及时上疏，请免征放赈。清顺治六年（1649年），王曰高任兵科右给事中，曾上书“建河工议”，强调治河的急要，建议黄、淮合流，提倡疏顺，反对塞填，主张派人专管，均被采纳。后任礼科掌印，主持武场考试，所录榜首皆被重用。此后，又多次上疏，请抚功臣，免除

王曰高雕像

浮粮，揭发贪婪，修正历法诸事，条条中肯，倍受赞赏。

王曰高中翰林后，被选作康熙的启蒙老师。在教授康熙期间，每次放学，王曰高总会亲自把康熙护送至宫门外，待康熙礼貌地道别："老师，您请回吧！"王曰高这才放心地返回自己的居所。然而，有一天晚上，课后归途中，天空突然飘起雪花，康熙急忙跑进宫去。次日清晨，当康熙再次步出宫门，惊讶地发现王曰高依旧站在门外，眉毛、胡须上挂了一层洁白的霜雪。康熙疑惑地问："老师，您为何还在这里？"王曰高平静地回答："你没说让我回去。"康熙听后心里很愧疚，此后，再也不让老师送他了。

王曰高平时对康熙要求很严，一丝不苟。若康熙背不会指定的诗文，便罚其跪读，而自己也会陪跪在旁。一日，孝康章皇后来学堂探望儿子，恰巧碰见康熙被罚跪，她心疼万分，急忙上前将康熙扶起，怒斥道："走，咱不读了，反正将来都会做皇帝！"王曰高当即反驳道："若念书，则能做尧舜那样英明睿智的君王；不念书，则恐成桀纣那样的昏君。"孝康章皇后一听，句句在理，便又把儿子按倒，嘱咐他："你跪下，老师叫你起时再起。"明君严师，给年幼的康熙注入儒家思想的种子，最终成为一代明君。

清康熙二年（1663年），王曰高到江南主考，慧眼识才。乡试中试的七八十名学生都是家境贫寒之人，其中出了2名鼎甲、5名尚书、3名大学士，王曰高的声望也随之逐渐提高。

王曰高轻财贵义，在别人急需帮助时倾囊相赠，年老返乡时，囊中空空，甚至连回家的路费都不充裕。王曰高去世后，他的学生清状元张英（清朝配享太庙名臣张廷玉之父）为老师写下墓志铭，并立龟驮碑3座，康熙皇帝亲笔赐赠对联："忠孝贤良老，文章德业人。"

宋良薰：人居要津不忘本

宋良薰（1820—1861），字琴斋，号南轩，山东省堂邑县宋小屯村（今聊城市冠县范寨乡）人。清咸丰二年（1852年）中举人，清咸丰三年（1853年）中进士，被任命为吏部主事，主管稽勋司、考功司。

勤政思想：公私分明，循名责实，唯才是举

宋良薰是一位放羊娃出身的官员，自幼家境贫寒，但他勤奋好学，自小便显露出聪明才智。五六岁时，他便在私塾外偷听先生讲课，并能背诵出四书五经里的许多篇章。步入仕途后，他凭借着清廉政绩和卓越才能，成为清代备受赞誉的官员之一。

宋良薰担任吏部主事时，负责管理稽勋司和考功司，这使他有机会接触到各个阶层。他以出色的才干和认真的工作态度，大力整顿吏治，严惩贪官污吏。针对当时贪官横行、苛捐繁重、民不聊生的社会现象，他向咸丰皇帝上书，建议罢免那些贪婪无度的官员。他深入了解各地官场人员的优劣，研究各地的政治军事形势，提出“用人之长，避人之短”的选人用人策略，得到咸丰皇帝的赞许并被广泛采纳。在考察和评定官员时，他严格遵守章程，清廉自律，不仅注重官员的能力和表现，还注重他们的品德和操守，据此选拔出一批优秀的官员，如张景垣、杨绍和、赵铭铸、余云等。这些官员被派往全国各地担任要职，为清代的政治稳定和社会发展作出重要贡献。

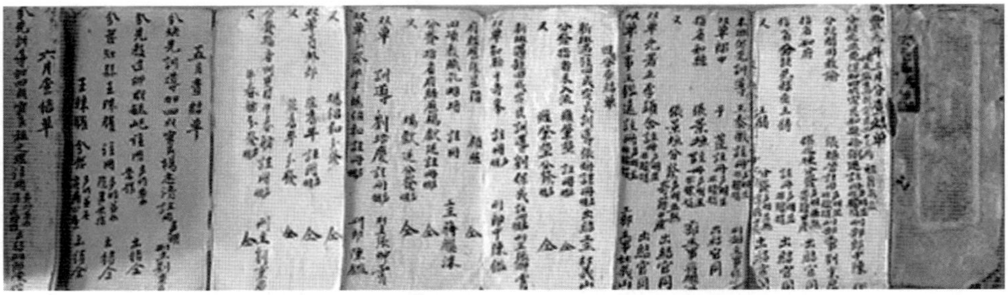

宋良薰所记载的各地官员任职情况

清咸丰十一年（1861年）八月，宋良薰被派往山西省任职。然而，在他回原籍探亲期间，不幸感染伤寒，医治无效去世，年仅41岁。他的英年早逝让咸丰皇帝和众多同僚深感痛惜，更使地方官员失去一位值得信赖的战友。

宋良薰的一生是奋斗和拼搏的一生，也是短暂而辉煌的一生。他为清代选拔出一批有作为的官员，其清廉自律和刚正不阿的品质是后人学习的榜样。

张令璜：勤勉执政 唯公是论

张令璜（1650—1734），字心友，今聊城市阳谷县张秋镇人。清康熙三十二年（1693年）选冠县教谕，改革教育制度。清康熙四十八年（1709年）中进士，授中书舍人。历任刑部主事、山东监察御史、顺天府尹、大理寺卿、吏部左侍郎等职。著有《年谱》一卷。

勤政思想：刚正不阿，勤政爱民，吏治唯清

聊城市阳谷县张秋镇王营村西北300米处，有一古墓葬，占地万余平方米，墓内有石马、石牛、石羊和姿态各异的大小碑刻，这是清吏部左侍郎张令璜的墓葬。

张令璜墓

张令璜自幼勤奋学习，嗜读如痴，精进学业，其才情在20多岁时就已广传张秋一带，待到成年后，更是以文才闻名乡里。他生性刚直，秉公理事，不避权贵，素以勤政著称。

张令璜一生为官主要是在康熙

晚年和雍正初年。他在中进士前，主要担任地方县学教谕和书院老师，尽职尽责、事必躬亲，得以重用。任冠县教谕期间，他每年亲自考核士子，提供饮食，并亲自为他们讲解和阐述儒学主要思想或宗旨，还致力于修缮书院的黉舍、泮池、木坊，表彰忠烈节孝的人物。为解决山东贡院考试号房少的问题，他把旧道衙的官署改成考房，使万余名考生得以恢复预考资格。待受聘到白雪书院后，慕名而来的秀才济济一堂。

清康熙四十八年（1709年），59岁的张令璜考中进士，先后任官中书舍人、刑部督捕司主事等。他任督捕司主事时已年近古稀，但仍干练果敢、雷厉风行、铁面无私，即使皇帝的近臣向他求情也不为所动，提出的地方官失察、逃人年限与挟物除军器免追及、大刑不许擅用等多项建议都被上司采纳，使案件审理程序简化、办案效率提高。

在顺天府丞和大理寺卿这两个职位上，张令璜更是尽心尽力，日夜勤勉，他对时政发表的诸多见解深得雍正皇帝的赞赏与认同。有一次，张令璜在审查乡试考卷时，惊讶地发现，中举的考生有五六份考卷是抄袭的明代旧文。他把这几位考生传进衙门一审，才得知有监考官受贿泄露考题，便上奏朝廷，建议朝廷对主考官严厉处分，并取消这几位考生的举人资格。随后，张令璜提出严格把关和加强监督审核考生资格、加强考场管理、规范考试纪律等措施，以确保考生公平公正地竞争。同时，他还针对政治环境中存在的官场腐败、法律不公、民生艰难、财政混乱等弊端，提出加强官员的选拔和考核制度、加强法律制度的完善和执行、采取有效措施改善民生、加强财政管理和监督等建议，均得到雍正皇帝的认同并逐渐实施。

清雍正四年（1726年）七月，76岁的张令璜卸职回归故里，定居老家张秋镇。当时的张秋因运河而兴，素有“南有苏杭，北有临（清）张（秋）”之说，众多贤明雅士汇聚于此，张令璜有时与他们畅谈古今，有时登眺山水，虽食之粗茶淡饭，但悠然自得、乐善好施。他自近花甲之年入仕，历经风雨逐步在官场上崭露头角，由芝麻小官升至朝廷重臣，书写了一段不平凡的人生经历，成就了一段佳话。

张彤标：为官一任 勤政爱民

张彤标（生卒年不详），字念慈，号伊蔚，清观城县（今聊城市莘县观城镇）人，清康熙五十七年（1718年）中进士。幼从父读书，以文章而有名。清雍正四年（1726年）在京待选，受到雍正皇帝的3次接见，回答问话时3次以“勿欺”二字相对，得赏识。

勤政思想：公信为民，体察民情，公廉明威

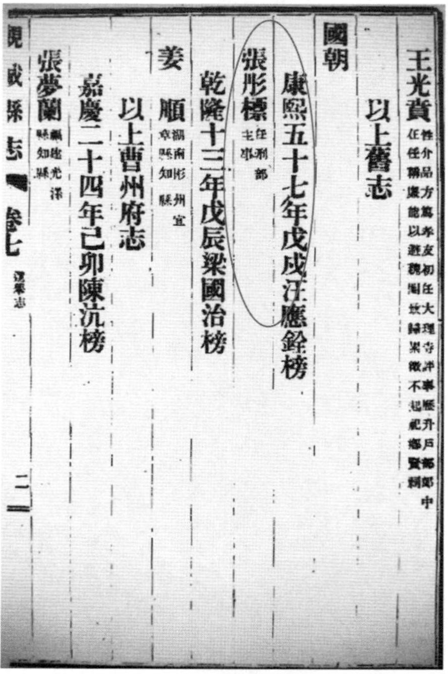
王光貴
以上舊志
國朝
康熙五十七年戊戌汪應銓榜
張彤標 任刑部主事
乾隆十三年戊辰梁國治榜
姜 順
以上曹州府志
嘉慶二十四年己卯陳沆榜
張夢蘭
觀城縣志 卷七

《观城县志》有关张彤标的记载

张彤标，清代的地方官员，以严谨认真的工作作风和勤政爱民的工作情怀而备受赞誉。他的故事传颂千古，成为后人学习的榜样。

张彤标的第一个职务是江西新城知县。到任后，他不仅严格要求自己，更是以严谨的态度处理各种案件，既注意倾听双方当事人的陈述，又注重实地勘察寻找线索和证据。他常常亲身查证，反复推敲，不放过任何细节，使得许多疑难案件得到公正裁决。有一次，一个富户在当地欺压百姓，涉嫌谋杀。张彤标接到报案后，立即展开调查，亲勘现场，发现了与富户陈述不符的确凿证据。最终，经过严格审讯，富户承认了自己犯下的罪行，被依法惩处。

任吉水县县令时，张彤标心系百姓，为全县事务操劳不已。由于当时天灾频发，百姓流离失所，很多地方田园荒芜，一片萧条。张彤标经常骑着一头毛驴，带着一个随从，深入民间了解百姓疾苦，想方设法帮助他们。甚至不惜拿出自己历年积蓄的1 000两银子来修缮南城，以保证城内不被洪水淹没，并当众焚烧3万多户的税收账簿，免除百姓赋税，充分展现了他身为公仆的责任和担当。

张彤标归家之后，短短5年便因在任上积劳成疾而去世，享年56岁。他的事迹告诉我们，一个优秀的官员应该时刻把百姓放在心中，以人民利益为出发点和落脚点，积极为百姓谋福利，努力为百姓解决实际问题。同时，始终保持廉洁从政的原则，以谦虚谨慎的心态，不断提升自己的能力和素质，积极践行为人民服务的宗旨。

郑板桥：得志加泽于民

郑板桥（1693—1765），名燮（xiè），字克柔，今江苏省兴化县人。清康熙末年（1722年）中秀才，清雍正十年（1732年）中举人，清乾隆元年（1736年）中进士。50岁起先后任山东范县（今河南省范县）、潍县知县计12年。“扬州八怪”之一，著名书画家、文学家。

勤政思想：公平公正，勤政为民，针砭时弊

在莘县古城黄河法治文化广场的一角，矗立着一座板桥亭，是为纪念莘县古城镇（原范县古城）历史名人郑板桥而建的。入口处一副楹联“官风清若一枝竹，囊空如洗两袖寒”，是对廉吏郑板桥一生的写照，更传递出郑板桥清廉自守、立身正直的廉政理念。

板桥亭

郑板桥出身书香门第，不仅是一位杰出的画家，更是一位关注现实的思考者和敢于针砭时弊的批评者，以其思想和行动深深地影响着中国的吏治。

郑板桥的仕途虽然曲

折，但他始终秉持公平正义的原则，以“得志加泽于民”的思想来指导自己的行动，对权贵和贫民一视同仁，不偏不倚。清乾隆七年（1742年），郑板桥任范县县令。一上任，便大刀阔斧地进行改革。他令衙役在县衙墙壁上凿了几百个洞，使县衙直接与街市相通，既便于倾听百姓心声，又能接受百姓的监督，使县衙事务公开化。当时的官员出行都是坐官轿，鸣锣开道，而郑板桥却从不讲究这些，外出时轻车简从，有时只打着一个标有“板桥”二字的小灯笼。他始终坚守为官的道德底线，从不接受贿赂，处理案件也公正、迅速，从不拖延，得到百姓的广泛赞誉。闲暇之余，他喜欢与文人们一起饮酒赋诗，畅谈天下大事，甚至有时会忘记自己是一名官员。

清乾隆十一年（1746年），郑板桥被调到潍县担任县令。当时的潍县已持续遭受5年灾荒，百姓生活十分困难。郑板桥毫不犹豫地打开官仓，发放粮食救济灾民。有人因担心会触犯律法而阻止，但他坚定地表示，现在已经是生死存亡的时刻，如果向上申报灾情，等待批复后再救济百姓，那百姓恐怕早已饿死，如果皇上怪罪下来，所有罪名由我一人承担。于是立即下令放粮，使得上万名百姓得以活命。同时，他还将自己的俸银捐献出来，帮助那些无法支付赋税的百姓。他的行为引起贪官污吏和恶豪劣绅的不满，最终招致被贬官，但却得到了百姓的深深敬仰和感激。

被贬官后，郑板桥并没有放弃他的理想和信念，选择靠卖画维持生计，并以画笔来表达自己的情感和思想，以如枪似剑的文字，针砭时弊，创作出许多令人叹为观止的作品。他的题画诗，新颖别致、不落窠臼，如他在《兰竹石图》中云：“要有掀天揭地之文，震电惊雷之字，呵神骂鬼之谈，无古无今之画，固不在寻常蹊径中也。”勇敢地揭示了当时清政府存在的各种弊端和不公现象，提出了对改革进步的思考和建议。

郑板桥一生历经坎坷和磨难，但始终坚持自己的信念和原则，保持乐观心态和对艺术的热爱，直面困难和挑战，留给后人浓厚的为国为民情怀，影响着一代又一代人。正如他的《潍县署中画竹呈年伯包大丞括·墨竹图题诗》所说："衙斋卧听萧萧竹，疑是民间疾苦声。些小吾曹州县吏，一枝一叶总关情。"

刘　琰："击瓦太守"整吏治

刘琰（1651—1712），字公琬，号介庵，又称黄山先生，今聊城市阳谷县东八里营村人。清康熙三十年（1691年）中进士，先后任翰林检讨、江宁（今南京）知府、江西学政等职。居官清廉，义不苟取，贫困终生。

勤政思想：居官清廉，勤政爱民，廉洁自律

刘琰自幼家贫，却苦读诗书，即使天寒地冻、手脚皴裂也坚持学习，贫困的生活铸就了他积极乐观、顽强不屈的品性。入仕后，他始终秉持勤政为民、廉洁奉公的原则，深受百姓爱戴和尊敬。

当时的江宁是江苏省会所在，深受六朝馀习影响，风俗骄纵，民情薄恶。刘琰接到江宁知府任命后，认为要治理好江宁，必须深入了解当地的民情、官场情况。于是，他轻车简从、昼夜兼程赶到江宁地界，没有向官府打招呼，直接开始实地体察民隐。他走遍江宁府属各县，走到乡间田野，与百姓亲切交谈，了解他们的生活状况、需求。通过考察，他对当地习俗民情和官吏好坏有了大体了解，发现了官吏贪污腐败、百姓生活贫困等问题。他一上任，便向所属各县发布告示，赏善罚恶，震慑贪污受贿官员和地痞恶棍，为后续治理工作打下坚实的基础。

当时，把守龙江关的士兵横行不法，经常对携带物资过关的客商敲诈勒索，过往客商敢怒不敢言。为制止这种现象，刘琰改革吏治，大推击瓦告状的方法，在每个城门出口处放置10片屋瓦，用纸封好后盖上官印，告知过往行人，如有受欺者可以击碎瓦片向守城官吏告状，便可将敲诈勒索的士兵绳之以法。如此一来，龙江关多年弊病得以根除，刘琰的做法得到客商、百姓赞誉，称其为“击瓦太守”，素有“龙图包老”之风。刘琰任职期间从不收取不义之财，从不骄傲自满，始终保持谦虚谨慎的心态，不断提升自己的能力，以便更好地为百姓服务。他注重发展经济，改善民生，大力打击腐败现象，整顿吏治，使江宁地区的政治风气焕然一新。

刘琰辞归故里后，居住在阳谷县张秋镇，整日闭门谢客，以诗酒自娱，有“柳园诗百首”传世。清康熙五十一年（1712年），刘琰卒，时62岁。在阳谷县城东八里营村南，现存刘琰的墓碑，是聊城市重点文物保护单位。

刘琰墓

武　训："千古奇丐"三兴义学

武训雕像

武训（1838—1896），原名武七（因在家中排行第七），绰号武豆沫，清末山东省堂邑县柳林镇（今聊城市冠县）人。朝廷为嘉奖其办学有功，封他为"义学正"，赐黄马褂和"乐善好施"匾额。山东巡抚张曜得知其义行，赐名"训"，意在"垂训于世"。中国近代群众办学的先驱者，享誉中外的平民教育家、慈善家，行乞30余年，先后建起3处义学，教育无数穷家子弟。

勤政思想：大公无私，乐善好施，乞讨兴学

武训先生，是清末著名的平民教育家，也是我国历史上一位不识字的贫苦农民因兴办私学而泽被后世的教育家。为铭记他兴学义举，朝廷破例赐以"武训"正名，批准建立武训祠，并传旨将武训的事迹"宣付史馆立传"。

武训，出生于一个极度贫困的家庭。7岁父亲去世，在窘迫的生活下，他无法接受正规的教育，选择了乞讨生活。14岁时，武训多次离家去当佣工，但因为不识字而屡遭欺侮，甚至有的雇主以假账相欺，谎称3年工钱已支完。武训据理力争，却被诬陷为“诈赖”，遭受毒打，气得口吐白沫，不食不语，病倒3日。

历经多次困难和挫折，武训深感文盲的悲哀和困境，坚定了他创办一所义学的决心，为穷苦百姓的孩子提供免费受教育的机会，让他们有机会改变自己的命运。

那一年，武训21岁，为实现兴办义学的理想，开始在各地行乞集资。他不追求物质享受，即使吃着最粗劣的食物，穿着最破烂的衣服，也动摇不了他举办义学的坚定信念。他唱着自编的歌谣乞讨，四处流浪，“边乞边佣”。有时还会表演一些惊险刺激的节目，如锥刺身、刀破头、扛大鼎等，甚至会吃毛虫蛇蝎、吞石头瓦砾，以赚取更多赏钱。此外，他还为人做媒红、当信史，以获得谢礼和佣钱。几年下来，他的足迹遍及山东、河北、河南、江苏等地。

经过多年的辛劳，武训终于积攒了一笔数目可观的钱财。但由于他居无定所，钱款无处存放，于是他打算找一富户人家来存放。经过多方打听，他得知本县柳林镇有一位举人杨树坊，为人正直，名声很好。但杨府一开始并不愿意让这么一位乞丐进门，于是，武训便在杨举人家门口跪了两天，以诚心感动杨举人。杨举人了解到武训要乞讨积钱、办义学之事后，大为感叹，不仅答应帮他存钱，还表示要助他办学。

清同治四年（1865年），随着资金的积累，武训开始为创办义学置办田产。同时，他将一部分资金以3分利息放贷出去，以获得更多资金。在他49岁时，武训已置田230亩，积资2 800余吊，这在当时已经具有相当的财力了，但他依旧过着简朴的生活。武训的办学精神也深深感动了柳林镇的地主郭芬和穆云，两人捐出了3.87亩土地作为义学校址，附近村民也捐资了1 500余吊。这时武训觉得时机成熟，便向杨举人提出建义学之事。杨举人认为不孝有三，无后为大，建议武训先娶妻生子。但武训却坚决表示："不娶妻，不生子，修个义学才无私。"最终，在众人的相助下，他在堂邑县柳林镇东门外建立了第一所义学"崇贤义塾"。

武训用了30余年的时间实现他的理想，在这期间，他受尽苦难，但始终坚定地一步步迈向他的目标。

学校建成后，武训亲自到当地有学问的进士、举人家中，恳求他们担任教职，并到贫困人家请求他们送子女入学。当年招生50余人，分为蒙班和经班，其中蒙班30余人，多为柳林镇及其附近百姓家的孩子；经班20余人，除少数食宿在义塾外，其余为附读生，所有经费全部从武训置办的学田中支出。每逢开学第一天，武训都会先拜老师，再拜学生，这种仪式一直延续多年。每次设宴招待老师时，他都请当地名绅作陪，而自己则站在门外伺候，帮忙进菜，甚至磕头迎客，待宴会结束后只吃些残渣剩羹便匆匆离去。

武训一心一意兴办义学，一生中曾多次拒绝亲朋好友的求助，甚至拒绝县令的请求，坚持不将钱财用于自己享受。他的这种精神感动了许多人，得到当时山东巡抚张曜（yào）的支持和赏识。张曜不仅下令免除义学钱粮和徭役，还捐赠200两银子。此外，他还上疏光绪帝，请求颁给武训"乐善好施"的匾额，并授予他"义学正"名号。自此，武训的绝世奇行轰动朝野、声名大振。

尽管武训已经获得很高的荣誉和地位，但他并没有停止自己的事业，继续行乞和积资来扩大义学规模。最终，他在馆陶县杨二庄（今临清市）兴办了第二所义学，5年后又用资3 000吊在临清御史巷创办第三所义学。这些义学的建立不仅为穷苦百姓家的孩子提供了宝贵的受教育机会，也为中国近代群众办学开辟了新的道路。现在聊城市契约文化博物馆内，展示着武训为兴办义学买地签契约的场景，共签订约70笔契约，计土地285亩之多。

他目不识丁，却成为千万学子的恩师；他行乞30余载，吃糠咽菜却讨来良田百亩；他下跪求人，却用高贵的人格求来师生满堂。这就是武训，一个生活在社会底层、靠乞讨维生的乞丐，创办了3所义务学堂，教育了无数穷家子弟，从而改变了成千上万个家庭的命运。他是中国历史上以乞丐身份被载入正史的唯一人，被誉为“千古奇丐”，得到人们的广泛传颂和尊敬，成为许多人心目中的楷模和榜样。

盛北光：三下无悔映丹忱

盛北光像

盛北光（1912—2012），原名光灿，号北光，山东省阳谷县人。1932年10月，加入中国共产党，是早期鲁西地区党组织主要创始人之一，先后任阳谷县委组织委员兼公安局政治指导、中共中央中原局社会部工作情报室主任等职。新中国成立后，曾任中央公安学院武汉分院院长兼湖北省公安厅副厅长、公安部第二人民警察干部学校校长、贵州省公安厅副厅长、贵州省委政法委副书记，贵州省人民检察院检察长、党组书记等职。离休后被聘为公安部咨询委员会委员、最高人民检察院咨询委员会委员。

勤政思想：信念坚定，勤政为民，事为党谋，不计得失

盛北光，一个坚定的共产主义战士，自青年时期便毅然投身于革命事业，历经土地革命战争、抗日战争、解放战争和社会主义建设的洗礼，见证了中国共产党在中国的革命历程和建设成就。尽管面临无数次的战斗与考验，他始终坚守共产主义信念，不惧艰险，不计名利，无条件服从组织安排，主动奔赴条件艰苦、任务艰巨的地方工作，展现出对党、对人民、对共产主义事业的无限忠诚与深厚情怀。

盛北光自幼家境清贫，但他的父亲却热心教育，曾在家境稍好时自愿捐出3间房屋办村学。盛北光5岁时被送进村学接受教育，年仅14岁便投身于阳谷县农民反抗贪官污吏、土豪劣绅及苛捐杂税的暴动，次年又参加农民围攻阳谷县城暴动。1932年10月，在东昌省立第三师范读书的盛北光光荣加入中国共产党，他积极参加党的各项活动，大力发展党员，为筹建党的组织贡献力量。

抗日战争爆发后，盛北光担任鲁西北抗日游击第五支队政治部主任。次年，该支队改编为八路军一二九师先遣纵队二团，盛北光任副团长、团政委，参加了茌平、博平、聊城地区“琉璃寺战斗”。此后，他在中央马列学院、中央社会部特训班学习了两年，结业后留中央社会部二科工作，负责起草中央八路军、新四军对敌斗争保卫工作的报告（一下：烛影摇红织谍网）。1942年，盛北光婉拒了多位领导的挽留，毅然调回一二九师，担任河北省赞皇县玉皇庙“外线工作站”站长。

接到任命后，盛北光身着便衣，带领一名通信员，骑着一头毛驴来到玉皇庙。他向老百姓借用了一间宽敞的碾坊，开设了一家名为“鸿盛祥”的店铺，以此为据点建立情报站。就这样，堂堂的八路军团政委，化身为玉皇庙“鸿盛祥”的小老板，以做买卖为掩护，深入敌后，走村串巷，4年间搜集了敌区大量的情报资料，源源不断地传递至一二九师和解放区，为抗日战争的胜利作出了重要贡献（二下：天涯踏浪戍琼崖）。

1950年5月，海南岛解放。当时的海南岛还处于边陲之地，交通不便，经济落后，犯罪活动频繁，社会治安问题十分突出，而且海南当地的组织机构还不健全，只有游击队扩大的海南纵队，急需建立党政机构尤其是公安保卫机关，以便清除潜伏的敌人和维护社会治安。中共中央华南分局向中共中央中南局请求选派一名公安局局长，负责筹建海南岛的公安政法部门。时任中南局社会部党委成员的盛北光主动请缨，要求去海南岛工作，放弃了即将到手的正厅级职务，甘愿担任县团级的公安局局长。盛北光到任后，各项工作都面临着巨大困难，但他并没有被这些困难吓倒，凭借着丰富经验和坚定决心，带领30余人开展深入调研，走访当地居民，了解他们的生活状况和治安需求，逐渐掌握了一手资料，为制定符合当地实际情况的治安管理制度奠定了基础。在他的领导下，公安机构实施了一系列改革措施，如建立巡逻制度、加强警民联系、开展社区警务等，显著提升了治安管理效率和质量，有效改善了海南的社会秩序（三下：苍山凿路引春辉）。

1953年8月，盛北光被任命为中南公安干部学校（地址在武汉）校长，负责各地公安机关科局长一级干部的轮训。面对各种新问题和新挑战，他没有退缩，以饱满的热情和积极的态度，全身心地投入工作中。他经常深入教学第一线，了解学员的需求和问题，不断优化教学方法和内容，为培养优秀的公安干部倾注心血。其间，为各省（区、市）培养训练了近万名县、科级公安干部和武警连排营军政干部。1955—1958年，尽管学校每年都有薪金调级机会，但他总是把调级机会让给级别较低的同志，直至离休，仍保持着1952年的老十级。他时刻铭记自己是革命后代，坚持吃苦在前，踏实做事，服从组织安排，忠诚于党和人民事业。

外交部和中南局组织部的同志曾多次与盛北光沟通，希望他能从事外交工作或调到某单位负责城市管理，但公安部坚持不放人，并有意调他到河南省或山东省工作，湖北省委亦希望他继续留任湖北。在这种情况下，盛北光向中央公安部上书3条意见：一是要到确实需要人的地方去，决不充数吃现成饭；二是不论什么工作，只任副职；三是不限地区与远近，哪怕是云贵都可以。1962年2月，盛北光被派往边远贫困山区贵州，担任公安厅副厅长，投身于法制建设和干部队伍建设。面对贵州经济滞后、法制基础薄弱的局面，盛北光深入基层调研，积极推动法制建设，加强干部队伍建设，普及法制教育，为贵州的法制建设作出重大贡献。1978年，中央决定恢复重建检察院，盛北光兼任贵州省人民检察院检察长，成功建立了贵州省各级检察院，恢复了检察工作，并担任检察长5年之久。

盛北光在《盛北光访谈录》中深情回顾了自己的革命生涯，说："纵观我的革命历程，自始至终为的是实现共产主义伟大理想，为党和人民的革命事业做了60年的卫士，但深感对革命贡献渺小无几，还距自己的革命要求和愿望相差甚远。我常喟叹人生的短暂，不能为党作出更多的贡献，现在只有生命不息，战斗不止。"当被问及为放弃应得的职级时，他笑着说："毛泽东主席曾在1938年4月'抗大'演说中提醒我们，尤其是农村出身的干部，要警惕一下，不要见钱就眼红，因为过去在乡下见不得钱。毛主席的话我铭记了一辈子。"

60余载的革命生涯，盛北光的工作频繁调动，既在中共中央中南局、中央公安学院、公安部人民警察学院工作过，又在海南、湖北、贵州公安部门工作过，历经三上三下，但是他从不计较个人得失，从不炫耀自己的政绩，始终坚持以人民利益为重，保持艰苦朴素的优良作风，以实际行动践行着共产党员的初心与使命。在他的影响下，子女们在各自的岗位上兢兢业业，勤勉尽责，一步一个脚印地传承着红色家风。

徐运北：一片赤诚映山河

徐运北（1914—2018），原名徐鸿轩，曾用名徐运何，山东省堂邑县三庙村（今聊城市冠县定远寨镇）人。中国共产党党员，先后任中共鲁西北特委组织部部长，中共鲁西特委书记，中共鲁西区党委委员、组织部副部长、民运部长、常委，民运部长兼青委书记。新中国成立后，历任国家卫生部副部长、党组书记，国家第二轻工业部部长、党组书记，中共北京市委常委、市革命委员会副主任，国家轻工业部副部长等职。系中共七大、八大代表，中共十九大特邀代表，第三届全国人大代表，第六届、第七届全国人大常务委员会委员，第七届全国人大财经委员会委员。

勤政思想：一心为公，一丝不苟，勤政廉洁，坚守纪律

在鲁西广袤的平原上，有一位信仰坚定、无私奉献的革命者，他数十年如一日地坚守初心、严于律己、廉洁奉公，为党和人民事业艰苦奋斗，影响了一代又一代人，他就是曾任国家卫生部党组书记、副部长的徐运北。

徐运北雕像

徐运北，出生于堂邑县三庙村一个贫困农家，得益于开明父亲的支持，学生时期的徐运北有机会阅读到大量进步书籍，接受革命思想，接触进步人士，并积极参加中国共产党领导的学生运动。1933年，在国民党白色恐怖的笼罩下，山东省党组织与上级党组织失去联系，徐运北被指派北上寻找上级党组织，为鲁西地区党组织的发展壮大作出了重要贡献。次年，年仅20岁的徐运北由赵健民介绍，光荣地加入中国共产党。

在那个风云变幻的年代，徐运北迎来了一个重要时刻。1935年2月，中共山东省临时工委负责人赵健民在堂邑县城徐运北的家中组织召开聊城、阳谷、临清、冠县、堂邑等地的党组织会议，并作出了一项重大决策——建立鲁西第一个党组织，即中共鲁西特委。徐运北被委以重任，担任中共鲁西特委书记，负责组织和加强鲁西地区党组织的发展壮大及其工作的领导。徐运北以堂邑县柳林武训小学教师身份为掩护，四处奔走，发展党员，壮大党组织力量，组织聊城、堂邑、临清、冠县等地党的工作逐步开展，使鲁西地区的党组织如雨后春笋般蓬勃发展。

抗日战争全面爆发后，徐运北毅然投身于抗日救国运动中。他四处奔波，在临清、堂邑、冠县等地组织发动群众建立抗日武装，并积极争取与聊城专员范筑先合作，共同抗日。他在堂邑参与组建了山东省第六区抗日游击第一支队，后扩建为山东省第六区游击司令部第十支队，成为鲁西北抗战的主力部队。1937年11月，中共鲁西特委和鲁西北特委合并为中共鲁西北特委，徐运北任组织部部长，次年夏任特委书记。他在担任中共鲁西北特委书记期间，大抓党的建设，合并和发展各县武装力量，大力发展农村党员，不断壮大党组织。在他的领导下，不到一年的时间，党员人数猛增到八九千人。与此同时，鲁西北平原抗日游击战争的火热开展，得到了毛泽东主席的高度评价。

中共鲁西北地委旧址（徐运北题）

抗日战争结束后，徐运北奉命返回冀鲁豫辖区工作。1946年后，根据形势发展的需要，成立了黄河南前梯队指挥部，徐运北与赵健民被派到前梯队工作。他们多次率领前梯队，粉碎国民党大军4次残酷的“清剿”“扫荡”，支援刘邓大军抢渡黄河天险。冀鲁豫地区的支前工作，受到了刘伯承、陈毅、邓小平的赞扬。

1949年3月，根据中共中央华北局的决定，冀鲁豫军区组成中国人民解放军第二野战军五兵团南下支队，徐运北任政治委员。他率冀豫边区南下支队的干部3 000余人，随第二野战军五兵团南下赣东北，在上饶成立中共赣东北区委，徐运北任区党委副书记兼赣东北军区政委，负责接管工作和开辟新区工作。1949年10月5日，二野五兵团领导人和徐运北在湘潭召开会议，酝酿中共贵州省委领导班子组建问题，徐运北任省委副书记。徐运北非常重视新区党的建设工作，积极吸纳农村和城镇积极分子加入党组织。在他的发动下，贵州省1950—1952年共接收新党员1.8万人。

新中国成立初期，徐运北担任国家卫生部副部长。面对严峻的卫生防疫形势，他深入基层，亲自指导卫生防疫工作，积极开展群众性爱国卫生运动，大力推广先进卫生村和卫生城市经验。在他的努力下，有效控制了鼠疫蔓延，全面消灭了流行13个省市、患者1 000余万人、极大影响农业生产、严重危害人民健康的血吸虫病，徐运北为全国防治血吸虫病工作倾注了大量心血，作出了重要贡献。1956年3月5日，毛泽东主席对他的《关于召开第二次防治血吸虫病领导小组会议准备情况的报告》作了批示，并在江西余江县疫区开展“半年准备、一年战斗、半年扫尾”工作。经过两年苦战，血吸虫病被全部消灭，创造了世界卫生史上的奇迹。毛泽东主席在《人民日报》上发表《七律二首·送瘟神》，亦是对他的工作给予的高度评价。

一方有难，八方支援。1960年2月3日，山西平陆县发生61名民工中毒事件，民工生命危在旦夕。徐运北亲自昼夜连续协调指挥，克服重重困难，调用空军飞机送去特效药“二巯基丙醇”，使民工弟兄们全部转危为安。这一事件被撰写成长篇通讯《为了六十一个阶级弟兄》，在《中国青年报》《人民文学》刊发，并入选十年制学校初中语文课本，影响深远。

1965年2月，徐运北担任第二轻工业部部长，并在法国巴黎举办了中国工艺美术展览会，积极推动工艺美术创作设计和生产发展，扩大出口，增加外汇。在他的领导下，第二轻工业部取得了显著成绩，完成总产值147.5亿元，比1964年增长38.5%。1982年1月28日，他在《人民日报》上发表《认真总结经验，努力发展轻工集体企业》长篇文章，提出诸多主张和办法，在全国轻工系统产生了积极影响。同年6月，徐运北担任中国工艺美术学会理事长，深入农村了解和发掘中国民间工艺美术。其间，他克服了“一穷二白”的困难，丰富了群众生活用品，为满足人民生活需要作出巨大贡献。

徐运北的一生，是为党和人民的事业奋斗的一生。他不仅在卫生、轻工业等领域取得了显著成绩，还心系家乡的发展，多次为家乡提出高层面的发展思路，并为家乡的脱贫攻坚积极奔走，为家乡的脱贫和发展作出了重要贡献。他的妻子沙晓鲁也在党的早期革命活动的影响下，积极投身于抗日救亡运动，以实际行动诠释着对党和人民的忠诚。

诚信篇

按语

我国自古以“礼仪之邦”著称于世，有“孝悌忠信礼义廉耻”八德，其内涵由家及国，要求在家尽孝、为国尽忠。其中，“廉”是廉洁奉公，是为官之道；“信”是诚实守信，是做人之本。

廉洁与诚信都是中华优秀传统文化基因，同属“德”的范畴，“廉”为德之行，“信”为德之诺，诺而付诸行，是谓“信”；守己之诺谓之“廉”，守人之诺谓之“信”；守信则取信，失信则失德。只有在社会生活和交往中，诚实守信，遵守承诺，言行一致，不欺骗他人，不欺骗社会，才能永葆廉洁，避免腐败行为的发生。

人无信不立，事无信不成。在人类历史长河中，诚信一直被视为重要的道德规范，它代表着真诚、守信、信任和言行一致，其本质特征是诚实、重诺、践约，也是廉洁的内在要求。习近平总书记曾在多个重要场合强调诚信的重要性，在党的二十大报告中也提出：“弘扬诚信文化，健全诚信建设长效机制。”因此，传承弘扬中华优秀传统文化基因，以实际行动来践行承诺，以清正廉洁来诠释对党和人民的忠诚是非常有意义的。

在我国语言体系里也有大量诸如“一言九鼎”“一诺千金”等称赞诚信精神的成语。在几千年的历史长河中，许多诚信人物及故事广为传诵。本篇将带领读者穿越古今，追寻体味历史上聊城本地人的诚信记忆，季子践诺守信，挂剑留徐；华歆言行一致，在危难之时依然信守承诺；于慎行以诚待人，通过实际行动树立诚信等故事。

通过这些诚信小故事，熏陶心灵，激发思考和感悟。同时，作为新时代党员干部，要将诚信放在价值观的重要位置，对党忠诚，取信于民，以诚为本，清廉为民，为传承弘扬中华优秀传统文化和推进新时代诚信文化建设作出贡献。

季　札：信诺挂剑

季札（前576—前484），又称公子札、延陵季子、州来季子等。春秋时期吴国国王姬梦寿之四子，政治家、思想家、外交家、文艺评论家。吴王余祭四年（前544年）作为吴国的特使到鲁、齐、卫、郑、晋等国访问，曾路经徐国（今山东省阳谷县张秋镇一带），受到徐君接待。

诚信思想：惇信明义，谦恭礼让

在山东省阳谷县张秋镇（古徐国所在地）南水闸东北堤下古有一个徐君墓，墓旁是季札挂剑台，又称挂剑祠、季子祠。挂剑台，见证着一段友谊，也诉说着春秋时期的一个诚信故事。

季札挂剑雕像

当时，吴国的宗室公子季札，文武双全，聪明过人，以贤著称，深受吴王的宠爱，被封为吴国重要使节，于吴王余祭四年（前544年）访问鲁、齐、卫、郑、晋等国。出使过程中，他路经徐国（今阳谷县张秋镇一带），看到百姓安居乐业，五谷丰茂，心中不禁暗暗称赞："徐君素以仁义著闻，果然名不虚传，今得见矣。"于是去拜见素有仁义之名的徐国国君，同样才华横溢的两位相见十分高兴，相谈甚欢，彼此互相欣赏。

交谈中，徐君对季札腰间的一柄祥光闪动的佩剑产生了浓厚兴趣，忍不住几次朝它观望。彼时，剑是一种装饰，也代表着一种礼仪。无论是士臣还是将相，身上通常都会佩戴着一柄宝剑。季札的这柄剑铸造得很有气魄，剑身薄如蝉翼，几颗宝石镶嵌其中，典丽而又不失庄重。徐君虽然心里喜欢，却不便明言。季札虽察知其意，无奈出使诸国，宝剑是其身份的象征之一，不能相赠，便在心中许诺：待他出使归来，一定要将这把宝剑赠予徐君。

怎料世事难料。当季札出使归来，复经张秋镇时，徐君却已离世。这个消息让季札十分悲痛。他站在徐君墓前，内心有说不出的悲戚与感伤，想要将宝剑赠给徐国嗣君，嗣君答曰："先君无命，孤不敢受剑。"于是，季札便将那柄长长的剑挂在徐君墓旁的树上，默默祷念：虽然你已经离开，但我内心的承诺却永在。希望你在天之灵，看到这棵树时，还能记得我曾佩戴这柄长长的剑向你道别。于是，他对着墓碑躬身而拜，然后默默离开。

季札的随从对他的行为感到困惑，问他："徐君已经过世，您将这柄剑悬挂在这，有什么意义呢？"季札答道："虽然他已经去世，但我对他曾经有过承诺，心中也早已把宝剑赠予他。君子讲求的是诚信与道义，怎么能够因为他的过世，而背弃为人应有的信与义呢？"

挂剑酬心，践信泉台。季札的行为获得徐国人的赞赏，遂作《徐人歌》唱道："延陵季子兮不忘故，脱千金之剑兮带丘墓。"唐代诗人杜甫在《哭李尚书》一诗中有这样两句："欲挂留徐剑，犹回忆戴船。"宋代诗人黄庭坚《李濠州挽词》也有两句："挂剑自知吾已许，脱骖不为涕无从。"足以佐证季札挂剑故事的文化影响久远，广为流传。

季札作为坚守诚信的典范，两千多年来深深地感染世人，备受世人的尊敬与怀念。季札挂剑台作为诚信的象征，是一座友情与仁义的丰碑，表明了古人对情、对义的推崇，以及对诚信、重诺和践诺等可贵品质的赞赏。

鲁义姑：以一己之义 息两国之战

鲁义姑（生卒年不详），真实姓名已不可考，春秋时期鲁国的农妇，传统二十四孝人物之一，其事迹采入《列女传》中。博平县鲁义姑祠在博平县城北15里鹅子省旁（今聊城市茌平区韩屯镇罗屯村西）。

诚信思想：公正诚信，果于行义

鲁国有一位讲义气的女子，是一个普通百姓的妻子。当时齐、鲁两国常有争战。一次，齐国发兵攻打鲁国北郊，齐军将领发现有一妇人带着两个孩子逃难，怀中抱着一个，手里领着一个，匆忙逃避。眼看齐军马上就要追到她们，妇人慌忙丢下怀中的孩子，抱起领着的孩子，向山林中逃命。被舍弃的孩子在后面大声哭叫，她也没有回头。

鲁义姑雕像

齐军将领追上孩子后，问他前面的妇人是谁，孩子说是他的母亲，问他母亲所抱的孩子是谁，孩子却回答说不知道。这令齐军将领十分诧异，于是下令继续追赶妇人，并用弓箭瞄准，大喊："赶快停下，再跑就放箭了。"妇人见跑不掉，只能返回。

齐军将领问她这两个孩子是谁，她回答：我现在怀中抱的是我兄长家的孩子，丢弃的是我自己的孩子。看见你们的军队马上就要追赶上来，我不能保全两个孩子，只能忍痛丢下自己的孩子。当齐军将领询问她：孩子是你的亲骨肉，你怎么扔下他，却抱着你兄长家的孩子逃命？妇人回答道：只顾自己家的孩子，属于私爱，顾全兄长家的孩子，才属于公义。我如果为了私爱而背弃公义，就算侥幸逃脱了，也是个不义之人。如果大家都是先私后公，那么鲁国国君就不会为百姓着想，大夫们也不会为百姓办事，大家就都不相互照顾了。如果这样，就是胁骨不容肩膀，脚掌不容趾头。我如果抱走自己的孩子，公义就丢掉了，所以我宁可忍痛失掉孩子，也要固守公义，不能因为自己的孩子而违背公义，被鲁国人看不起。

齐军将领听了她的这番话，深受触动，于是下令军队停止进攻，并派人向齐国国君进言："鲁国不能侵伐啊！一个山野里的弱妇人尚且知道舍己救人，不以私害公，更何况朝中的臣子和士大夫呢？"齐国国君采纳了他的建议，下令撤兵。鲁国国君听说了这件事，下令赏赐妇人束帛百端，赐号"义姑姊"。又因她是鲁国人，人们都尊称她为"鲁义姑"。

鲁义姑的义行久为后世所称颂，她的故事也成为诗文、绘画、戏剧的重要题材。她舍己情、存公义的民族大义，历经千年仍传颂不绝，备受后人赞誉与敬仰。今逢盛世，国泰民安，鲁义姑高尚的气节和仁义的精神仍值得后人学习和传承。

华　歆：诺不轻许

华歆（156—231），字子鱼，平原郡高唐涸河（今聊城市高唐县固河镇）人。东汉末年，举孝廉，授郎中，后出拜豫章太守，为政清明廉洁，吏民爱之。曹魏建立后，历任御史大夫、司徒、太尉、相国等职，晋封博平侯转拜太尉。

诚信思想：一诺千金，慎终如始

古人重信，即便是一面之交、一言之托，也终身不忘承诺。华歆虽身处一个动荡的时期，但他就是这样一位守诚信、重承诺、必践诺的人。

一天，华歆和王朗（汉末三国时期名士，与钟繇、华歆并为三公）乘船避难，恰逢一位陌生人出现在岸边，此人疲惫不堪，满身大汗淋漓，恳求二人让他搭舟同行。

位于高唐县城东固河镇大华村的华歆纪念馆

华歆眉头紧锁，对王朗言道："吾不同意使此陌生人登舟。吾等现今身处险境，难以预料未来之吉凶祸福，故需谨慎行事。”

王朗听后却道：“舟中尚有盈余之地，吾等何不援手以助？吾辈当怀大义之心，尽力以助所需之人。”

华歆闻言，摇头叹曰：“足下所言之大义，诚然有理。然则，吾等对此陌生人一无所知，其品行、意图皆可能为祸患之源。若途中稍有变故，吾等岂能半途而弃之？”

王朗闻此，仍不忍舍弃此搭舟之人，最终决意令其同行。然而，不一会儿敌兵追至。见此情景，王朗心急如焚，欲弃此陌生人而去。

华歆却坚决言道：“此举不妥。既已援手相助，岂可因情势危急而背弃之？此举非但违背君子之大义，亦置其于危难之中。”

最终，华歆和王朗带着此陌生人一起躲避敌兵追击，顺利地抵达一个安全的港口。

华歆和王朗二人的优劣分界在信用。华歆重诺，不把诺言轻许他人，一旦承诺，讲求信用，坚守承诺。王朗轻诺，口惠而实不至，背信弃义，有始无终。其人品高下，不言而喻。

这告诉我们一个道理：言必信、信必行、行必果，已诺必诚，始终如一。在任何时候，做任何事情，都要谋定而后动，碰到任何情况都要坚持原则，重诺守信。

王　旦：不树私恩

王旦（975—1017），字子明，北宋大名府莘县（今聊城市莘县）人。北宋太平兴国五年（980年）中进士及第，景德三年（1006年）拜相，为相10余年，深得同僚赞誉和皇帝重用，被称为“一代良相”。他的父亲王祐，北宋时期大臣，先后任潞州知县、尚书兵部侍郎等，平生作为很有阴德，博得当世人的称赞，其后子孙多人，均为宋朝显宦。

诚信思想：明达治体，至诚无伪

北宋时期，宰相王旦居相位10余年，为人正派，胸怀豁达，忠厚节俭，知人善任，明达治体，胸藏锦绣而锋芒不露，得到朝野上下一致好评。宋初名臣钱若水等称其德行威望，能胜大事。

王旦爱惜人才，却从不降低选拔标准。他任宰相时，常宾客满堂，但没一个人敢因私请托。王旦在与他们谈论时事时，通过让他们陈述利弊和建议，以观察他们的言行，发现真正有才能的人便记录下来，等到有官职空缺时，便向皇帝推荐，但从不声明是自己举荐的。

寇准与王旦同朝为官时，经常批评王旦，但王旦并未因此记恨他。据载，王旦主持中书省时，寇准任枢密使，常常在宋真宗面前直指王旦短处，而王旦不以为意，人前人后总是称赞寇准的长处。宋真宗问其原因，王旦答：“我当宰相久了，肯定有很多过失，寇准对陛下无所隐瞒，正是他的忠直之处。”

有一次，中书省有公文送到枢密院，但公文不符合规定格式。寇准据实上报，导致王旦受到皇帝责备。面对皇帝的批评，王旦没有做任何辩解，而是真诚地检讨自己。不久，枢密院给中书省报送的公文也出现类似问题，下属想借机报复，但王旦却让他们将文书送回枢密院进行修改，并没有向皇帝报告。后来，寇准知道了此事，想起自己以前的做法，心里感到非常惭愧。他曾问王旦：“你怎么有如此大的度量?”但王旦没有回答。

王旦任人唯贤、宽宏大量、尊重人才，从不以权谋私，也不计较个人恩怨，推荐人才态度谨慎，不盲目下定论，也不求全责备。后来寇准被罢免了枢密使职务，托人私下求做使相，王旦惊异地说：“将相的任命，怎么能强以求取呢！我不接受私人请托。”寇准得知后很是不快。然而，事后王旦却向宋真宗谏言：“准未三十，已蒙先帝擢置二府（中书省和枢密院），且有才望，若与使相（宰相级别的节度使），其风采也足为朝廷之光。”被宋真宗采纳。不久，寇准获授武胜军节度使、同中书门下平章事。寇准拜谢宋真宗时，得知是王旦推举的他，深深为王旦的

位于莘县东鲁街道办事处群贤堡村的王旦墓

德量所折服。更令人佩服的是，宋真宗在王旦病危请辞前，多次询问他可接替相位的最佳人选，起初，他不肯回答，即使在被皇帝提名征求意见时也不表态。最后，宋真宗让他试着说一个时，王旦言：“以我的愚见，莫过于寇准。”正是王旦的举荐，为寇准提供了展现才华的舞台。

王旦之德可鉴，其至诚高节的德操修养和人格魅力至今令人叹服，其为政之道及廉洁自律、忠心为国、公而无私的品质值得后人学习和借鉴。

曹自守：富贵不弃盲妻

曹自守（生卒年不详），字伯化，明博平县（今聊城市茌平区）人。明嘉靖三十八年（1559年）中进士，先后任吴县知县、吏部员外郎、江西按察司副使，御赐“天官大夫”。

诚信思想：坚守诚信，富贵勿忘

“苟富贵，勿相忘”出自司马迁《史记·卷四十八·陈涉世家第十八》，它提醒人们在追求财富和地位的过程中要保持谦逊、感恩和审慎的态度，不要忘记那些曾经帮助过我们的人。曹自守就是这么一位重道德、知感恩、守诚信的人。

曹自守在年少时，便与邻村的一位张氏女子订下婚约。女子的家庭虽然不太富贵，但一家人心地善良、乐于助人。在曹自守家境困难的时候，未婚妻家给予他很多帮助。曹自守心中非常感激，暗自坚定无论将来命运如何，都将

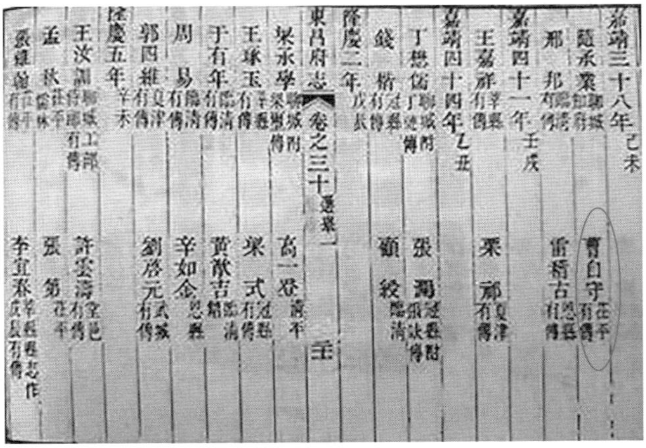

《东昌府志》载·曹自守列传

对未婚妻不离不弃。

当曹自守通过不懈努力和坚持，终于考中进士，并被授予知县职位时，他并没有被这鲤鱼跳龙门般的巨大转变冲昏头脑。他首先向曾经陪伴自己的恩师、家人报喜，并带着几份精心挑选的礼物前往岳父家，以表达他对岳父母的感激之情。

然而，岳父见到曹自守后，虽然为他能够考取功名而感到高兴，但脸上却难掩忧虑之色。曹自守感到困惑，便询问岳父发生了什么事。岳父吞吞吐吐地告诉他，女儿因生病导致双目失明，已配不上身为官员的他，因此请求解除婚约。

曹自守听到这个消息，十分悲伤，但仍坚定地说："岳父说得不对。我曹自守在贫寒时，您不嫌弃，将女儿许配给我。而我现在有了功名和官职，怎么能因为她的眼睛看不见，就抛弃她呢？"曹自守的一席话让岳父感动不已。于是，两家开始积极筹备婚事。婚后，曹自守带着老母、妻子一起前往吴县上任。

到吴县后，曹自守租赁了两间平房居住下来。他尽心尽力地照顾妻子，四处为她寻医问药，希望能帮她恢复视力。在他的不懈努力下，最终找到了有效的治疗方法，医好了妻子的眼疾。恢复视力的妻子在家中专心侍奉婆母，让曹自守没了后顾之忧，全身心地投入政务之中，以报答朝廷的提拔之恩。

诚信是一个人的品德和道德底线。曹自守虽功成名就，但没有失去本心，守信重义、不弃盲妻，用自己的实际行动证明"苟富贵，勿相忘"，贤德载入史册，成为后人学习的楷模。

张彤标：诚信即良心

张彤标（生卒年不详），字念慈，号伊蔚，清观城县（今聊城市莘县观城镇）人，清康熙五十七年（1718年）中进士。幼从父读书，以文章而有名。清雍正四年（1726年）在京待选，受到雍正皇帝的3次接见，回答问话时3次以“勿欺”二字相对，得赏识。

诚信思想：公正廉洁，诚实守信

张彤标，清代的一位著名官员兼学者，曾在京待选时受到雍正皇帝的3次接见，3次以“勿欺”二字回答问话。因此，雍正皇帝认为他是一位诚信、儒学修养深厚的人。

张彤标始终秉持诚信的品质，严格遵守律法，公正廉洁地执行公务，深受百姓的爱戴与尊敬。在办理案件时，他总是耐心倾听双方陈述，认真调查取证，秉公处理每一个案件。对于某些复杂的案子，他会多次勘察，反复推敲，以索解出真正的案情。即使面对权贵和亲友请托，也始终坚持原则，不偏不倚，公正无私。

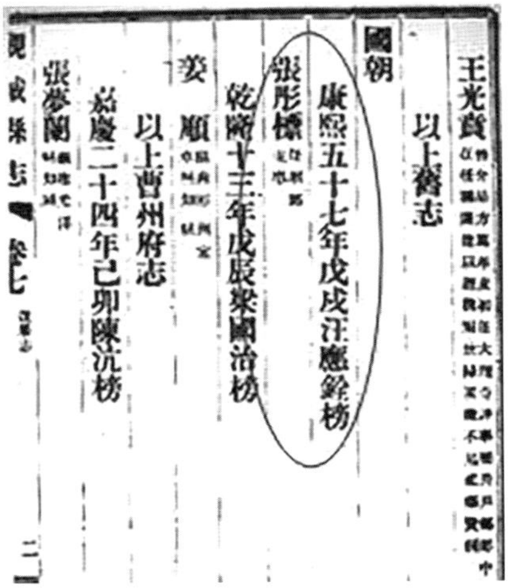
王光貴
以上舊志
國朝
康熙五十七年戊戌汪應銓榜
張彤標
乾隆十三年戊辰梁國治榜
婺順
以上曹州府志
嘉慶二十四年己卯陳沆榜
張夢蘭
觀城縣志 卷七

《观城县志》有关张彤标的记载

有一次，一位富商为谋取一项工程，私下找到张彤标，希望他能给予帮助。这位富商承诺，只要张彤标愿意帮忙，他将支付丰厚的报酬。然而，张彤标毫不犹豫地拒绝了富商的请求，严肃地说："诚信是我做人的基本原则，我不能因为利益而违背我的良心。"

张彤标的诚信品质不仅体现在他的政务活动上，也贯穿于日常生活中。他待人真诚，与朋友交往时从不隐瞒欺骗；与家人相处时，更是以身作则，教导子女要诚实守信，不能作出任何欺诈行为。

于慎行：以诚待人得墨宝

于慎行（拍于东昌府区博物馆）

于慎行（1551—1613），字吁远，更字无垢，今山东省东阿县人。明隆庆二年（1568年）中进士，官至东阁大学士，是晚明政坛饶有声誉的领袖人物。著有《谷城山馆文集》《读史漫录》等。

诚信思想：为政以德，正直坦诚

于慎行是一位才华横溢的人，不仅学识渊博，而且在诗歌创作方面颇有造诣，但他的书法并不出色。

明隆庆二年（1568年），于慎行考中进士，被授职为编修。万历初年，于慎行撰成《穆宗实录》，晋升为修撰，担任日讲官。日讲官是为皇帝讲读经史的官职，一般由经筵官中资深的翰林大臣担任，像于慎行这种年仅20多岁的史官参与日讲的极为罕见。

有一次讲课后，皇帝拿出宫藏图画，请讲官们分别题字。于慎行不擅长书法，在诗词创作完成后，为了表达他的敬意，决定请一位朋友代笔书写。他向这位朋友详细说明情况，并恳请他在书写时尽可能地展现出最佳的书法技巧，朋友欣然同意。

当诗词完成后，于慎行把它呈献给皇帝，并详细从实地说明情况：“陛下，这首诗是我创作的，但我的书法不好，我请一位朋友代我书写的。”皇帝听了很高兴，对他的诚实和率真大为赞赏，特将“责难陈善”4个字赏赐给他。这4个字不仅代表着皇帝的称赞，也意味着皇帝认为于慎行是一个真诚并勇于接受批评的人。那些爱好辞章诗赋的士大夫们得知此事后，纷纷前来祝贺。自此之后，这件事在词林诗界被传为佳话，于慎行的人品和声誉也因此远播。

从这个故事中，我们可以看到于慎行的智慧、勇气和诚实、率真。同时，也向我们传达一个重要道理：诚，乃信之本。生活中你以诚待人，才会得到以诚相报，推心置腹。

傅以渐：仁义胡同传佳话

傅以渐（1609—1665），字于磐，号星岩，聊城东昌府（今聊城市东昌府区）人，清顺治三年（1646年）中进士，为清开国状元，一代名相，知名学者、史学家。历任弘文院修撰、国史院侍讲、詹事府左庶子、秘书院侍讲学士、詹事府少詹事、国史院学士、武英殿大学士兼兵部尚书等。居官以“清勤”著称。

诚信思想：温良恭俭，仁义传家

在聊城古城东关大街傅斯年（傅以渐第八世孙）纪念馆东邻，有一条宽2米、长60余米的青石铺筑的胡同。胡同南首有一木质牌坊，正中写着“仁义胡同”4个大字。说到仁义胡同，就不得不提到清开国状元——傅以渐。

位于傅斯年纪念馆东邻的仁义胡同

据说，傅以渐在京为官时，老家的家人因修建祠堂的事情跟邻居发生矛盾，一时争执不下，竟直接闹到县衙。

县官左右为难，既不想得罪傅家，又担心

百姓私下里说官官相护，一时间做不了决定，只好拖着。傅家人见县官一直不判，便直接给京城的傅以渐写了一封信，希望他用自己的身份压一压县官，尽快解决此事。

傅以渐接到家书一看，不禁淡然一笑，挥笔写下回信，并附诗一首："千里家书只为墙，让人三尺又何妨？长城万里今犹在，不见当年秦始皇。"傅家人看到回信后，顿觉惭愧，便撤销官司，主动向邻居求和，并在修建祠堂时后退3尺。邻居知道原委后，也主动让出3尺，这样便有了那条6尺宽的"仁义胡同"。傅以渐以一封家书化干戈为玉帛的故事，一直被后人传为美谈。

傅以渐为官，尽心尽责，勤政清廉，常常强调君主要多从百姓的角度出发，体察民情，真正为百姓谋福祉。清康熙四年（1665年）四月十九日，傅以渐病逝于故乡聊城，临终留下遗言："勿请恤、请谥。"要求家人不向朝廷要求任何待遇和谥号。康熙皇帝"南巡"时4次途经聊城，专门到傅以渐故居凭吊，并题写"忠仆清慎""文行端良"8个大字，镌刻在两通衮龙冠龟驮大碑上，立于傅以渐墓前，被称为"圣旨碑"。

一般为官者都非常重视自己的身后名，即便是去世后也希望能光宗耀祖、留下威名，而傅以渐却主动放弃加封，可见他为官确实是为了朝廷、为了百姓，而不是贪图自己的虚名。

张自忠：丹心报国的抗日名将

张自忠（1891—1940），字荩臣，后改为荩忱，今山东省临清市唐园村人，著名抗日将领，革命烈士。自1917年起历任冯玉祥部营长、团长、旅长、师长等职。全国抗日战争爆发后，先后任国民革命军第五十九军军长、第三十三集团军总司令兼第五战区右翼兵团司令等职，中国国民党上将衔陆军中将，追授二级上将衔。1937—1940年，先后参与临沂向城战斗、徐州会战、武汉会战、随枣会战与枣宜会战等。1940年，在襄阳与日军战斗中，不幸牺牲。被评为“100位为新中国成立作出突出贡献的英雄模范人物”，名列第一批300名著名抗日英烈和英雄群体名录。现聊城临清市有张自忠将军纪念馆。

诚信思想：慷慨大义，赴死抗敌，忠孝双全，为国捐躯

美国著名记者史沫特莱曾在《一个有良心的将军》中写过这样一段话：这一阵见过的人中间，总有那么两三个人形象比较突出地在我眼前浮现，第一个是传奇人物张自忠，他在良知的驱使下，跃马横戈，驰骋在中国的各个战场。

张自忠将军出生于临清一个生活富裕、家风淳朴的地主家庭，自幼便显露出慷慨仗义、同情弱者的性格。小时候，他总是把胸前兜里装的花生、糖果之类的吃食与小伙伴一起分享，有时还把从家里拿来的白面馒头与家境贫寒的佃户交换，从不摆出施舍的样子，以一颗诚心温暖他人。

张自忠的字“荩臣（后改为荩忱）”即有“忠诚之臣”之意。他12岁时便随母亲和哥哥自临清到江苏赣榆县父亲任所，在父亲那里受到了爱国主义和除恶扬善的品德教育，忠、孝、仁、义在他幼小的心灵扎下了根，种下了正义、忠勇的种子，立下了救国救民、报效国家的志愿。

1911年冬天，张自忠考入天津北洋法政学堂，第一次接触到孙中山的三民主义学说和“驱除鞑虏，恢复中华，建立民国，平均地权”的资产阶级革命政纲，秘密加入同盟会，投身到轰轰烈烈的革命运动。然而，袁世凯篡夺了辛亥革命的果实，并指派亲信入鲁捕杀同盟会成员，平息了山东的革命浪潮。现实的残酷使满怀爱国热忱的张自忠意识到，仅凭坐在学堂里埋头苦读或四处奔走呼号、鼓吹革命是难以挽救民族危亡的，必须拥有强大的武力才有取胜的希望。于是，他毅然投笔从戎，到奉天（今辽宁省沈阳市）加入新民屯陆军第二十师第三十九旅第八十七团车震部下，后来成为冯玉祥手下的重要将领，深得冯玉祥器重。

张自忠雕像

九一八事变后，日军大举入侵中国，西北军被改编为二十九军宋哲元部三十八师，张自忠任师长。1933年，日军逼近长城一线，张自忠作为喜峰口第二十九军前线总指挥，亲自率领部队与万余名日军激烈作战，长达40余天，最终在喜峰口重挫日军，名声大振，大大鼓舞了军民的抗日士气。全国抗日战争爆发后，张自忠先后任国民革命军第五十九军军长、第三十三集团军总司令兼第五战区右翼兵团司令等职，始终奔赴在抗日第一线。

张自忠率领的二十九军大刀队

张自忠多谋善断，大义凛然，积极捍卫国家的尊严。1937年，兼任天津市市长的张自忠将军访问日本，听闻中国馆对面的伪满洲国展览馆悬挂着伪满洲国国旗，他愤怒万分，立即派人与日方交涉，说东北是中国的领土，我们只有一个中国，不晓得什么满洲国，要求立即撤除“满洲国”展览馆并降下国旗。在他的坚持下，最终日方答应了他的要求。

张自忠英勇善战，赴死抗敌，为国捐躯。1940年5月，日军为控制长江交通，切断通往重庆的运输线，集结了30万士兵、100余辆坦克、七八架飞机，发动枣宜会战，动摇了中国军民的抗日信心。当时，张自忠将军担任国民革命军第三十三集团军总司令，抱着与敌人血战到底的决心，亲笔昭告各部队、各将领：“国家到了如此地步，除我等为其死，毫无其他办法。更相信，只要我等能本此决心，我们国家及我五千年历史之民族，决不致亡于区区三岛倭奴之手。为国家民族死之决心，海不清，石不烂，决不半点改变。”他不顾部下的再三劝阻，亲自率领2 000余名士兵东渡襄河后一路奋勇进攻，即使面对日军优势兵力的夹攻包围，亦毫不畏缩，迅速调整战略部署，指挥部队对兵力超过他们一倍半的敌军发动了10余次冲杀，重创日军。15日，日军又集结万余兵力，分南北两路对张自忠部实行夹击，激战持续至次日拂晓，张自忠部被迫退入南瓜店十里长山。日军在飞机大炮的掩护下，一昼夜对中国军队阵地发动了9次冲锋，致使张自忠部伤亡惨重，战况空前惨烈。16日，自早晨至中午，张自忠将军一直疾呼督战，即使左臂中弹，仍坚持指挥作战。至14时，其麾下仅剩数百名官兵，而他却毫不畏缩，浴血奋战，并将自己的卫队悉数调往前方增援，身边仅余高级参谋张敬和副官马孝堂等8人。在战争的最后时刻，他执笔向战区司令部写下近百字的报告，将其交给马孝堂时说："我力战而死，自问对国家对民族可告无愧，你们应当努力杀敌，不能辜负我的志向。"16时，张自忠部队全军覆没，一代抗日名将壮烈牺牲。

之后，张自忠将军麾下有位叫朱增源的副官讲："只要是一打仗出去，将军就留下几封信，作战结束后就撕掉或烧掉了。"正所谓每战必留遗书，以必死之心激励将士，以此取胜。悲壮之烈，惊天地，泣鬼神。此次出征前，张自忠将军给母亲磕头作别，母亲不解，他说，儿是中国军人，必当以死报国！

张自忠殉国当日（1940年5月16日），由三十八师师长黄维刚带领敢死队，端着轻机枪于16日夜间突袭南瓜店，奋勇抢回了张自忠将军的遗骸。日军则下令停止飞机轰炸，以免伤到张自忠遗体。

张自忠的遗体运回后方后，经检视，身有8处伤口，其中炮弹伤2处、刺刀伤1处、枪弹伤5处。随后，将军遗体被运往当时的战时首都重庆安葬，路经宜昌时，10万军民恭送灵柩至江岸，其间日机3次飞临宜昌上空，但祭奠的群众却无一人躲避，无一人逃散。

1940年5月28日晨，灵柩运至重庆朝天门码头，蒋介石、冯玉祥等军政要员臂缀黑纱，肃立码头迎灵，并登轮绕棺致哀。蒋介石在船上抚棺大恸，令在场者无不动容。蒋介石亲自扶灵执绋，再拾级而上，护送灵柩穿越重庆全城。国民政府发布国葬令，颁发“荣字第一号”荣哀状。将张自忠牌位入祀忠烈祠，并列首位。28日下午，蒋介石与军政要员和各界群众在储奇门为张自忠举行了盛大隆重的祭奠仪式。

张自忠殉国时，年仅49岁，他的夫人李敏慧女士闻耗悲痛绝食7日而死，夫妻二人合葬于重庆梅花山麓。

周恩来总理写下文章称赞张自忠：“其忠义之志，壮烈之气，直可以为中国抗战军人之魂。”

丹心汗青，永垂后世。张自忠将军为国家顽强作战、宁死不屈的精神和坚毅不拔、舍生取义的行为，彰显了中华民族巍然不可侵犯的高贵精神。

杨耕心：丹心向党志不移

杨耕心像

杨耕心（1900—1943），字一斋，今山东省阳谷县九都杨村人。中共九都杨支部（鲁西第一个党支部）支部书记，山东省聊城市首个中共支部创始人。历任中共安乐镇中心支部书记、中共阳谷县委书记。

诚信思想：重诺守信，播撒火种，不忘初心，至死不渝

有首歌谣唱道：“滔滔黄河水，风卷万里沙；鲁西一片白，千里盐碱洼。”这既是20世纪20年代鲁西地区的时代缩影，也是阳谷县城北20千米的九都杨村的真实写照。清廉正直的杨耕心就出生在这个地势低洼、盐碱遍野的贫穷村庄。

杨耕心自幼随父亲杨兰亭读书，勤敏好学。1921年7月，杨耕心考入位于山东聊城的山东省立第二中学。在校期间，他节衣缩食购买了大量进步书刊，废寝忘食地阅读，从而开阔了视野，打下了坚实的革命思想基础。

1926年秋，中国共产党领导的革命斗争蓬勃发展起来，阳谷县首位共产党员、黄埔军校四期学生王寅生和关向应到山东济南发展党组织，介绍正在山东大学附属中学读书的阳谷籍进步青年杨耕心加入了党组织。同年底，放寒假在家的杨耕心介绍本家长工杨保善、杨保庆加入中国共产党，组建成立中国共产党鲁西第一个基层组织——中共九都杨支部，杨耕心任党支部书记，杨保善任委员。

杨耕心不仅在校园里积极参加革命活动，还将革命的火种带回老家阳谷，积极宣传革命，领导农民反对贪官污吏及苛捐杂税，同地方封建势力进行斗争。他经常深入农舍、牛棚、长工屋，与农民谈心，宣传党的主张和革命道理，号召他们团结起来，夺取土地，翻身做主人。他组织贫雇农在九都杨、宋堤口建立农民协会，成立阳谷县第一所农民夜校，揭露地主豪绅的罪行，抨击黑暗的旧制度，因势利导指导农民运动。

当时，山东阳谷县坡里天主教堂仰仗帝国主义的势力，勾结官府，欺压百姓、搜刮民财，百姓对此极为痛恨。国民革命失败后，按照中共山东省委的指示，中共东昌县委决定在阳谷坡里教堂举行农民暴动，开展武装斗争，杨耕心负责具体的组织和领导工作。1927年10月，杨耕心说服活动在阳谷、聊城交界处的绿林武装首领韩建德和曹万年率部参加暴动，并组织农民协会会员百余人，构成坡里暴动的基本骨干力量。1928年1月14日，暴动队伍占领坡里天主教堂，并开仓放粮，张贴布告，宣传共产党的主张，得到附近穷苦农民的响应，队伍扩大至四五百人，产生了巨大的政治影响。由于军阀和反动官府的联合镇压，暴动队伍在坚守25天后失败，但这一事件也成为山东工农运动的肇始。

1929—1933年，中共山东省委连续遭到敌人严重破坏，阳谷地方党组织也与上级党组织失去联系，杨耕心、申云浦等阳谷县共产党员面对军阀和反动官府的联合镇压，没有气馁，凭借坚定的信念和对党的忠诚，一边继续寻找上级党组织，一边积极主动进行党的活动，以实际行动践行了对党的忠诚和责任担当。

九一八事变后，东北沦陷，全国抗日战争形势日益严峻。潜往东北不甘心当亡国奴的共产党员杨耕心，想方设法回到阳谷，在阿城镇县立第三高级小学任国语教员。在此期间，他订购了大量进步刊物，自编教材，用马列主义教育青年一代，动员了聊城、阳谷两县近百名进步青年和小学教师参加革命活动。

1934年春，杨耕心发动了全校性的反对国民党反动分子的罢课斗争，赶走反动校长宛广德，使阿城镇县立第三高级小学成为培养未来革命接班人的“小摇篮”。当时军阀韩复榘的报纸曾载：“阳谷阿城县立三高的学生，胎毛未退的娃娃，也敢起来造反……”5月，杨耕心倡导成立党的外围组织——中坚社，团结抗日先进知识分子，以演戏、讲演、写文章等形式大力宣传抗日爱国，并发动募捐、支援前线。中坚社发展的社员姚修文、赵凤升、武子升等人，分布在安乐镇、阿城镇、七级镇、王家营、城关镇等地，并创办了社刊《中坚》，开设晨光书店，组织群众演出文明戏，在演剧中宣传党的主张。

1935年春，杨耕心到安乐镇小学任教，领导组建了中共安乐镇

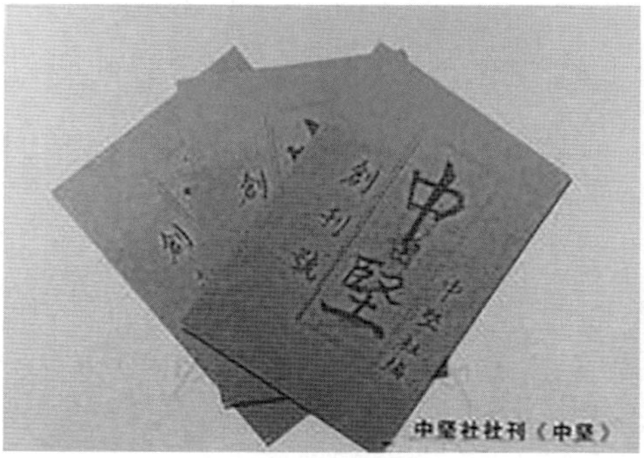

中坚社社刊《中坚》

晨光书店旧址

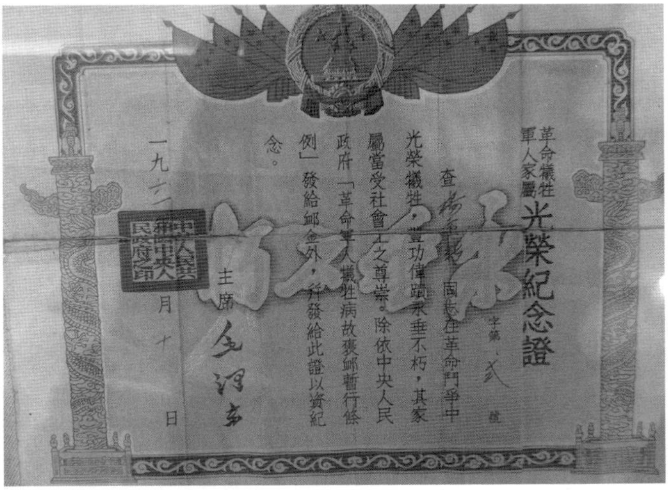

中华人民共和国中央人民政府颁发的光荣纪念证

临时中心支部，并任支部书记，领导聊城、阳谷、东阿、寿张等地党组织，开展党的工作。同年秋，安乐镇中心支部扩大为中共阳谷县委，杨耕心任县委书记。之后，又成立了中共寿张省立八乡师支部，在鲁西一带发展党员，坚持斗争，开展革命活动。1942 年，杨耕心在党的工作中先后两次遭敌禁闭，1943 年秋，在中日鄂西会战中，于鄂西松滋县暖气街被日军所俘，惨遭杀害。

杨耕心对党、对革命事业忠心耿耿，视死如归，用热血和赤诚诠释了共产党人的如炬信仰、如磐初心。这种信仰和初心激励我们要继承先烈遗志，传承红色基因，不忘初心、牢记使命，在习近平新时代中国特色社会主义思想的指引下，扎实工作，努力奋斗。

王寅生：阳谷县党组织的创始人和奠基者

王寅生（1905—1928），字宾卿、东初，今山东省阳谷县安乐镇南街人，阳谷籍第一位共产党员，也是鲁西最早的共产党员。

诚信思想：忠诚于党，生死为党，界限分明，刚正不阿

王寅生自幼刚正不阿，为人正派，作风艰苦朴素。1923年春，王寅生考入聊城省立第二中学。他品行皆优，被阳谷籍的同学推选为同乡会会长。受“五四”新文化思潮的影响，他不满黑暗现实，经常联络一些进步青年，阅读进步书刊，钻研马列主义，播撒革命火种，参加抵制日货等反帝爱国运动，成为鲁西较早接受和传播“五四”新思想、新文化的爱国青年，为鲁西革命斗争引燃了火种。

中国国民党第一次全国代表大会后，国共两党的合作正式形成，革命统一战线正式建立，中国共产党在全国的影响日益扩大。1925年，王寅生等青年痛恨北洋军阀混战和对百姓的残酷盘剥，响应国民革命的号召，毅然南下广东，考入以孙中山的“创造革命军队，挽救中国危亡”为宗旨的黄埔军校第四期政治科学习。同年冬，光荣加入中国共产党。

1926年7月，广东国民革命政府成立，决定出师北伐，王寅生奉命回山东发展党组织。在济南，他联络到中共山东区执行委员会后，就积极发展共产党员，开展军事策反工作。其间，他多次到聊城省立第二中学和阳谷县安乐镇、郭店屯一带宣传革命思想，组织农民协会，发展共产党员，杨耕心和朱华亭都是经他介绍入党的。

1927年初，王寅生返回黄埔军校向党组织汇报工作，正值蒋介石发动“四一二”反革命政变之后，他随即被调到武汉革命政府。同年，汪精卫在武汉叛变革命，王寅生根据党中央的安排秘密返回山东，协同中共山东区执行委员会委员邓恩铭重建山东新的省委和组织地区党委工作。8月，王寅生、杨耕心来到茌平县袁楼村，指导建立茌平县历史上第一个党支部——袁楼党支部，在鲁西县委领导下，发展党员队伍，组织农民协会，支援阳谷坡里暴动，大力推动了鲁西革命运动的发展。

10月，中共山东省委派共青团山东省委秘书长张干民到聊城组建中共东昌（又称鲁西）县委员会，张干民任书记，王寅生任宣传委员，为党在鲁西开展武装斗争起到了领导和中坚作用。此后，王寅生一面在济南开展工作，一面不断来往于聊城、淄川、博山和鲁南各地，组建党的组织，发展武装力量。根据省委指示，王寅生不顾个人安危，多次出入共产党和国民党争夺青年学生的前沿阵地，即省立第二中学和山东省立第三师范

中共袁楼支部旧址

学校，指导党的组织建设，发展共产党员。王寅生和申兰生等一起到阳谷、茌平、博平、高唐、禹城一带的农村，组织农民协会，开展对红枪会首领的争取工作。王寅生以省委委员和军事特派员的身份，多次到淄博、菏泽等地视察，指导党的组织工作和农民武装建设。12月，中共山东省委指示王寅生等人，以聊城、博平、阳谷、堂邑、茌平5县为中心点，在鲁西一带组织农民暴动。王寅生和东昌县委的其他成员进行认真的分析研究，计划在阳谷坡里教堂发动暴动，然后会同博平等地农民暴动的队伍攻打聊城。王寅生、杨耕心等县委成员组织了一二百人，筹集到几十支枪，并积极争取到阳谷一带绿林武装首领韩建德等参加暴动。

1928年1月14日，暴动队伍攻占了坡里教堂，缴获了教堂的枪支，俘获了德国传教士。王寅生和张干民立即从聊城赶到坡里，进驻教堂后，召开会议，决定开仓放粮、发布文告、收缴地方枪支等，并决定成立东临地区工农革命委员会，调博平县袁楼党支部的郭庆江、林梦白、袁敦臣等速至教堂，加强党的力量，切实掌握暴动队伍及其发展方向。随后，王寅生到博平组织农民武装起义，以策应坡里暴动。坡里暴动坚持了25天，最后以失败告终。之

中共东昌（鲁西）县委旧址

后，王寅生到济南向省委汇报了起义情况，被省委留在济南负责军事工作。4月下旬，王寅生外出执行任务，在经过鲁丰纱厂道口附近时，遇到军阀张宗昌军队的搜查，不幸被捕，被敌人以“赤匪乱党”的罪名判处死罪。在押赴刑场途中，王寅生愤怒揭露反动军阀的罪行，高呼“共产党万岁！”这一举动惹怒了刽子手，中途惨遭杀害，年仅23岁。

王寅生的一生，是忠诚于党、奉献于革命的一生，以自己的实际行动诠释了什么是真正的忠诚和信仰。习近平总书记曾说，一个有希望的民族不能没有英雄，一个有前途的国家不能没有先锋。如今我们生活的这个和平的年代，是靠无数像王寅生一样的英雄们舍生忘死换来的，我们应时刻牢记初心使命，发扬先辈们爱国主义精神和英勇无畏气概，增进爱国、爱党、爱社会的情感，沿着先辈的足迹，奋勇前行。

赵健民：金戈铁马“赵三营”

赵健民像

赵健民（1912—2012），曾用名吴培强，今山东省冠县梁堂镇赵梁堂村人。中国共产党党员，曾任中共济南市委书记，山东省工委代理书记，中共鲁西特委书记。历任八路军一二九师筑先抗日游击纵队三团团长、三营营长，冀鲁豫军区第三军分区司令员，冀南、冀鲁豫军区第七军分区司令员，中共冀鲁豫区委副书记兼军区副政委、司令员，第二野战军第十七军军长兼政委。新中国成立后，先后担任西南军政委员会交通部部长，铁道部副部长，山东省委书记，山东省省长，中共山东省委常委、书记处书记兼省监察委员会书记，中共云南省委书记，第三机械工业部党组副书记、常务副部长、顾问组组长，航天工业部顾问。中共第八届中央候补委员、中央顾问委员会委员。

诚信思想：痴心向党，舍命守密，戎马倥偬，生死初心

赵健民是一位德高望重的革命老前辈，一生为中国革命、建设和改革事业而奋斗。在他长达70年的革命征程中，他的足迹遍布祖国大地，发展壮大党组织、指挥战斗、指导建设，展现了对党的无限忠诚、对革命事业的不懈追求以及对人民群众深切关爱的崇高风范，为党和人民事业作出重要贡献。

在当时国民党白色恐怖下，青年时代的赵健民就追求真理、向往革命，在济南省立第一乡村师范学校求学时，由姚仲明（曾任国家文化部副部长）介绍加入中国共产党。

东奔西走，秘密寻找上级党组织

1933年2月，因叛徒出卖，中共山东省委遭到第九次破坏，与上级党组织失去联系。危急关头，赵健民积极发展党员，建立山东临时工委，4年间秘密从事山东党的工作，一方面积极恢复发展党组织，一方面千方百计寻找上级党组织，为恢复和发展山东党组织作出重要贡献。

1935年2月6日，赵健民在原堂邑县徐运北家主持建立了中共鲁西特委，统一领导聊城、冠县、堂邑、阳谷等地党组织的工作，并继续秘密寻找上级党组织，他一直在鲁东一带奔走，均无果而归。

1935年秋，赵健民听闻濮县有党的组织，便骑自行车沿黄河大堤，行了500余里，赶赴濮县徐庄寻找上级党组织。到达濮县后，见到了以小学教员身份作掩护的中共濮县县委书记王士希，由其引荐见到中共直南特委巡视员刘晏春，请其代为汇报山东党组织情况。同年冬，时任中共山东省临时工作委员会组织部部长的赵健民，终于在濮县古云集徐庄村（今山东省莘县古云镇徐庄村）见到中共河北省委代表兼直南特委书记、直鲁豫特委书记黎玉，把建立中共山东省临时工作委员会（省工委）的书面申请报告呈交北方局。

1936年4月，北方局根据赵健民请求恢复山东党的关系的报告，任命黎玉为中共山东省委书记，到济南恢复和建立党组织。同年5

月，在济南四里山成立中共山东省委，赵健民任组织部部长兼济南市委书记。

1936年9月27日，因叛徒告密，赵健民在济南铜元局街被捕。被捕时，赵健民为保守党的秘密，趁特务不注意，迅速将装在衣兜里的瓦窑堡会议通过的《中央关于目前政治形势与党的任务决议》吞到了肚子里。入狱后，虽遭到严刑审问，但他坚贞不屈，即使面对国民党省政府主席韩复榘的亲自审问，也没有泄露党的任何秘密。之后，赵健民被关进了山东省高等法院看守所，并在那里秘密成立了狱中党支部，赵健民任书记。他组织狱中党员开展艰苦卓绝的斗争，直至次年10月出狱。

金戈铁马，迅速壮大抗日武装

赵健民出狱后，被派往鲁西北地区发动群众，组织抗日武装。他在冠县县城南关沙家店组建抗日武装后的第二天，又和郭英、徐梦侠在东三里庄领导组建了“鲁西北抗日游击队”，赵健民任山东冠县抗日游击队政治委员、中共鲁西特委书记。他英勇善战，令敌人闻风丧胆，使鲁西北地区抗日武装迅速发展成为拥有100多支枪、十几匹战马的队伍，在鲁西北开展了轰轰烈烈的抗日救国运动。

1938年11月，聊城失陷，日军相继占领了临清、堂邑、莘县、馆陶等县，鲁西北地区抗日战争陷于艰难阶段。

1939年1月，八路军范筑先纵队第三团在冠县万善村整编为筑先纵队第三营，赵健民任营长，人称“赵三营”，是鲁西北抗日战争一支主要力量。5月，聊城、莘县、堂邑、馆陶4县日伪军2 000余人“扫荡”抗日根据地，妄图消灭抗日力量。“赵三营”在抗日游击大队

万善村筑先抗日游击队成立处旧址

配合下奋起迎击，歼敌200余人。之后，又兵分4路，不断袭扰进驻县城的敌人，从12时一直打到16时，最终迫使敌人弃城向东南逃去，“赵三营”尾追痛击，使敌人一路逃往临清，一路逃往莘县，第一次成功粉碎了敌人的“大扫荡”，增长了冠县一带抗日军民的士气。9月，“赵三营”为打击冠县第六区、第八区的顽固势力，发起连续作战，先后攻克顽匪盘踞的十几个村庄，摧毁了伪顽政府和武装，巩固了抗日政权。10月，赵健民又率领“赵三营”在冠县城东30里的陈贯庄伏击日军广獭旅团及日伪军4 000余人，击毙击伤200多人，取得了陈贯庄大捷，也被誉为鲁西“平型关大捷”。

1940年6月，赵健民任八路军第一二九师新八旅营长。次年，根据八路军总部命令，开始发起对敌大反攻。赵健民率八路军第一二九师新八旅二十二团一连及回民支队一部攻克西提固、赵固据点，歼敌300余名，击毙伪中队长，将冠南、冠北根据地连在一起。10月，他又率军分区独立团和民兵营攻克吴海子，一举铲除大汉奸、大土匪吴连杰的老巢，歼灭其总指挥吴连祥以下官兵百余人。1942年起，赵健民任冀鲁豫军区第三军分区司令员，他率领军分区部队先后组织了孔村百姓突围、汤村战斗，解放了莘县、临清。

赵健民战功赫赫，1946—1949年先后率部参加陇海、睢（suī）杞、淮海、渡江、西南等战役。1946年6月底，赵健民率领冀鲁豫军区五、六分区武装与六纵王近山一起，编为刘、邓指挥的陇海战役右路军，协同主力部队，钳制和消耗敌人，活捉敌人师长赵锡田，出色执行作战任务，得到邓小平的赞扬“冀鲁豫是个好战场”。1948年11月，赵健民率领冀鲁豫军区部队近2万人参加淮海战役，密切配合主力作战，勇猛进击，令敌人闻风丧胆，立下卓著战功，得到了淮海战役总前委颁发的嘉奖令。1949年4月，第二野战军第十七军政委赵健民率领第十七军，在长江一线发起攻击，在安庆高河埠段突破长江天险，彻底粉碎了蒋介石妄想长期固守江南的美梦。

新中国成立后，赵健民在中央和地方多次担任重要职务，充分展现了一位共产党员的坚贞气节和对党、对人民的赤胆忠诚。1950年2月，赵健民被任命为西南军政委员会交通部部长兼西南铁路工程局局长，领导修建了新中国第一条铁路——成渝铁路。自1955年起，他先后担任中共山东省委第三书记、省长，中共山东省委常委、书记处书记兼省监察委员会书记，中共云南省委书记处书记，第三机械工业部党组副书记、副部长等职务，为山东的振兴、云南的发展以及航空事业的推进等多个领域倾注了大量心血，作出卓越贡献。

无论在何种岗位，赵健民都坚持真理、敢于直言、实事求是。直至花甲之年，仍忘我工作、心系家乡，不遗余力地发挥余热。为了党和人民的事业，他两次主动请辞，甘愿退居二线，《人民日报》头版以《一位共产党员的经历和胸怀》为题，高度赞扬他对党和人民的忠诚，歌颂他为共产主义事业英勇奋斗中所展现的坦荡胸怀和光明磊落的高贵品质。此外，赵健民还与中央顾问委员会的26位老前辈联名致信党中央，提出丧事简办的建议，受到全党同志的广泛支持。在赵健民等老一辈革命家的关怀下，“振兴冠县联谊会”在冠县成功举办，会上共提出投资物资、技术设备意向100余项，信息、建议100余条，为冠县的发展注入新的活力。

“求真理、抗日寇、鏖兵淮海、挺进西南，千百役征战功勋卓著”“修成渝、振齐鲁、负重云南、助推航空，数十载奋斗风范长存”，这是赵健民一生真实的写照。他一心为党、不计得失的精神熠熠生辉，永远值得后人学习、传承、弘扬。

金方昌：严刑利诱奈我何 颔首流泪非丈夫

金方昌雕像

金方昌（1921—1940），今山东省聊城市人，回族，中国共产党党员。历任山西代县牺牲救国同盟会秘书，代县赵家湾区委书记、城关区委书记，代县县委委员、宣传部部长。1940年12月3日，英勇就义，年仅19岁。被列入民政部公布的"第一批300名著名抗日英烈名录"。

诚信思想：以民为本，艰苦奋斗，坚守信仰，视死如归

金方昌出生于聊城步云阁街上的一个普通回族家庭，他的父亲在经商中饱受没有文化的难处，节衣缩食为孩子们提供上学的机会，这也为金方昌的成长提供了良好的家庭教育环境。当时正值内忧外患、民族危亡之际，金方昌在课余经常到父亲开的摄西书局做帮工，喜欢读书的他早早接触到许多进步书籍，受到革命教育的启蒙。

"五卅"惨案后，全国掀起了一场反日爱国运动。当时刚上小学的金方昌，看到日军的血腥罪行后，萌生了投身革命的想法。随后几年，他经常参加抗日爱国运动，和同学们一起上街游行、登台演讲宣传等，在爱国主义思想的熏陶中，他的思想觉悟得以提高，投身革命的信念更加坚定。

卢沟桥事变后，金方昌随着为地下共产党员的兄长金默生到济南一中上学，在哥哥的影响下，金方昌积极参加散发传单、送信、放哨等抗日救国活动，还与几十名青年一道去济南南部山区农村进行抗日宣传。每到一个村子，金方昌就先用短笛吹奏，等农民聚拢后，他就慷慨激昂地发表演说，控诉日军烧杀抢掠的野蛮罪行，宣传抗日主张。同志们都称赞他，虽然年纪小，但干劲大、进步快。在济南上学的短短时间里，金方昌读了许多革命书籍、报刊，懂得了不少革命道理，并在抗日救亡运动的锻炼中迅速成长起来。不久，年仅16岁的金方昌随兄长金默生到山西参加抗日，在临汾考入抗日民族革命大学二分校。

1938年2月，金方昌由山西抗日民族革命大学二分校党支部成员韩国忠、姚有智介绍加入了中国共产党，成为一名光荣的共产主义战士。8月，金方昌被派往山西代县工作。他到代县后，先后任代县牺牲救国同盟会秘书、赵家湾区和城关区委书记、县委委员、宣传部部长等职，在日伪军四处烧杀抢掠、环境恶劣的形势下，迅速打开抗战局面。他领导群众开展减租减息斗争，不但建立了抗日武装政权、武装模范队，而且还在村里成立了农民抗日救国会、青年抗日救国联合会、妇女抗日救国会等抗日团体，对敌斗争颇有成就。为更好地在这一带开展工作，金方昌经常头缠白毛巾，扮成普通百姓，白天帮老乡放羊、打柴、种地、挑水，晚上走村串户宣传党的抗日救国方针政策，得到了群众的信任和赞扬，大家都亲切地称他“我们的小金同志”。

1939年春，金方昌主动要求到日军控制严密、活动猖獗的代县城关一区工作，带领一区人民同日伪军进行了艰苦卓绝的斗争。他经常带领民兵到附近割电线、埋地雷、骚扰敌人据点，使敌人的活动处于被动局面。有时，他还化装进城，刺探情报，埋伏在伪军回据点的路上，警告伪军不要胡作非为，令伪军听到金方昌的名字就胆战心惊。他还和妇救会会长李秀清一起利用老百姓喜闻乐见的文艺演出形式，组织多种多样的抗日宣传活动，极大地鼓舞了敌后人民的士气，群众性的抗日运动蓬勃开展起来。百团大战期间，八路军主力部队转移到外线作战，代县给部队送公粮时要通过几百里长的山路，金方昌负责的一区环境复杂，条件最差，但每次他都亲率自卫队和民夫，昼夜兼程，步行75千米，圆满完成送粮任务。金方昌对开辟和坚持代县的抗日斗争作出了重大贡献，在代县到处都流传着他机智顽强、英勇杀敌的故事，群众都夸他“我们的小金好本事，好样的”。

金方昌在写给哥哥金默生的信中谈道：“在代县开辟工作得出的最大经验就是，改善人民生活是发动基层群众抗日积极性的有力武器。边区的每一个角落里都热烈地开展着民主运动，我们都亲自尝到新民主主义政治的味道，谁说老百姓不懂得民主？谁说老百姓不能管国家大事？叫他来晋察冀看一看，这里的区代表、县议员不是老百姓选的吗？”这时的金方昌已经成长为一名坚定的共产主义战士。

1940年秋，金方昌率领4个游击小组，粉碎了敌人3次抢粮计划。11月22日，金方昌接到代县县城的敌人要出城抢粮的情报，他马上和区自卫队长周志远一起，亲自到赤土沟村运送公粮，一直忙到大半夜，才把大部分公粮运出村庄。汉奸头子郎豹武得知这一消息，带领200余名日伪军偷袭过来，与金方昌在村口碰了个照面。金方昌眼疾手快，伸枪打倒冲在前面的几个敌人，与敌人展开激烈搏斗，直至子弹打光，被敌人包围，不幸被捕，关押在代县日军宪兵司令部。在狱中，面对日军利诱、酷刑，金方昌遍体鳞伤，被敌人打坏了一只眼睛，打断一条胳膊，仍宁死不屈，坚持斗争。他忍着疼痛，用手指蘸着自己的鲜血在墙上写下了“严刑利诱奈我何，颔首流泪非丈夫”14个大字，鼓励战友迎接最后的胜利，后英勇就义，年仅19岁的金方昌为中华民族的解放事业献出了宝贵生命。

金方昌在狱中写下的14个大字

1941年2月，中共晋察冀边区委员会授予金方昌烈士“模范共产党员”的光荣称号，并号召全边区共产党员、人民群众向他学习。同时，晋察冀边区政府颁布命令，授予金方昌烈士“民族英雄”的光荣称号，并将他生前曾战斗过的大西庄村改名为“方昌村”。中共代县县委在方昌村召开隆重的追悼大会，沉痛追悼为国牺牲的金方昌烈士。1955年，金方昌烈士的遗骨被安葬在邯郸市晋冀鲁豫烈士陵园，聂荣臻元帅、刘澜涛副委员长等党和国家领导人分别为他题词。

习近平总书记强调，新中国是无数革命先烈用鲜血和生命铸就的。要深刻认识红色政权来之不易，新中国来之不易，中国特色社会主义来之不易。我们如今的幸福生活是无数革命烈士抛头颅、洒鲜血换来的，我们要牢记金方昌等烈士们的遗志，激扬英雄精神，砥砺家国情怀，让英雄的精神在中华大地上世代传承，发扬光大。

孙秀珍：黄河岸边“刘胡兰式”的女英雄

孙秀珍（1929—1947），今山东省聊城市东阿县林马村人。15岁加入中国共产党，努力为党工作。村妇救会骨干，东阿县第六区妇联干部。

诚信思想：无私奉献，初心如磐，视死如归，大义凛然

黄河一侧，鱼山脚下，一位18岁姑娘的烈士纪念碑默默地矗立着，伴随着不远处黄河的涛声，静静地诉说着那段战火纷飞岁月里的英雄赞歌，为我们讲述着黄河岸边“刘胡兰式”的女英雄——孙秀珍的故事。

孙秀珍，出生在东阿县林马村一个贫苦农民家庭。她9岁那年，父母相继去世，被相邻鱼山村农民房燕多收养，成为童养媳。与丈夫结婚后，她一边照顾双目失明的婆婆，一边帮助公公照管黄河上的摆渡生意。摆渡生活虽然艰难，但却磨练出了她坚强的意志。

当时，乘船过往的行人总是怀着激动和神秘的心情谈论着共产党、八路军。渐渐地，孙秀珍了解到共产党是为穷人做主的，是打日本鬼子的，心中便产生了亲切感。1943年，中国共产党领导的抗日武装来到东阿县鱼山村，实行减租减息，发动群众参加抗日。年仅14

岁的孙秀珍说服公爹，爷俩带头加入共产党组织的农会，成为农民中的抗日积极分子。第二年，她又光荣地加入中国共产党，积极学习文化知识，宣传红军长征的故事。1946年，为响应党和政府冲破封建枷锁的号召，孙秀珍成为鱼山村第一个剪发、放脚的女性，并动员全村妇女剪发、放脚。同时，她还动员年轻女性解放自我，加入革命队伍。

1946年秋，孙秀珍参加了中共东阿县委举办的干部培训班。在培训班里，她认真地学习有关阶级和阶级压迫、阶级剥削的理论以及中共关于土地改革的文件，明白了不少革命道理，意识到作为一名共产党员更应该尽心尽力为老百姓办事。之后，孙秀珍任东阿县第六区妇联干部，在“反蒋治黄”斗争中，她积极组织广大妇女参加和支援修堤，成立模范班搞好农业生产，组织慰问队上堤慰问，并带领妇女参加修堤。为尽快修复残破的堤坝，她带头响应区党委号召，走村串户，动员群众献砖献石，并组织妇女运输队，不怕敌人的机枪扫射，冒着生命危险把石料运到整险工地，使全乡提前完成复堤整险任务。贫苦农民出身的孙秀珍始终和人民群众保持着最密切的联系，六区群众都喜欢这位没架子、待人和蔼的“八路军小干部”。自幼失去双亲的孙秀珍，深深感受到人民群众发自内心的拥护和爱戴，同时也深刻认识到作为一名共产党员的重大责任。

1947年夏，刘邓大军准备渡河南下，中共地方党组织和政府号召解放区人民开展支援前线的活动。在区委和区政府的领导下，孙秀珍积极发动全区几十个村的妇女为解放军赶做“反攻鞋”。每天吃完晚饭，她带病去妇救会检查工作，回到家已是深夜，天亮时硬是赶做出两双用红线绣着“反攻”“胜利”字样的鞋子。当时上级规定每个妇女做一两双，可孙秀珍在繁忙工作中，硬是抽空做了6双。在她的带动下，全区妇女都超额完成了任务。

正当刘邓大军南下，揭开解放战争反攻大幕之时，国民党武装和地方伪军开始进犯黄河南岸，与黄河北岸的解放区隔河相望。1947年10月8日凌晨，一股敌军趁着夜色渡过黄河，包围鱼山。密集的枪声惊醒了睡梦中的孙秀珍，她不顾家人的阻拦，坚持要去区委报告紧急情况。敌军将村民全部赶上鱼山山顶，逼迫群众说出村里的干部和共产党员。面对三挺机枪、几十把刺刀，七八十名男女老少以无言的沉默表示对敌人的藐视。敌人恼羞成怒，用枪托、棍棒殴打乡亲。“住手，不许打人”，孙秀珍不堪忍受乡亲们遭受毒打，挺身而出，怒视着敌人，说：“我就是你们要找的共产党、村干部，朝老百姓耍什么威风。”就这样，孙秀珍不幸被捕。

在狱中，面对敌人的多次酷刑拷打，孙秀珍都坚贞不屈，始终保持着共产党员的革命气节。在被游街示众之时，她还大义凛然地向群众高呼革命的大好形势，刘邓大军已经过河南下，号召乡亲们赶快行动起来，迎接全国大解放。敌人气急败坏，用毛巾堵住她的嘴，把她押回监狱中。一个月后，残暴的敌人将孙秀珍活埋在东阿城南西侧的杨树林里，当时她高呼“打倒国民党反动派”“中国共产党万岁”的口号，纵身跳入坑内，英勇就义。18岁的孙秀珍，用生命诠释了何为使命、信念、责任、奉献与牺牲。

黄河涛声伴哀鸣，鱼山肃穆祭英灵。1947年11月3日，中共东阿县第六区政府在大姜村召开万人追悼会，表彰孙秀珍烈士的英雄事迹。会后，区委领导在她的墓前立上题写着“孙秀珍烈士之墓”带有红五星的墓碑。

孙秀珍烈士墓碑

巍巍鱼山屹立，滔滔黄河不息。历史定格，英雄长眠。“有的人活着，他已经死了；有的人死了，他还活着。”孙秀珍烈士，用行动彰显了作为一名共产党员的担当，用生命捍卫了共产党员的尊严与使命。如今，孙秀珍烈士已过世70余年，在历史的滚滚长河中，如孙秀珍般无私高洁的英雄事迹却数不胜数。岁月会老去，但历史会被铭记；英雄会离去，但英雄的事迹还在流传。

孝亲篇

按语

中华优秀传统文化中，“孝”与“廉”是两种紧密相关的道德观念，两者源远流长，相互联系、相互促进、相得益彰，被古人推崇备至。从夏商至周时期（先秦）实行的世袭制，继承者的首要条件就是展现孝道；西周开始以孝考察官吏的品行，以廉考察官吏的政绩；春秋战国时，官员们被要求以孝养廉，各诸侯国将“不慈孝父母，不长弟于乡里，焦躁淫暴，不用上令者”纳入廉政巡察的范畴；到了两汉，特别是在汉武帝时期，孝廉文化发展到一个新的阶段，形成了完整体系。“自古忠臣多孝子，君选贤臣举孝廉”，“举孝廉”成为汉代一种由下向上选拔人才官吏的制度，如汉相曹参之后曹操、有四世三公显赫家族的袁术等都是孝廉出身，之后孝廉制度一直为后世所承袭沿用，到了清代改称“孝廉方正”，仍然是进官入仕的重要渠道。

习近平总书记曾指出，“在家尽孝、为国尽忠是中华民族的优良传统。”在中华民族古老厚重的优秀传统文化中，孝亲文化经过历史的演绎发展，已经从最初的孝亲意识推及至善行“大道”，成为一种孝廉文化。党员干部自觉弘扬和践行孝廉文化，既是个人修身齐家的基本要求，也是治国平天下的必备条件。本篇通过深入挖掘聊城地域孝文化中的廉文化资源，以孝促廉，以廉践孝，让党员干部沐浴清廉之风，弘扬孝廉文化。让我们跨越时空隧道，跟随本篇感受古人的高尚品德带给我们的力量和温暖，沐浴聊城地域孝廉文化的独特魅力。

本篇收集了多个孝亲小故事，仲由为让贫穷的父母吃上大米，克服重重困难去借米，最终实现了父母的心愿；曹自守为治疗有眼疾的母亲四处访医求方，彰显了他对母亲的孝心和关爱；张令璜辞职归乡后，热心帮助百姓解决困难，行善乡里，等等。所谓“百善孝为先，执政廉为首”，修身养德，廉洁从政，继承和发扬中华优秀传统文化中的“孝”与“廉”精神，传递正能量，为社会和谐稳定作出贡献。

仲　由：负米奉亲

仲由（前542—前480），字子路，一称季路，春秋时期鲁国下里人，孔子弟子，“孔门七十二贤”之一。周敬王七年（前513年）讲学于范县，在范县城北半里处，古有子路书院。并在卫水大泛时率众筑堤，至今莘县、范县至阳谷一带堤形蜿蜒，名曰“子路堤”。列入“二十四孝”中的子路百里负米奉亲的故事，即发生在范县。

孝亲思想：事亲至孝，忠于师恩

仲由是孔子众多杰出弟子之一，性格直率勇敢，且忠厚正直，力大勇武，以孝闻名。他曾讲学于范县，早已列入“二十四孝”的子路“负米奉亲”的故事就发生在这里。

子路堤碑的背面记载

仲由出生于一个贫穷家庭，经常是吃了上顿没下顿，有时还需要靠采集野菜充饥。然而，仲由并没有因此而沮丧，反而秉持着孝顺和忠诚的美德，对父母尽孝、对孔子忠心耿耿。

有一次，年老的父母想吃米饭，可是家里的米缸早就空了。为满足父母的需求，仲由决定去百里之外的亲戚家借米。小小的他不辞辛劳地走了十几里路才来到亲戚家借来一袋沉甸甸的米，又背着一步一步地走回了家。到家后，他亲自为父母蒸上米饭，当他看到父母吃上香喷喷的米饭时欣慰不已。他的行为也感动了周围的乡邻，夸他是个孝顺的孩子。

仲由的孝心不仅体现在借米这件事上，更体现在对父母的思念上。他的父母去世后，仲由被赏识，官至高位，奉命前往楚国，随行的车马众多，积蓄的粮食丰厚。尽管坐着华丽的坐席，享受着丰盛的宴席，他却并未因此而欣喜，常常怀念双亲，感叹道：“即使我想吃野菜，想为父母亲去负米，哪里能够再得呢？”孔子赞扬他：“你侍奉父母，可以说是生时尽力，死后思念哪！”

仲由的孝顺行为不仅得到孔子的赞扬，也打动了许多人，正如诗句所说：“负米供甘旨，宁忘百里遥。”仲由负米奉亲的故事被广为传颂，成为中国传统文化中的一部分，被誉为“二十四孝”之一，成为孝道的典范。

孝道是做人之本，是我们中华民族的优良传统。我们要弘扬中华孝道文化，传承优良美德，积极践行孝道精神，尊重和关爱长辈，以感恩的心态回馈他们的养育之恩，让家庭更加和睦、社会更加和谐！

张养浩：八年丁忧守孝

张养浩（1270—1329），字希孟，号云庄，又称齐东野人，晚号云庄老人，山东济南人。元著名政治家、文学家，一生经历了世祖、成宗、武宗、英宗、泰定帝和文宗数朝。历仕礼部、御史台掾属、太子文学、监察御史、官翰林侍读、右司都事、礼部尚书、中书省参知政事等，先后被荐举为学正、礼部令史、御史台掾属，授堂邑（现东昌府区堂邑镇）县尹。据载，堂邑古有“四知堂”，为张养浩居住处，以“四知”喻为官清廉之意。

孝亲思想：奉养父母，为父守孝，推己及人

元代选拔官员非常注重人才的能力和素质，而不看重他们的出身和背景。张养浩就是这么一位德才兼备、刚直清廉的人，素以孝子著称。

位于济南文忠园内的张养浩雕像

元英宗至治元年（1321年）六月，张养

浩因父亲年迈，需要奉养，便向皇帝请辞还乡。然而，在同年十二月二十八日，他的父亲突然去世，这使张养浩陷入极度的悲痛之中，开始在家丁忧守孝。

张养浩在父亲的墓前搭建了一间小屋，住在里面守孝。在这期间，他一直为自己没有尽到奉养的责任而自责，始终坚守在父亲的墓前。每当夜幕降临，张养浩都会在小屋里点亮一盏油灯，独自坐在那里，默默地思念着父亲。居家8年，朝廷7次下诏书委任，他都未去赴任。在这8年里，他用自己的俸禄为乡里做了很多好事、实事，修建水利工程，改善了当地的水利条件；修建学校，提高了当地的教学水平；设立救济贫困的机构，为乡里的困难户提供了实质性的帮助。

当陕西出现“关中大旱，饥民相食”的惨状时，张养浩已体弱多病，家中还有八旬老母，但他毅然将家财分发给乡里的穷人们，立即动身前往赴任赈灾。在陕西这4个月的时间里，张养浩从未回过家，一直住在官府，晚上为民祈祷，白天救济灾民，一天到晚没有丝毫懈怠，最终因劳累过度逝于任上。关中百姓听到张养浩去世的消息，悲哀痛哭得像失去自己的父母一样。

张养浩为父尽孝，为国尽忠，为民分忧，其精神深深触动了人们的心灵，激励着我们孝敬父母，热爱国家，不忘家乡。

曹自守：奉养眼疾母亲

曹自守（生卒年不详），字伯化，明博平县（今聊城市茌平区）人。明嘉靖三十八年（1559年）中进士，先后任吴县知县、吏部员外郎、江西按察司副使，御赐“天官大夫”。

孝亲思想：亲力亲为，孝悌忠信

曹自守出生于一个贫苦农民家庭，自幼丧父，由常年体弱多病的母亲含辛茹苦地将其抚养长大。他自幼聪明伶俐，奋发有为，守孝道，睦乡邻，远近闻名。

曹自守深知母亲的辛苦，经常帮母亲做家务、干农活，以减轻母亲的负担。然而造化总是弄人，常年辛劳的母亲突然双目失明，这对曹自守来说无疑是一个沉重打击，让原本就不富裕的家庭雪上加霜。但曹自守并没有被困难打倒，他夙兴夜寐，每天细心照料母亲的日常起居，亲奉汤药，陪伴在母

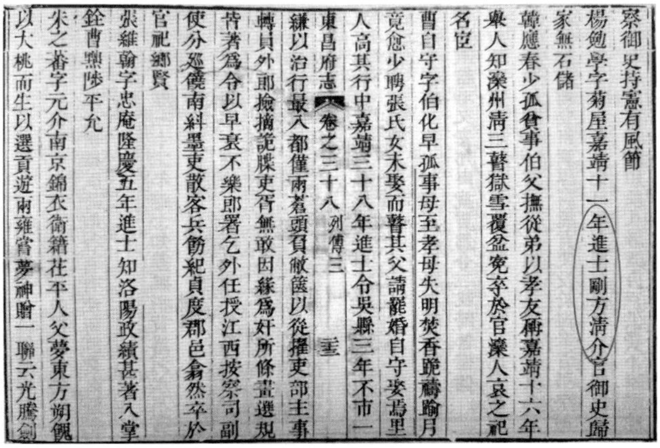

察御史持憲有風節
楊勉學字菊屋嘉靖十一年進士剛方清介官御史歸
家無石儲
韓應春少孤貧事伯父撫從弟以孝友稱嘉靖十六年
舉人知灤州清三轄獄雪覆盆冤卒於官灤人哀之祀
名宦
曹自守字伯化早孤事母至孝母失明焚香跪禱踰月
竟愈少聘張氏女未娶而瞽其父請罷婚自守娶焉里
人高其行中嘉靖三十八年進士令吳縣三年不市一
東昌府志 卷之三十八 列傳三
縑以治行最入都僅兩箬頭覔敝篋以從擢吏部主事
轉員外郎撿摘詭牒吏胥無敢因緣為奸所條畫選規
皆著為令以早衰不樂郎署乞外任授江西按察司副
使分巡饒南料墨吏散客兵飭紀貞度郡邑翕然卒於
官祀鄉賢
張維翰字忠庵隆慶五年進士知洛陽政績甚著入掌
銓曹懇陟平允
朱之蕃字元介南京錦衣衛籍茌平人父夢東方朔貺
以大桃而生以選貢遊南雍嘗夢神贈一聯云光騰劍

《东昌府志》载·曹自守列传

亲身边。

为了让母亲早日重见光明，曹自守四处寻求名医和良药。每当听说有医生能够治疗眼疾，他都会毫不犹豫地前往求诊，然而母亲病情的复杂性却让医生束手无策。但曹自守并未放弃，他坚持每天帮母亲按摩眼睛周围的穴位，帮母亲缓解病痛，给母亲讲故事、说笑话，让母亲保持愉悦心情，还不断祈祷和许愿，希望母亲能够早日恢复视力。

有一天，曹自守正在书房中静坐读书，忽然一位鹤发老人飘然而至，声称专为治疗老夫人的眼疾而来，说完便投药两贴。曹自守的母亲敷后，双目竟然复明，他大喜过望，欲谢老人，而老人早已悄然离去。此事传开后，大家都说是曹自守的至孝感动了神仙。

百善孝为先，孝道是衡量一个人品行的标准之一。曹自守一生孝悌忠信，奉养眼疾母亲，生活的重担非但未让他退缩，反而激发了他的斗志，仁者行于家，孝行动乡里，为官造福一方，成为人们敬仰的榜样。

乌从善：至孝“乌青天”

乌从善（生卒年不详），字汝登，号龙江，博平县（今聊城市茌平区）人，明嘉靖二十三年（1544年）中进士，由太常博士历兵、礼两都给事，后监操团营事。

孝亲思想：以身作则，注重孝道，爱憎分明

乌从善少年时就因孝顺父母而闻名。他非常注重孝道，始终以身作则，成为孝顺和忠诚的典范。

乌从善三十几岁时，母亲去世了，不久后父亲也去世了。这使他心如刀绞，根本无法接受这个事实。为表达对父母的孝心和怀念，乌从善决定辞去官职为父母守孝。他在父母的墓地旁边搭起一个小屋，每天都要清理墓地，献上供品，甚至在墓地旁亲手栽种了许多松柏，日夜守护，直至守孝期满才依依不舍地离开父母的墓地。

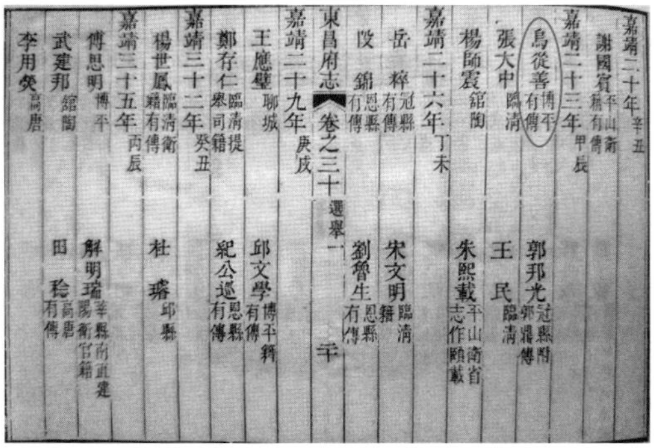
嘉靖二十年辛丑
謝國賓平山衛籍有傳
嘉靖二十三年甲辰
烏從善博平有傳　郭邦光冠縣附郭鼎傳
張大中臨清　王民臨清
楊師震館陶　朱熙載平山衛首志作顯載
嘉靖二十六年丁未
岳粹冠縣有傳　宋文明臨清籍
陸錦恩縣有傳　劉魯生恩縣有傳
東昌府志　卷之三十　選舉一　廿
嘉靖二十九年庚戌
王應璧聊城　邱文學博平籍有傳
鄭存仁臨清衛提舉司籍　紀公遐恩縣有傳
嘉靖三十二年癸丑
楊世鳳臨清衛籍有傳　杜璠邱縣
嘉靖三十五年丙辰
傅思明博平　解明瑞莘縣府直建陽衛官籍
武建邦館陶　田稔高唐有傳
李用奐高唐

《东昌府志》有关乌从善的记载

此后，乌从善更加勤勉于政务，矢志有所作为。为官期间，他不畏权贵，严惩贪污腐败之徒，为百姓除暴安良，确保一方平安，政绩卓著，以清廉著称，被后人尊称为“乌青天”。

乌从善的孝亲故事告诫我们，孝顺父母是为人子女应尽的责任和义务，只有在父母生前尽责尽孝，事后才不会留有遗憾。

师　逵：为母寻菜

师逵（1366—1427），字九达，明兖州东阿县（原属山东省聊城市东阿县，今属山东省平阴县东阿镇南市村）人。历任辽东按事、陕西按察使、兵部侍郎、南京户部尚书等职。明永乐四年（1406年），主持建造北京宫殿。

孝亲思想：事母至孝，刚直不阿

明代，东阿杨柳一带，一直流传着一个习俗，即当有人去世时，后人要到路口“擢汤”以敬鬼神，而只有师姓的人家除外，这源自师逵孝亲的故事。

师逵，自幼聪慧过人，孝顺父母。在他很小的时候，父亲因意外去世，他的母亲含辛茹苦将他养大。

师逵13岁时，母亲突然病倒，病中的母亲十分想吃点藤花菜。师逵为了满足母亲的愿望，独自一人到城南20余里的地方寻找，等找到藤花菜，再回到城里时，已是夜里二鼓时分。当时，夜色幽暗，正巧遇到一只凶猛的老虎突然出现并挡住他的去路。老虎咆哮着，仿佛要把师逵吃掉。师逵非常害怕，但他一想到家中等待他的母亲，便很快冷静下来。于是，他鼓起勇气，仰天大吼三声“天啊！天啊！天啊！”没想到奇迹发生了，也许是师逵的呼喊震慑住了老虎，也许是师逵的相貌让老虎恐惧（史书上说师逵相貌奇异），三声过后，老虎竟然被他的叫声吓到，转身离去。

就这样，师逵满怀激动地把藤花菜拿回家，母亲吃了藤花菜后，心情变得开朗起来，病情也慢慢好转，很快就康复了。多年后，师逵的母亲去世，他挂官而去，专心为母守孝，在母亲墓侧搭茅草庐居住，整整3年不饮酒、不吃肉。

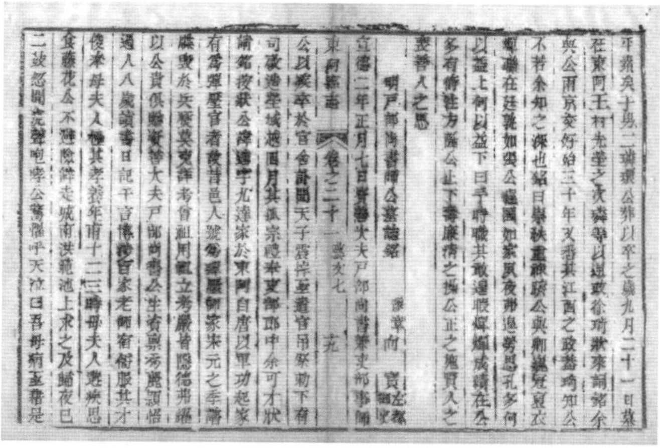
乎[illegible]矣十[illegible]二[illegible]公葬以卒之歲九月二十一日葬
在東阿王村先塋之次[illegible]以通政[illegible]來請銘余
與公兩京交好始三十年又[illegible]其江西之政[illegible]知公
不苟余知之深也銘曰[illegible]秩[illegible]公與[illegible]寢衣
[illegible]在廷[illegible]如[illegible]公[illegible]國如家夙夜匪[illegible]孔多何
以益上何以益下曰[illegible]其[illegible]成績在公
多有[illegible]方[illegible]公止下[illegible]廉[illegible]之操公正之[illegible]賢人之
表[illegible]人之思
明戶部尚書師公墓誌銘
宣德二年正月七日資善大夫戶部尚書兼吏部事師
東阿縣志 卷之二十一 藝文七 九
公以疾卒於官[illegible]聞天子[illegible]遣官吊祭勅下有
司[illegible]域[illegible]月其孤宗禮奉吏部郎中余可才狀
請銘按狀公諱逵字九逵家於東阿自唐以軍功起家
有[illegible]官者[illegible]邑人[illegible]家宋元之季[illegible]
[illegible]於兵[illegible]考曾祖用[illegible]立考嚴皆隱德弗耀
以公貴俱[illegible]大夫戶部尚書公生資稟秀麗穎悟
過人八歲讀書日記千言[illegible]老師宿儒服其才
俊奉母夫人[illegible]其孝[illegible]年甫十二三時母夫人遘疾思
食藤花公不避險[illegible]走城南洪[illegible]池上求之及歸夜已
二鼓忽聞虎聲咆哮公[illegible]呼天泣曰吾母病亟[illegible]是

《东阿县志》有关师逵的记载

师逵的孝顺和刚直不阿的性格闻名乡里，即使他官至户部尚书，仍未忘记自己的出身和初衷。他生前将全部钱财捐献给亲朋好友，自己和孩子却过着清贫的生活，其孝廉事迹广为传颂，他也深受村里人的敬仰，以至于师姓后人有了不“擢汤”敬鬼神，而敬师逵的习俗。

贾　谅：事亲至孝

贾谅（1387—1439），字子信，祖籍聊城市茌平区博平乡，明初定居在峄北山区的栲栳崮下（今山东省枣庄市山亭区半湖乡小西庄村）。贾谅自幼聪慧，20岁中府试秀才，又中乡举魁首。先后任刑部给事中、都察院右都副御史，后拜兵部尚书。

贾谅雕像

孝亲思想：事亲至孝，以孝为忠

贾谅是明代的杰出官员，以孝奉至亲和廉洁从政而闻名。他在职期间，即使公务繁忙，也始终不忘孝敬父母，每隔一段时间就会回家探望，尽自己所能为他们提供生活上的照料和精神上的慰藉。

有一次，父母生病了，贾谅知道后立刻放下手中的工作，赶回家中照顾他们。他不仅亲自喂药喂饭，还日夜守在床头，不断安慰他们。为缓解父母的病痛，他甚至专门学习了针灸和按摩，用实际行动为他们减轻痛苦，帮助他们恢复健康。等父母的病情逐渐好转后，贾谅又返回官职，一心扑在工作上，尽最大努力积极地为百姓谋求更多福利。他严于律己，廉洁从政，并严格要求家人和属下，从不接受他人的贿赂和馈赠。他的清廉正直，赢得了百姓的敬重和信任。

贾谅的事迹深深地感染了人们，成为明代“以孝治天下”的典范。他的行为不仅为当时的官员树立了榜样，也为后人树立了道德标杆。

中国孝道世代传承，孝是尊重长辈、敬爱父母的重要品质，也是衡量一个人品德高低的重要指标。孝道不仅是一种行为表现，更是一种思想观念，是对传统文化的继承和弘扬。在现代社会中，孝道的核心价值，即关注家庭和长辈，关爱他人，始终是重要的社会价值。

张令璜：公心为民 善行乡里

张令璜（1650—1734），字心友，今聊城市阳谷县张秋镇人。清康熙三十二年（1693年）选冠县教谕，改革教育制度。清康熙四十八年（1709年）中进士，授中书舍人。历任刑部主事、山东监察御史、顺天府尹、大理寺卿、吏部左侍郎等职，著有《年谱》一卷。

孝亲思想：公正无私，以身作则，行善乡里

张令璜在早年读书时就显现出治事的才能与谋略，曾提出“由当地绅士均摊劳役、建造驿车、建造士兵营房等费用，以减轻当地百姓的负担”的建议，被采纳后受惠于民。他天性至孝，不仅在办理叔父的丧事时尽到所有的礼节，更以微薄的俸禄供养着两个哥哥。他一生真诚对待老师、朋友，史书中这样表述他：“平生笃师友之谊，历死生患难不渝。”

清雍正四年（1726年）七月，张令璜因年老请求辞归故里，定居在阳谷县张秋镇。尽管他年事已高，但仍悲苦悯民，行善乡里，将“孝”字由亲及乡，由孝亲推及善行“大道”，深受当地百姓的爱戴。

有一次，村里一户人家突然着火，张令璜得知消息后，立即组织一批村民，赶往现场。面对熊熊大火和浓烟，已古稀之年的他毫不畏惧，亲自带领村民奋力扑救，很快控制了火势，并帮助受灾百姓清理

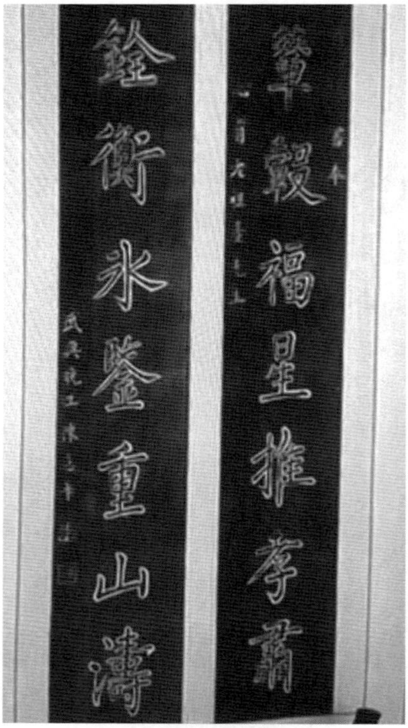
陈德华曾书的匾额

废墟，重建家园。此外，他还积极参加村里的各项活动，无论是修桥铺路，还是救灾济贫，他都冲锋在前。他深知个人能力有限，就经常组织募资活动，发动村民为本村或邻村的孤寡儿童、病患妇孺等提供帮助。

张令璜乐善好施的故事在阳谷县广为传颂，聊城辛丑科状元邓钟岳亲笔撰写了张公墓志铭，直隶安州人雍正二年甲辰科状元陈德华曾书“辇毂福星推孝肃，铨衡冰鉴重山涛”匾额，这是对张令璜高尚品德的真实写照，其善行义举值得赞誉。

邓钟岳：批文解家仇 孝悌扬家风

邓钟岳（1674—1748），字东长，号悔庐，清聊城县（今聊城市东昌府区）人。清康熙四十七年（1708年）中举人、六十年（1721年）中状元，官至礼部左侍郎，著有《知非录》、《寒香阁诗集》四卷、《文集》四卷。

孝亲思想：事亲至孝，严谨家教，传承美德

走进聊城依绿园的古典建筑晚晴书屋，能够看到这样一段批文：

鹁鸽呼雏，乌鸦反哺，仁也；鹿得草而鸣其群，蜂见花而聚其众，义也；羊羔跪乳，万不欺母，礼也；蜘蛛网罗以为食，蝼蚁塞穴而避水，智也；鸡非晓而不鸣，燕非社而不至，信也。禽兽尚有五常，人为万物之灵，岂不一得乎。以祖宗遗产之小争，而伤弟兄骨肉之大情。兄通万卷应具教弟之才；弟掌六科岂有伤兄之理？沈仲仁，仁而不仁；沈仲义，义而不义！有过必改，再思可矣！兄弟同胞一母生，祖宗遗产何须争？一番相见一番老，能得几时好弟兄？

邓钟岳手绘扇

这是东昌府状元邓钟岳钦命巡查江西蒙南时，恰巧遇到曾同朝为官的沈家两兄弟因家产纠葛而打起了家务官司。县官正左右为难不知如何判决时，邓钟岳挥笔写下此批文，贴于衙门外。沈家两兄弟读后泪流满面，悔愧交加，积恨顿解，兄弟情好如初，此案也因此未断而结。

邓钟岳以一纸批文解决一件家庭纠纷案，以孝亲思想化解了家庭矛盾，成就一段佳话。后人为赞扬邓钟岳批文解家仇，写词颂扬："家务案，清官难断，愁煞那七品县官。邓状元，一手批文惊腐顽，冰解了沈氏案。世代相传扬，千秋为美谈!"

聊城素有"一门九将军"之荣的邓氏家族，因邓钟岳这位康熙皇帝御笔钦点的文状元而给家族带来了无上荣光。邓钟岳不仅为官清廉、善于断案，还孝顺父母、严谨家教，以良好品德而闻名于世。

邓钟岳对父母侍奉尽礼，其孝行不仅体现在言语上，更体现在日常生活的细枝末节中。邓钟岳的父亲因常年有病，非常厌恶烟草气味，他为了父亲终身不染吸烟陋习，还经常陪伴左右，尽心尽力地照顾。父亲去世后，他主动替母分忧，34岁那年考取举人后果断放弃了会试机会，操持家务，含辛茹苦地抚养3个弟弟和5个妹妹，教导他们学习。他要求弟弟们夜晚必须早归，更不能在外留宿。每遇到晚归的，他便站在大门口等待。因此，他的弟弟都不敢晚归。在他的影响下，3个胞弟均勤奋努力、学有所成，先后考取了举人。清雍正元年（1723年），邓钟岳任江南副考官期间，他的母亲去世了，按照当时的规定，父母去世后子女必须离职，回家守孝3年。邓钟岳毅然选择辞职回家守孝，以尽孝道，并撰写碑文《祭母碑》，字里行间流露出对母亲的思念，其孝行也深得家乡父老的称赞。

邓氏家族是聊城望族，邓钟岳本人也非常注重家教，经常教育子女要孝顺父母、尊重长辈。他的次子邓汝敏继承他的优良家风，虽担任温州司马，却因清贫没有回乡的盘缠。他的家人虽然贫穷，始终未对家中祖传的藏书动过心思，也从未做过辱没祖先的事情。而且邓钟岳非常重视古代儒家孝道思想，经常在乡里宣扬孝道，以实际行动影响着身边人。

季羡林：情系桑梓报家乡

季羡林在赠书仪式上讲话

季羡林（1911—2009），字希逋，又字齐奘，今山东省聊城市临清人。国际著名东方学大师、语言学家、文学家、国学家、佛学家、史学家、教育家和社会活动家。历任中国科学院哲学社会科学部委员、聊城大学名誉校长、北京大学副校长、中国社会科学院南亚研究所所长，是北京大学的终身教授。2006年获得“感动中国人物”称号。

孝亲思想：眷恋故土，情系桑梓

季羡林学贯中西，文学造诣精深，堪称学界泰斗，主编了《四库全书存目丛书》《传世藏书》等浩大书籍。人们敬仰季羡林先生，不仅敬仰他的渊博学识，更敬重他的人格魅力。“心有良知璞玉，笔下道德文章。一介布衣，言有物，行有格，贫贱不移，宠辱不惊。”这是对他最真实的写照。

季羡林的幼年时光大部分是和母亲形影不离的，这段短暂却无忧无虑的时光在季羡林心里留下了永生不能忘怀的印记。他对母亲的尊敬和至爱，也持续了他的一生。

1917年，年仅6岁的季羡林告别了故乡和母亲，远赴他乡求学，此后与母亲相见无多。子欲养而亲不待，这也成了季羡林一生的憾事。因此，季羡林直到耄耋之年，一想到母亲，便会泪流不止。为表达对母亲的亏欠与思念，他曾撰写《怀念母亲》《我的母亲》《赋得永久的悔》等多篇文章，深情地表达对母亲深切的思念和无尽的爱意，每次回到家乡都会前往父母墓前祭奠。1997年，86岁的季羡林回到家乡为父母扫墓，他恭恭敬敬地站在坟前，泪流满面，离别前，又叩跪在地，恭恭敬敬地磕了3个响头，在场的人都为他对父母的深情而动容。

季羡林不仅时刻思念着母亲，更是始终眷恋着故土。《月是故乡明》是季羡林先生在耄耋之年写下的文章，深情地表达了对家乡的思念。他在文章中提到，自己曾游历过祖国大江南北的名山胜地，也曾飞抵世界上30多个国家，饱览过那里的旖旎风光，但心里割舍不下的仍是自己深爱的故乡。

斗转星移，日月更替。季羡林对故乡的思念之情越来越浓，他时常回到山东临清官庄，看望那里的老师和学生，与乡亲们倾诉亲情，以各种方式表达对家乡的眷恋之情。1991年，季羡林回到家乡，看到临清城西北部运河边的舍利塔年久失修，残损严重。于是，从不善于求人的季羡林破例向国家文物局申请资金修复，最终得到支持，舍利塔修缮一新，家乡的文物古迹得以完好保护。1994年，季羡林荣获北京大学突出贡献特别奖后，他心系家乡的教育，将奖金的一半捐给家乡的官庄村小学，设立了“季羡林教育奖励基金”，以奖励学习优异的学生和教学成绩突出的老师，并在后来增加了捐助金额，以支持家乡的教育事业发展。1997年10月，季羡林担任聊城师范学院的名誉校长，为该校的发展倾注了大量心血，并在学校更名过程中提供了有力支持。1999年，季羡林回家乡赠送了价值近7万元的《传世藏书》。不仅如此，他还为家乡的官庄村小学和康庄镇希望小学的建设提供了经济支持，总额达27.5万元。

季羡林回家乡赠送《传世藏书》

2009年7月，季羡林去世。遵照他的遗愿，将他的部分骨灰埋葬在家乡祖父母、父母亲的坟墓旁，他最终回到了挚爱的家乡、父母的怀抱。

季羡林一生心系故土，始终关心家乡的建设和发展，为家乡教育和文化事业作出了突出贡献。他的辉煌成就和崇高风范永远值得后人缅怀与敬仰，其精神已经成为家乡人民取之不尽、用之不竭的宝贵财富。

『聊城七子』篇

按语

纵观我国历史文化长河，文人墨客、贤才君子灿若繁星，他们或因风格相近，或因时代相同，或因同乡好友，或因父子师门，而各自被归入不同的流派，如东汉末年建安年间有复苏文学本性之“建安七子”，魏晋有飘逸超然风骨之“竹林七贤”，唐宋有奠定《古文观止》之“散文八大家”，明有弘治、正德年间的文学流派“前七子”及嘉靖、隆庆年间的“后七子”。而在明代的聊城这方水土，也涌现出了著名的心学流派“聊城七子”，亦称“聊城七贤”，他们深究学术，传承儒家文化，论道著述，成为阳明心学在北方传播的代表人物。

古代聊城因水而兴，因水而盛，水运昌隆，水孕文华，乃因文而名，文脉隆达，人才辈出，贤达颇众。自隋开皇年间首开科举之始至清光绪三十年甲辰科最后一位状元止，1 300年间聊城仅状元就出了15位，本书涉及的就有傅以渐、邓钟岳、阎咏3位。“聊城七子”就诞生在这“两河（黄河、大运河）牵手、江北水城、天下粮仓”之地，分别为王道、穆孔晖、王汝训、张后觉、孟秋、赵维新、逯中立。他们的共同特点是：尊崇王阳明的心学，以阳明心学的化风沐人；为官清正耿直，忠君忧国，不顾自身安危，不惜去留升迁，为伸正义布公道屡遭贬斥；为官廉洁，不贪财占利，家无万贯千顷，无高第豪宅，贫穷潦倒，身居陋室，安贫乐道；深究学术，或著书立说传播文化，或教书育人提携后进。聊城东昌府为纪念当地历史上有德才之人，传承文化精神、延续国学文脉，特意为“聊城七子”建造了“七贤祠”。“七贤祠”最早可追溯于明清年间，后经复建，移至聊城古城楼西大街西首。

怀贤思远，笃志前行。本篇本着弘扬聊城地区优秀历史文化传统，聚焦“聊城七子”的生平事迹和思想成就，带您感受他们在各自领域的卓越贡献和深远影响，有王道的智愚之间、穆孔晖的长揖之勇、王汝训的志节之守、张后觉的精进之诚、孟秋的固穷之荣、赵维新的乡野之雅和逯中立的卑位之刚。这7位贤人身上体现的高尚的品德、卓越的学识，为后世所敬仰，他们的事迹和精神，也成为后人学习和传承的宝贵财富。本篇旨在让更多读者能够了解“聊城七子”的故事，感受傲人的“七子”风骨，彰显聊城文化的魅力和价值，传承民族气节，自觉提升精神境界、涵养气概、激励担当。

王　道：智愚之间

王道（1487—1547），字纯甫，号顺渠，谥号文定，明东昌府武城县人。18岁乡试中举，明正德六年（1511年）中进士，初选翰林院庶吉士；七年（1512年）授应天府学教授。后历任吏部主事、员外郎中、左春坊谕德。嘉靖年间，迁南京国子监祭酒，后历任北京国子监祭酒和礼、吏二部侍郎等职。著有《大学亿》《老子亿》《顺渠文录》等。

廉政思想：反腐倡廉，勤俭节约，公正廉明

王道自幼天资聪颖，记忆超群，有一目十行、过目成诵之才，俊雅好学，于明正德六年（1511年）中进士，初授翰林院庶吉士。当时，山东地区的盗贼活动比较猖獗，王道为了照顾避难到江南的祖

聊城七子（左四为王道）

母、继母，坚决辞去翰林院庶吉士职务。次年三月，王道改授应天府学教授，再次上奏请求赡养老人。后来，他升任吏部主事、员外郎中，负责选任考核官员。他秉持清正廉洁、勤俭朴素的作风，公正无私地进行考核，从未有因私事上门拜谒的情况。

王道不喜仕进喜理学，是一位倡导清正俭素的人物，在中国哲学史上有着重要地位。当时儒家文化盛行，形成以哲学家王守仁（别号阳明）为代表、以“心”为核心概念的哲学学派，也称王学。王道师从王守仁，后来又师从湛若水，提出“盈天地间，本一气而已矣”的哲学观点，认为“情之善可迁，而性之善不可迁”，其学术成就不局限于理论知识，更是以实际行动践行着这一理念。

因王道学问精湛且品行端正，大学士方献夫特向皇帝举荐他任左春坊谕德一职，专门为太子服务。但王道却坚决拒绝，认为朝廷的重要职务不能轻易授予他人，主张按照正常的晋升来提拔。作为朝廷大臣，他忠诚于为官之道，不接受非分之赏。最终，皇帝收回成命。之后，王道以身体抱恙为由辞官回乡，先后居家13年，致力于种树灌园，埋头读书，闭门讲学，足不出府。在讲学过程中，王道主张“致良知”，经常鼓励弟子在日常生活中践行清正俭素的道德理念，教育弟子注重内心修养，通过修行和实践来提高道德境界，实现个人价值。他深入浅出、贴近生活、易于理解的讲学内容吸引了众多弟子、门徒前来听讲，因此被尊称为“文圣人”。

王道辞官归乡后，无论是亲戚朋友还是地方官员的请托，他都以病体未愈为由拒绝干涉地方事务，即使是知府、知州、知县等高级官员前来拜访，也被拒之门外。王道去世后，朝廷下诏赐予葬祭。

穆孔晖：长揖之勇

穆孔晖（1479—1539），字伯潜，号玄庵，谥号文简，明山东堂邑（今聊城市东昌府区）人。思想家、心学学者，“聊城七贤”中最早在北方传播心学的代表。明孝宗弘治十七年（1504年）中举人，次年中进士。明正德二年（1507年）被选为翰林院庶吉士，后历任翰林院检讨、南京礼部主事、翰林院侍讲学士、南京太常寺卿等职，是王守仁心学热心拥戴者和心学在山东的首位传播者。著有《读易录》《尚书困学》《前汉通纪》《读史通编》《游艺集》《大学千虑》《玄庵晚稿》等传世之作。

廉政思想：安贫乐道，不畏权贵，深究学术

明代，形成以哲学家王守仁为代表、以“心”为核心概念的哲学学派——王学，强调知行合一，其在道德修养方面主张“致良知”，即良知是心之本体，一切学问、修养归结到一点，就是要为善去恶，正如其在所著《传习录》中提出的“无善无恶心之体，有善有恶意之动，知善知恶是良知，为善去恶是格物”。王守仁去世后，因其弟子对“致良知”的理解不同，以师承的地域而分成若干派别，如楚中王门、闽粤王门、北方王门、姚江王门等。穆孔晖是北方王门（山东、河南、陕西一带）学派的代表人物之一，他认为心与事物“空体弗

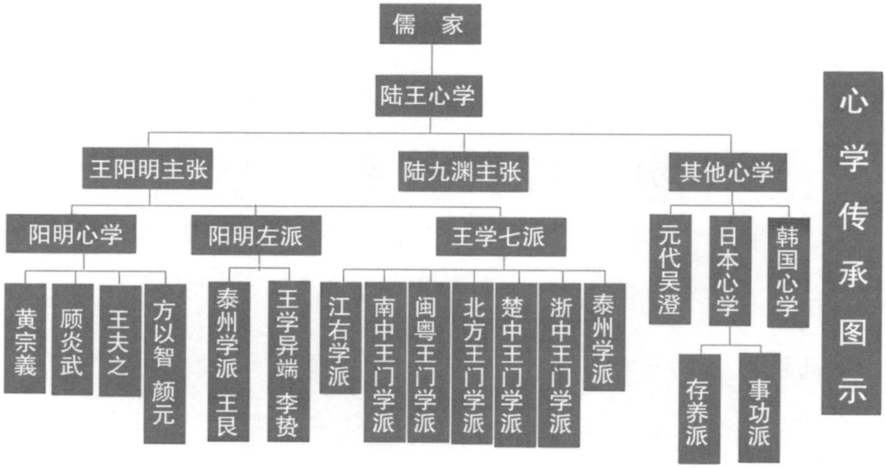

心学传承图示

得”，流于禅学。

穆孔晖，出生于儒学世家，曾祖父做过潞州训导，祖父和父亲也都是儒生。他博览经史，才华超群，因在明弘治十七年（1504年）参加山东乡试时表现出色，受到王守仁的青睐，擢为举人，入阳明（王守仁，别号阳明）门生。他在南京履职期间，常去聆听王守仁讲学，将王守仁所授心学在门徒中浸灌滋润，使许多登门请教的弟子有所成就，成为王守仁心学的热心拥戴者和最早在北方传播心学的代表。

穆孔晖为官廉洁清正，不惧权贵。明正德四年（1509年），宦官刘瑾独揽政权，许多大臣都屈服于他的权势之下，但穆孔晖和安阳崔铣（xiǎn）不屑攀附于刘瑾，见面时只拱手行礼。刘瑾为此心中不快，假传圣旨，诬蔑穆孔晖“以未谙事体，令量调外任”，贬穆孔晖为南京礼部主事。明正德五年（1510年）八月，命穆孔晖丁忧，直至刘瑾事发被诛，才官复原职。明嘉靖四年（1525年），穆孔晖升任春坊左庶子兼任翰林院侍讲学士。不久，又升任翰林院学士，掌管翰林院一应事务，并负责撰写诰、敕之文，成为皇帝身边更亲近的官吏，但他从不张扬，且严于律己。明嘉靖十年（1531年）春，穆孔晖夜读几近天明，十分疲倦才上床休息，但不大会儿就到了上朝时间。路上，恰逢大雨磅礴，道路泥泞难走，穆孔晖认为皇帝肯定不会上朝，便与几位大臣半路返回了。不料，平日里还有时不上朝的皇帝，却偏偏在这样的坏天气准时上朝，向来严以律己的穆孔晖随即上表，请求免去官职，皇帝准奏。

穆孔晖回到家乡后，居住在只能遮蔽风雨的简陋茅屋里，但他并不在意物质的贫乏，仍以讲学授徒为乐。明嘉靖十八年（1539年），穆孔晖病故，朝廷赠其礼部右侍郎，谥号文简。穆孔晖的墓地遗址位于聊城市东昌府区堂邑镇三里张村，现仅存石门及墓志铭等石刻。

穆孔晖的学术贡献不仅仅是对阳明心学的传播，也体现在对经典的注释和解读上，他的著作《礼记章义》《孔子家语序》《刻三传序》等都有很高的学术价值，为后人研究经典提供了重要参考。

王汝训：志节之守

王汝训（1551—1610），字师古，号泓阳，谥号恭介，明聊城县（今聊城市东昌府区）沙镇王楼村人，师从穆孔晖门人，深得王守仁“心学”要旨。明隆庆五年（1571年）中进士，历任元城知县、刑部主事、兵部主事、光禄少卿、太常少卿、光禄寺卿、左佥都御史、右副都御史、南京刑部右侍郎等职。编纂《东昌府志》22卷、《疏草》2卷及《诗文集》等。

廉政思想：不贪财物，正直无私，清正廉洁

在聊城市东昌府区沙镇王楼村东南1千米、郭庄村西200米处，建有一座坐北面南的王汝训墓，南北长200米，东西宽80米。原墓前有神道，神道两侧石马、石羊、石猪、翁仲、墓表等依次排列。现有石桌2个、石碑3通，碑文由东阁大学士、礼部尚书叶向高所撰，记述着王汝训的生平简历，赞扬他为官清廉，刚直不阿。

王汝训雕像

王汝训天资聪颖，勤奋好学，7

岁时便熟读四书五经、《史记》等经典著作，被誉为"神童"。他为官15年，经历18次官职变迁，因其为官清廉正直，不畏权贵，受到百姓的广泛赞誉和传颂。

明隆庆五年（1571年），王汝训中进士，任元城知县。赴任前，将祖先遗留的资产分给贫穷的亲朋乡邻，仅留数亩薄田以备日后自用。他任光禄寺少卿时，恰逢海宁县陈与郊任职吏科给事中。陈与郊是大学士王锡爵的学生，依仗申时行的权势违法乱纪，行奸受贿，进献谗言，陷害忠良，横行霸道，给社会带来严重危害。尽管陈与郊是当时的官场一霸，一般人都不敢告发他，但王汝训却挺身而出，不畏权势，上书列举他的罪行数项，极力主张清除贪官污吏。

不久，王汝训升任光禄寺太仆寺卿。当时光禄寺每年费用高达20万两，至王汝训上任时，已滥增4万余两。王汝训见状，便依据会典条例，请求朝廷裁撤内府中冗余人员，虽未获批准，但足见王汝训是一名敢想敢干的有为清官。

明万历二十二年（1594年），王汝训任左佥都御史，很快又升右副都御史、浙江巡抚。他清廉耿直，扬善抑恶。巡抚御史南昌彭应参，亦以刚强耿直著称，二人志向相同。那时，浙江省乌程县老尚书董份、祭酒范应期辞官返乡后，横行乡里，民怨沸腾。王汝训欲将其绳之以法。恰逢彭应参巡查至此，数千民众拦住其轿子，请求查办范应期。彭应参手持诉状，细细一看，十分愤怒，让乌程知县张应望弹劾范应期，范应期畏罪自杀。范应期的妻子吴氏恶人先告状，向万历皇帝"诉冤"。万历皇帝偏听偏信，竟然逮捕彭应参、张应望，并撤销王汝训的官职，斥责吏部都察院用人不当。

尚书孙丕扬、都察御史衷贞吉等主动承担罪过，为彭应参等人脱罪。但万历皇帝怒气未消，即贬谪救彭应参的给事中乔允等人，负罪调任外地。此时，谏官也趁机弹劾王汝训、彭应参及乔允。谏官的火上浇油使万历皇帝下诏书，从重谪降乔允，以致除名；将张应望发配到烟雾腾腾、湿气漫漫的南方荒远地带；把彭应参、王汝训削职为民。就这样，一身正气的王汝训一夜之间沦为平民百姓。

王汝训被削职为民后，回到老家定居。他将祖传家产尽数分给远近亲朋，自己仅留几亩薄田，过着自给自足的简朴生活。

一天晚上，夜深人静，唯有王汝训家中还亮着灯火。一个盗贼悄悄地闯入王汝训的家中，妄想着从这位为官多年的老者家中发一笔横财。当盗贼好奇地靠近亮灯的房间时，发现王汝训正坐在书房里，独自一人静静地看书。王汝训看到盗贼闯入，并没有表现出丝毫的惊慌或者愤怒。他平静地放下手中的书，深深地看了盗贼一眼，问道："你在寻找什么？如果你需要什么，尽管自取。"盗贼听后心中大喜，认为这位为官多年的老者家中必定藏有大量财宝。于是，他开始在王汝训家中翻箱倒柜地寻找，不放过任何一处可能藏有财宝的地方。但是，盗贼翻遍所有角落，惊讶地发现王汝训家并无一件贵重物品，仅有千余枚铜钱和数石粮食而已。他看着这些钱物，心中不禁感到有些羞愧。这时，王汝训再次开口："我知道你闯入我家是为了求钱，但我没有什么贵重东西。如果你愿意，这些铜钱和粮食你可以全部拿走。"盗贼听后感到十分震惊，他没有想到这位老者会如此坦诚地对待他这个盗贼。他突然明白，原来王汝训为官清正，家中并无余钱。盗贼被王汝训的坦诚和清廉打动，五体投地地跪哭在王汝训面前，真诚地谢罪而去。

王汝训居家 15 年之久，后被任命为南京刑部右侍郎，之后又被召回改任工部，代理工部事务。当时的工部以助修大殿为名，开始征收矿税，所得收入则全部纳入国库。但大殿修缮需四处采买木材，所需费用高达千万银两，而国库又不拨付费用，致使经费日益捉襟见肘，王汝训多次上奏请求发银助工，均未得到回复。在工部任职一年多的时间里，王汝训大力整治积弊，凡不按条例要求开支费用的，一概不许，节约费用达数万两。明万历三十八年（1610年），王汝训卒于任上，被赠为工部尚书，谥号恭介。

眼前无长物，唯有清风伴。王汝训为官一任，清廉一生，清刑部尚书任克溥曾撰写一副对联这样称颂他：

溯东汉源流世泽忠勋，代代冠裳文物；清廉正直，昭代名臣第一允矣，勋业超今古。

肇南阳祀典人心对越，年年俎豆春秋；忠孝节义，史书记颂无双洵哉，出处符圣贤。

张后觉：精进之诚

张后觉（1503—1578），字志仁，号弘山，因学名远扬，称其为弘山先生，今山东省聊城市茌平区城北张楼村人。曾任华阴训导，是明隆庆和万历年间最有成就的王学家之一。

廉政思想：笃行善道，仁德爱民，亲贤讲学，恭敬有礼

张后觉画像

张后觉出生于书香门第，天生才智出众，后专研心学，颇有成就，被称为弘山先生。他的门生赵维新将其言论编辑成《弘山教言》，流传于世。他的父亲张文祥精通经史子集，笃行善道，常急人之所急，见义勇为，任职期间曾多次为冤狱者申诉、惩治当地豪横等，治辖范围内晏然。

张后觉任华阴（今陕西省华阴市）训导时，仁德爱民，甚得人心。他到任时，恰逢当地发生大地震，造成无数人员伤亡，又有刁民乘机作乱，张后觉被临危受命代理县务，救灾扶伤。他沉着冷静，亲自临场指挥，平息了刁民作乱，抢救了众多灾民，得到上司褒奖和百姓拥戴。3年后，他辞官归乡时，百姓皆站在路边，满含热泪相送百里。

张后觉早年师从王守仁的再传弟子徐樾，学有所成。回到家乡后，他醉心于心学研究，潜心讲学。他极力反对任何形式的人为造作，憎恶那些谙熟词章记问之学而不肯时习体察自身天良的人，经常和一些志同道合的人一起学习、讨论心学，并传授知识。东昌知府罗汝芳、提学副使邹善也都尊崇王守仁的学说，他们分别建立"见泰书院"和"愿学书院"，供张后觉讲学，吸引了六郡学子前来求学，张后觉的门内弟子日益增进。当时到当地任职或途经茌平的官员、学者，都会登门拜访张后觉，向他请教学问。就连巡抚李世达，也曾两次到他的住所拜访，与他促膝长谈，久久不肯离去。

张后觉极为孝顺，对待父母恭敬有礼，悉心侍奉，尽力满足他们的需要。其父常年卧病在床，身体日渐虚弱。为了更好地照顾父亲，他每日清晨便早早起床，烧一大壶热水，煮好毛巾，送到父亲床前为他洗漱。此外，他还仔细研究各种草药的疗效，特地到山上采药，为父亲熬制汤药。尽管每日只能睡一两个时辰，但他从不叫苦，坚持守在父亲身边，喂他吃药、吃饭，按摩、擦身。在他的精心照料下，常年卧病在床的父亲，病情逐渐好转。待父亲康复后，张后觉却因过度劳累而病倒。面对母亲的担心，他却笑着安慰母亲："没关系，我很快就会好的。"

其母去世时，他十分悲痛，独自居住在墙壁颓败萧索的房屋里，守孝3年。其间，他每天穿着粗糙衣服，吃着粗劣食物，每次祭祀时都必定痛哭不已。然而，他并未一直沉溺在悲痛中，常友爱兄弟，以礼教化乡里，使得茌平的风气也越来越好。

张后觉居家20多年，日夜研究心学，于明万历六年（1578年）七月三十日卒，享年76岁，葬于城北10里家族墓地。他的学术思想和教育理念在整个明代得到广泛传播，成为茌平县一笔宝贵的历史遗产，后人在县城修建"弘山书院"和"后觉祠"，以示纪念。

孟　秋：固穷之荣

孟秋（1525—1589），字子成，号我疆，谥号清宪。祖籍茌平，世居阳谷县张秋镇。明隆庆五年（1571年）中进士，历任昌黎县令、兵部郎中、刑部员外郎、刑部主事、尚宝寺少卿等职。师从同乡知名学者张后觉，其心学思想重在强调良知的“先天性”和“显在性”，主张发现良知并付诸行动。著有《道脉说》《大道吟》《气志吟》等。

廉政思想：清廉正直，笃学力行，“良知”为学

孟秋为人正直，一生以清廉而闻名，为官处事深得民心，以礼学文章而著称。当时著名学者焦竑（hóng）说：“先生笃学力行，苦节清修。以名儒起家，以廉吏令终。治县县治，治狱狱理，司马马蕃，司刑刑清，司玺玺慎，投之所向，恢恢乎游刃而解。”寥寥数语，即是对孟秋的全面评价。

明中后期，社会风气日趋严苛。政治军事上，官吏腐败，战火不断；经济上，商业发展，重商风气日益浓厚。在这样的社会背景下，年仅21岁的孟秋拜张后觉为师，潜心研习心学，后为天下有志之士讲学，心学造诣日益精进。明隆庆五年（1571年），孟秋中进士，任昌黎县令。为官6年，他施行德政，省徭役、兴学校、平刑狱。政务之暇，则与诸生讲论“良知”之学，所需经费从自己的月俸中支出，从不动用官银。明朝官员的俸禄虽不致豪奢，但用来养家糊口还是没问题的，更何况孟秋任职多年，但他和家人生活却极为节俭，所住的房子仅有一间，他的妻子好多年只有一条裙子。任满回京时，他还将积存的俸禄全部留给昌黎百姓，数千人截道苦苦挽留，场面十分感人。

明万历七年（1579 年），孟秋以职方员外郎身份督视山海关军务。当时山海关是重要的军事要塞，北防的关键，而管理山海关军务更是一个肥差，但孟秋却做到分文不取，廉洁奉公。他整顿军纪，严惩任意出入关禁的为非作歹者，使得山海关焕然一新。后遭流言中伤，于明万历九年（1581 年）被罢官回乡。他自驾一辆破旧牛车，载着妻儿，车上没有一件值钱的东西。路人看到后，对着孟秋感叹：“以前担任这个职务的人，不只黄金满车，而且享有声名。您这样辛苦，却不能在这个位子上平安任职。世道怎会如此？”孟秋听了，淡然一笑。在渡滦江时，他便作诗一首：“黄金满载非吾愿，白手还家未足羞。独来独往原自我，浩然天地一虚舟。”

回到家乡后，孟秋和家人靠几亩薄田维持生活，居住在一间由几根椽木支撑的破陋茅屋里，屋中堆置大批书籍。有时学者来访，也只以白水青菜招待。尽管生活条件艰苦，孟秋

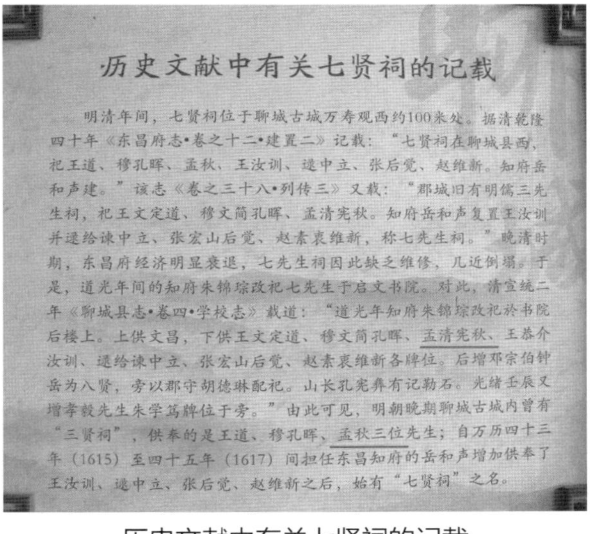

历史文献中有关七贤祠的记载

明清年间，七贤祠位于聊城古城万寿观西约100米处。据清乾隆四十年《东昌府志•卷之十二•建置二》记载：“七贤祠在聊城县西，祀王道、穆孔晖、孟秋、王汝训、逯中立、张后觉、赵维新。知府岳和声建。”该志《卷之三十八•列传三》又载：“郡城旧有明儒三先生祠，祀王文定道、穆文简孔晖、孟清宪秋。知府岳和声复置王汝训并逯给谏中立、张宏山后觉、赵素衷维新，称七先生祠。”晚清时期，东昌府经济明显衰退，七先生祠因此缺乏维修，几近倒塌。于是，道光年间的知府朱锦琮改祀七先生于启文书院。对此，清宣统二年《聊城县志•卷四•学校志》载道：“道光年知府朱锦琮改祀於书院后楼上。上供文昌，下供王文定道、穆文简孔晖、孟清宪秋、王恭介汝训、逯给谏中立、张宏山后觉、赵素衷维新各牌位。后增邓宗伯钟岳为八贤，旁以郡守胡德琳配祀。山长孔宪彝有记勒石。光绪壬辰又增孝毅先生朱学笃牌位于旁。”由此可见，明朝晚期聊城古城内曾有“三贤祠”，供奉的是王道、穆孔晖、孟秋三位先生；自万历四十三年（1615）至四十五年（1617）间担任东昌知府的岳和声增加供奉了王汝训、逯中立、张后觉、赵维新之后，始有“七贤祠”之名。

历史文献中有关七贤祠的记载

仍然保持着每日读书的习惯，在这间简陋的茅屋里度过人生最后的岁月。他去世后，家人竟没有余银购买棺材收殓，幸得他的同僚捐金葬之。

对孟秋这样的清廉官员，人们是不会忘记的。在他离开昌黎后，百姓立碑纪念。明万历十九年（1591年），于茌平城南修建一处孟我疆先生祠。在张秋镇市街，亦建有一座孟秋牌坊。明晚期，东昌府知府汇集众人兴建三贤祠（后改为七贤祠），将孟秋供奉其中。

赵维新：乡野之雅

赵维新（1525—1616），字文野，学者称素衷先生，今山东省聊城市茌平区人，著名文士张后觉弟子，著《弘山教言》、《感述录》6卷、《感述续录》4卷。

廉政思想：律己慎独，恪守孝道，清心寡欲

赵维新画像

明代，训导为文官官职名，是府以下行政单位的教育官员，主要负责考察本地区秀才的功课成绩，其品级是未入流（官员级别的最低等级），相当于现在的地方教育局副局长之职。

“聊城七子”之一的赵维新，其最高官职即为训导，在教谕的领导下为数十名生员讲学。赵维新虽位卑，但身居乡野仍忧国忧民。当闻知朝中魏氏结党营私，残害忠良，所敬佩的官员被贬职、革职时，他忧国而无奈，唯有借历史事件作诗以抒发心声。于《宣尼遗址》一诗中写道：“鸣犊风传未渡时，曾将木铎暂栖迟。千年元气隐然在，城社虽更址不移。”借此暗示当时帝王似晋王一样的昏庸，当朝的权臣似赵鞅一般独裁，如此君王，又有谁敢如圣贤们一样为君王效力啊！赵维新与百姓休戚与共，“井分三甃喜相连，脉脉能施随地泉。一勺浸惊赤鲤化，万斛喷醒玉龙眠。苍昊雨露新承惠，洙泗渊源旧有缘。须信明王汲处早，飞腾个个起云端。”在他的这首《罗公井》诗中充分表现出其民患他忧、民喜他乐的心情。

赵维新生性纯孝，非常注重道德修养，一生严格要求自己。他的母亲去世时，他沉浸于悲痛之中，以为母守孝的方式来表达对母亲的怀念之情。守孝期间，他严格遵循古代孝道礼仪，停止了五味饮食，每日仅食一些简单食物，穿朴素衣服，生活极其单一。然而，这种苦行僧般的生活对赵维新的身体造成了极大伤害，身体日渐虚弱，经常生病。他的家人和朋友纷纷劝他注意身体，但他却坚定用这种方式来表达他的孝心。最终，他的身体瘦弱到需要拄拐杖才能站立行走。乡亲们欲推举其孝行，却被他极力辞谢。

赵维新不仅至孝，而且对妻子非常忠诚专一。他的妻子去世后，50年未再娶。尽管家境不富裕，有时甚至难以保证每天都能吃到食物，但他依然超然自得，旷达淡泊。在20余岁时，他便常听张后觉讲授“良知”之学，遂拜入其门下，一心研究心学，将老师张后觉的言论编辑成《弘山教言》一书，该书成为当时学者学习心学的重要书籍。此外，他还根据张后觉的言论撰写了《感述录》6卷和《感述续录》4卷，重新提出了“心体”的哲学范畴。这些著作不仅展现了他对心学的深刻理解，亦体现了他对中国哲学的融合和创新。

赵维新一生律己慎独、恪守孝道、清心寡欲，为北方阳明学派传播心学作出巨大贡献，被学者尊称为素衷先生，成为明乡野学者的代表人物。

逯中立：卑位之刚

逯中立，字与权，号确斋，明聊城县（今聊城市东昌府区）人。明万历十七年（1589年）中进士，初授行人，继为吏科给事中，后进兵科给事中，被称赞为“能官”。所著《周易札记》被录入《四库全书·经部》。

廉政思想：刚直奏议，安贫乐道

逯中立画像

逯中立为人正直，敢作敢为，有胆有识。虽只在朝廷做了5年的“七品芝麻官”，官职不高，但常置个人得失于不顾，刚正直言。他在任吏科、兵科给事中期间，先后上过三道疏文，因其“遇事敢言”的品性而被皇帝所不喜，一忤旨停俸，一见忌辅臣，一被贬外授。

所说“忤旨停俸”，是明万历二十一年（1593年），因奸臣施展阴谋伎俩，吏部左侍郎赵用贤被奸臣所害免职，行人高攀龙，御史吴宏济，南部郎谭一召、孙继有等上疏求救又遭贬谪。这时，天性直率的逯中立挺身而出，发出不平之鸣。他上疏："各位大臣无不爱惜人才，如果使得吏部的贤人身处老家田野当中，是很可惜的事。陛下对上疏的人生气，说处分赵用贤与高攀龙是'朕'独断的。内阁辅臣王锡爵也说这是皇上亲自裁定的事情。依我看，如果所排斥的人不是正人，出自皇帝的意思，那是皇上有去邪之明。如果是辅臣的决定，也说明大臣有维护国家正气的表现。如果排斥的是正人的话，出自辅臣矫旨，那就是妒贤了。即便出自皇上亲裁，辅臣们不能匡正，就是才德不称、窃取名位。大臣侍奉皇帝的态度，难道应该是这样的吗？陛下如果想安抚辅臣，就罢免说话的人。不知道说话的人被罢免之后，辅臣们内心里安宁不安宁？"（《明史》卷二三〇）皇帝听后大怒，认为他不顺从旨意，停发俸禄一年。

所说"见忌辅臣"，是逯中立进兵科给事中后不久，皇帝下诏，撰修国史，辅臣王锡爵举荐他的门生刘虞夔（kuí）为总裁。因刘虞夔曾被弹劾罢官，举荐他为总裁一事受到很多御史的反对，尤其以逯中立反对最强烈。他上疏："辅臣王锡爵呈请修正史人选为刘虞夔。事情传出之后，舆论哗然。大家认为这不是人臣所做的事。这是辅臣王锡爵对亲近之人的奥援，根本不顾天下公议。不能进一正人君子，却进一邪恶之臣，辅臣王锡爵将用什么话来回答天下人的询问呢？"这样笔锋如刀的言论得罪了王锡爵。最后，虽然起用刘虞夔的动议被撤销了，但逯中立却招致"见忌辅臣"之祸，即不准接近辅佐大臣。

所说"被贬外授"，是明万历二十二年（1594年），吏部郎中顾宪成因故被革去官职，给事中卢明上疏求救顾宪成，也被贬职。这时，逯中立上言："两年以来，吏部的官员相继被排斥。尚书孙鑨回老家了，陈有年杜门自求罢官，现在顾宪成又遭到这样的处分。微臣我担心从今往后，不是王国光、杨巍这样模棱两可、看风使舵的人不能当一天吏部尚书了；不是徐一槚、谢廷采、刘希孟之类不顾是非、曲事调停的人不能当一天负责选拔官员的吏部郎中了。是非混淆，举措倒置，把职务升降这样的大事委托于一二权高位重之人，凭一时情绪好坏决定官员的用与不用，这不是太儿戏了吗？事关人才的培养或损害，政理大道的兴盛与衰败，不能不深深地考虑。”他极力劝说皇帝应明辨操行纯正之人，结果惹怒皇帝，被贬为陕西按察司知事。

逯中立在陕西任职不久，便以身体抱恙为由辞去官职，回到了家徒四壁的聊城老家。此后，他讲学于东林书院，创立了东林书会，一边致力于讲学，一边潜心从事治学研究。他常以“实学以救世，天下为己任”为宗旨，在讲习之余，指陈时弊，锐意革新，为朝野所倾慕。当时海内学者皆以东林学派为楷模，他的门生耿如杞、任化民等人均秉承了其宗旨，成为栋梁之材。

逯中立居家20余年，安贫乐道，尤其精通《易学》。因其为人正直，敢作敢为，被称赞为“能官”。明光宗继位后，追赠他为光禄寺少卿。

参考文献

[1]高举中国特色社会主义伟大旗帜,为全面建设社会主义现代化国家而团结奋斗[M]. 北京:人民出版社,2022.

[2]王同君,侯文友,邹远修. 中国历代廉政思想教育读本[M]. 北京:中国方正出版社,2007.

[3]《聊城人物大辞典》编纂委员会. 聊城人物大辞典[M]. 济南:山东人民出版社,1998.

[4]聊城市水利局. 聊城水利大事记[M]. 北京:北京燕山出版社,2023.

[5]聊城地区黄河河务局. 聊城地区黄河志[M]. 济南:齐鲁书社,2012.

[6]山东省地方史志编纂委员会. 山东省志黄河志[M]. 济南:山东人民出版社,1992.

[7]山东省聊城地区地方史志编纂委员会. 聊城地区志[M]. 济南:齐鲁书社,1997.

[8]王越. 走读大运河[M]. 北京:中国工人出版社,2021.

[9]黄河水利委员会. 世纪黄河[M]. 郑州:黄河水利出版社,2000.

[10]侯全亮. 家国黄河[M]. 郑州:河南科学技术出版社,2022.

[11]王化云. 我的治河实践[M]. 郑州:河南科学技术出版社,1989.

[12]袁隆. 治水六十年[M]. 郑州:黄河水利出版社,2006.

[13]李小红. 杨以增治河考[J]. 聊城大学学报(社会科学版),2007(2):

92-94.

[14]赵尔巽等. 清史稿[M]. 北京:中华书局,2020.

[15]张廷玉等. 明史[M]. 北京:中华书局,1974.

[16]陈庆藩. 宣统聊城县志[M]. 1910.

[17]曲成立. 清乾隆东昌府志校注[M]. 天津:天津古籍出版社,2018.

[18]刘永禹,袁今富. 东阿县志[M]. 济南:齐鲁书社,1998.

[19]阳谷县地方史志编纂委员会. 阳谷县志[M]. 北京:中华书局,1991.

[20]莘县地方史志编纂委员会. 莘县志[M]. 北京:方志出版社,2013.

[21]高唐县史志编纂委员会办公室. 高唐州志[M]. 济南:齐鲁书社,2006.

[22]山东省滨州市地方史志编纂委员会. 滨州市志[M]. 济南:齐鲁书社,1993.

[23]刘光辉,马军. 聊城故事[M]. 郑州:文心出版社,2020.

[24]武俊岭. 木铎清音:聊城历代清官[M]. 济南:山东友谊出版社,2016.

[25]张雁南. 盛北光访谈录[M]. 贵阳:贵州人民出版社,2005.

[26]刘化兵,张德印. 朱昌祚生平行实考述[M]. 济南:黄河出版社,2010.

[27]罗广斌,杨益言. 红岩[M]. 北京:中国青年出版社,1961.

《廉声“聊”亮——聊城廉洁史话集萃》故事人物
（按篇幅分）

篇幅	治水篇	廉洁篇		勤政篇		诚信篇	孝亲篇	“聊城七子”篇
人物	李 谷	鲁仲连	蔡兴周	伊 尹	刘 奎	季 札	仲 由	王 道
	白 英	尹 齐	傅以渐	仲 由	殷云霄	鲁义姑	张养浩	穆孔晖
	徐有贞	华 歆	任克溥	尹 齐	吴 铠	华 歆	曹自守	王汝训
	刘大夏	刘 寔	耿如杞	华 歆	田 珍	王 旦	乌从善	张后觉
	杨以增	马 周	刘 琰	马 周	孙肇兴	曹自守	师 逵	孟 秋
	朱长安	崔 光	邓钟岳	张 逊	许其进	张形标	贾 谅	赵维新
	傅世勋	阎 咏	张形标	王 旦	朱昌祚	于慎行	张令璜	逯中立
	王效树	王懋德	周天爵	成无己	王曰高	傅以渐	邓钟岳	
	岳舜卿	张养浩	陈宗妫	康 晔	宋良薰	张自忠	季羡林	
	王化云	曹自守	宋良薰	赵雄飞	张令璜	杨耕心		
	王筱湖	江 东	范筑先	乌从善	张形标	王寅生		
	袁 隆	邢从礼	金谷兰	王懋德	郑板桥	赵健民		
	邱有宽	于天经	韩子栋	钱 楷	刘 琰	金方昌		
		笪一顺	申云浦	许云涛	武 训	孙秀珍		
		王克治	孔繁森	笪一顺	盛北光			
		师 逵		张 本	徐运北			
		于慎行		贾 谅				
计	13	32		33		14	9	7
	108(篇)							

《廉声“聊”亮——聊城廉洁史话集萃》故事人物
（按朝代分）

朝代	人物															
商朝(约前1600—前1046年)	伊尹															
春秋战国(前1046—前221年)	仲由	季札	鲁仲连	鲁义姑												
西汉(前202年—8年)	尹齐															
东汉、三国(25—280年)	华歆	刘寔														
南北朝(386—589年)	崔光															
唐朝(618—907年)	马周															
五代十国(907—960年)	李谷															
北宋(960—1127年)	张逊	王旦	成无己													
金朝(1115—1234年)	阎咏	康晔	赵雄飞													
元朝(1271—1368年)	王懋德	张养浩														
明朝(1368—1644年)	白英	徐有贞	刘大夏	王道	穆孔晖	王汝训	逯中立	张后觉	孟秋	赵维新	曹自守	江东	邢从礼	于天经	笪一顺	许云涛
	张本	刘奎	贾谅	殷云霄	吴铠	孙肇兴	田珍	耿如杞	乌从善	钱楷	师逵	于慎行	王克治			
清朝(1644—1911年)	杨以增	任克溥	蔡兴周	傅以渐	刘琰	张彤标	周天爵	邓钟岳	宋良薰	陈宗妫	许其进	朱昌祚	张令璜	武训	郑板桥	王曰高
	傅世勋	朱长安	王效树	岳舜卿	王化云	范筑先	韩子栋	金谷兰	张自忠	杨耕心	王寅生	王筱湖				
中华民国以来(1912年以来)	袁隆	邱有宽	孔繁森	盛北光	申云浦	金方昌	孙秀珍	季羡林	赵健民	徐运北						

《廉声“聊”亮——聊城廉洁史话集萃》故事人物
（按地名分）

地名	东昌府	阳谷	东阿	莘县	高唐	茌平	冠县	临清
人物	白　英 （京杭大运河聊城段）	李　谷 （张秋治水）	王效树 （陶嘴当汛长）	江　东	华　歆	张后觉	王化云 （冠县县长）	张自忠
	杨以增	徐有贞 （沙湾治河）	师　逵	张彤标	刘　寔	孟　秋	于天经	季羡林
	王　道	刘大夏 （张秋黄河决口）	于慎行	伊　尹	张　逊	赵维新	宋良薰	
	穆孔晖	朱长安	陈宗妫	仲　由	崔　光	尹　齐	钱　楷	
	王汝训	岳舜卿	张　本	王　旦	阎　咏	马　周	田　珍 冠县县令	
	逯中立	邱有宽	孙秀珍	孙肇兴	王懋德	曹自守	武　训	
	张养浩 （堂邑县尹）	邢从礼 （阳谷知县）		郑板桥 （范县县令）	康　晔	王克治	赵健民	
	蔡兴周 （东昌府知府）	笪一顺 （阳谷县丞）		袁　隆	赵雄飞	成无已	徐运北	
	傅以渐	刘　琰			刘　奎	乌从善		
	任克溥	周天爵			朱昌祚	贾　谅		
	耿如杞	殷云霄			金谷兰	鲁仲连		
	邓钟岳	吴　铠				鲁义姑		
	孔繁森	张令璜				王曰高		
	许云涛	盛北光						
	许其进	申云浦						
	范筑先 （聊城县长）	韩子栋						
	金方昌	季　札						
		傅世勋 （曾多年驻扎在阳谷陶城铺）						
		杨耕心						
		王寅生						
		王筱湖						
计	17	21	6	8	11	13	8	2
	86(人)							

后　记

接出版社通知，《廉声“聊”亮——聊城廉洁史话集萃》近期准备排版付梓了，冬夜的冷风似乎也带了些暖意，不觉又拿起样书，翻看了几遍。

自2023年7月萌生要编辑一本带有聊城地域特色的廉洁故事小册子，到今天已过去了整整一年半的时间。在这段日子里，我和我的同事们，从座谈畅聊、确定主题、构思框架，到搜集素材、梳理归纳，再到汇编成册、立目分篇，再到甄别考证、挖掘提炼，再到征求意见、核对初校，最后到专家评审、定名定稿，几经反复，数易其稿，其中滋味，甘苦两知。苦，自不必细说，28.2万字字斟句酌，挑灯伏案，夜敲键盘，写了又改，改了又写，自是编者应有之义，仅实地考证就跑遍了聊城8县4区，且也难免有诸多不当之处，而编者内心常惴惴不安。而甘者，思来想去，其中味道更是不一而足。

一者，编校的过程本身就是接受了一次廉洁文化的大洗礼，也深深感受到党中央提出加强新时代廉洁文化建设的重大意义。正如习近平总书记强调，“全面从严治党，既要靠治标，猛药去疴，重典治乱；也要靠治本，正心修身，涵养文化，守住为政之本。”从历史文化中汲取养分，正是党的自我革命所需要的，有了文化涵养，才能正心修身。二者，本书样稿得到了广大职工群众的认可和许多专家学者的好评，极大地鼓舞了编者的斗志。编写的过程中才深深感到，自己知识之匮乏，认知之浅薄，思路之狭窄，因而必须潜心向传统典籍学习，向广大群众学习。考证中所到之处，受到了热情的接待和欢迎，其中在阳谷县梨园村遇到的村党支部书记王××，更令人为之动容。80岁高龄的老人，能担任支部书记已是令人大感意外，而一进家门，家里的桌子和书架上，整整齐齐摆放的是《习近平谈治国理政》等思想政治理论书籍，且谈起话来，头脑清晰，思维敏捷，头头是道，给了我们极大的帮助；临走，老人家一句“出了书，可记得送俺一本啊”，更给我们增添了编好书的信心和责任。三者，编书过程中，令人深深体会到聊城这方水土历史底蕴之厚重、基因血脉之纯正、文化造诣之浩繁、文明传承之璀璨，从龙山文化到农耕文明，从三皇五帝到秦汉唐宋，从黄河文化到运河文化，从涿鹿之战到靖难之役，有过兴盛，有过衰落，起起伏伏，浮浮沉沉，但细细体味，其中又都始终与一样东西有关，那就是水。从上古四渎之二——黄河和济水开始，到后来的徒骇河、卫河、金堤河等，直到京杭大运河贯通，位山灌区畅流，此地多条河流沟渠在不同的历史时期，沧海桑田，交汇纵横，变幻交织，哺育了广袤的鲁西大平原，而水的千变万化也造就了这方水土文化的大碰撞、大贯通、大融合，从而也呈现出光辉灿烂的文化镜像，孕育了文化发展的累累硕果。有感于此，笔者偶得一赋，冒贻笑大方之诟，聊以纾解对这方水、这方土、这方人的仰慕之情，暂名之曰《水城赋》：

齐地故邑，魏王旧属，北接燕赵，南瞰雄楚，自古兵家必争之地；控太行而引东岳，携三河[1]而揽五湖[2]，河湖交厝，星连棋设，盛世天子常跸之驿[3]；牧野广袤，粮丰林茂，胶香邈邈，桑梓袅袅，太平黔首宜居之所也；此即为聊城，因水而兴，以水而盛，城以水名，曰：两河[4]明珠，江北水城也。凤凰栖地，铁塔[5]护国，光岳[6]晓晴，玉皋[7]烟霏，东昌梦瑶光[8]，运河舞玉带。城领其水，水拥其城，湖内有城，湖外有城，湖中有城，城中有湖，湖城一色，岳色涛声，龙舟竞帆，冠绝三江。水清而容阔，源丰而泽深，城灵而水秀也。

此地水也，一水[9]恋三埠[10]，二河[11]度五城[12]。秋涨[13]宜德景[14]，龙山[15]出韶阳[16]，蚩尤陵为岗[17]，信天晾衣在[18]，清灵[19]蜕仙此，挂剑君墓处[20]，五体十三碑[21]，碑碑思延陵[22]。清泉临清河，苑郁在沙丘[23]，帝辛好声色，卫地多君子[24]，祖龙[25]崩于宫，武灵[26]幽于此；永济渠[27]成日，漕商占鳌头[28]，连城百货萃，两河万艘流，河月照塔[29]渡，肆火压两京，钞关[30]八大首，莲花贡砖名[31]。崇武连樯影，虹桥数河灯，一岸连八馆，山陕[32]居首间；市比苏杭，引南北之商贾，漕挽天都，聚四方之英才，国运咽喉，安京畿之肘腋，珠璧五合，荟八荒之人文。

此地人也，天假灵秀，人杰才著。文有八斗子建[33]，鱼山悟道，儒释兼融，创梵呗法门，而开东土佛音之首；武有阿邑伯灵[34]，赛马减灶，围魏救赵，设长蛇迷魂之阵法，立泥人破五雷之功，受刖黥之刑而兵法修列，凭帷幄兵机而位享武庙；医者成氏无己，注解伤寒，瘟疫扶正，封国医亚圣之御，享虎守杏林[35]之声；学者阳明七子[36]，天权星曜，心学化风，文运昌隆，鸿儒鹊起，膺状元帝师之地，造海源琅嬛之藏[37]；更有忠烈荩忱[38]、铁血夺魁[39]、博学齐奘[40]。或气吞山河，战以必死，而令敌首慨服；或义薄云天，四海悲怆，而国之降旗三天；或学贯中西，跨界泰斗，而蜚声海之内外。

此地文也，清浊既分，独享二渎[41]天赐之惠，水润沃土，蕴藉经天纬地之华。地以水养，羲皇授耕[42]之阳谷；重瞳天睿，文祖[43]墓之于东阿；尧禅天下，巢父遗牧[44]于聊畔；大国小鲜，伊尹躬耕[45]封九莘；夫层台射书[46]，孟尝[47]养士，髡林[48]辩圣，华歆[49]止战，马庄[50]春雨，四知[51]明志，武训[52]兴学，本斋[53]御敌，一众典盛，不胜甄数；凡开科一千三百载，状元及第六百二，独揽头甲十五魁[54]，足见水土育英之徵也。

嗟乎，水无形，有容乃大，容大则蓄养生机，生万物而不骄，容万物而不染，不骄不染则清净无欲；水无欲，无欲则刚，不欺于强，不凌于弱，强弱相宜则清静无为；水无为，利而不争，大道至简，无为则无所不为。感斯城也亦如是矣，水涸则衰，水溢则灾，水阻则滞，水宜则兴，自然之律也。故而水定其城，水定其地，水定其人，水定其产，合乎自然，契合道法，其兴亦必矣，其盛亦犹可期也。

注：

[1] 指黄河、大运河、徒骇河3条穿境而过的河流。

[2] 指聊城地区与黄河、大运河、徒骇河等河流有关的各个历史时期形成的主要湖泊，如东昌湖、金牛湖、洛神湖、望岳湖、鱼丘湖、清泉湖等。

[3] 据《东昌府志》《聊城县志》记载：清康熙帝南巡4次驻跸光岳楼，并题写“神光锺瑛”匾；乾隆皇帝九过东昌，六登光岳楼，并题匾赋诗，将光岳楼列为南巡三十六行宫之一。

[4] 指黄河和京杭大运河。

[5] 铁塔位于聊城东关运河西岸、原护国隆兴寺东南角，为同一建筑群落。铁塔为八角形楼阁式佛塔，塔座为石砌正方形上下叠涩不

对称式须弥座，约建于北宋早期，是目前我国为数不多的铁石建筑，无论在建筑风格上，还是在石雕艺术上，都有较高的研究价值。

[6] 光岳楼，亦称“余木楼”“东昌楼”，位于山东省聊城市东昌府区古城中央，始建于明洪武七年（1374年）。在《中国名楼》站台票纪念册中，光岳楼与鹳雀楼、黄鹤楼、岳阳楼、太白楼、滕王阁、蓬莱阁、镇江楼、甲秀楼、大观楼共同组成中国十大名楼，为中国既古老又雄伟且从未重修的木构楼阁，是宋元建筑向明清建筑过渡的代表作，在中国古代建筑史上有着重要地位。1988年光岳楼被列为国家重点文物保护单位，享有“虽黄鹤、岳阳亦当望拜”之誉。

[7] 指“玉皇皋”，约建于明代，属典型的民族传统道教古建筑群，占地面积9 000平方米，供奉中国民间至高之神——玉皇大帝，后被战火损毁。传说玉皇大帝所居凌霄殿方位就在玉皇皋的上方星空，因之而建于此。

[8] 东昌指东昌湖，又名胭脂湖，与杭州西湖、南京玄武湖并称“全国三个市内名湖”，素有“南有西湖，北有东昌”之称。始建于宋熙宁三年（1070年）。当时因修筑城墙以及护城堤挖土而成，后经历代开扩，如今面积已达6.3平方千米，与杭州西湖相当，由8个湖区和20余块水面组成，湖岸线长达16千米，是中国江北地区罕见的大型城内湖泊，以黄河水为源，积水约1 680万立方米，湖水清澈，景色宜人，《水浒传》《聊斋志异》《老残游记》等历史文学名著，也都与东昌湖有着不可分割的历史渊源。

瑶光，亦作摇光，指北斗七星中的摇光星，也叫破军星，破军是上古星象占卜用词，是破军占卜的简称。破军星象含有勇往直前、善恶分明、绝对忠诚之意，这里暗合上文“自古兵家必争之地”，又合下文“水清而容阔”之句，意为东昌湖水面辽阔，波光粼粼，蕴含着鲁西大地历朝历代发生的重大历史事件，丰富而深刻，源深而流远。

［9］指京杭大运河。

［10］指大运河流路上的临清、崇武、张秋3个水运码头集镇。

［11］指大运河、徒骇河。

［12］指大运河穿过的临清、聊城、寿张3座县城和徒骇河穿过的莘县、聊城、茌平等城池。两河在聊城县（当时）相交。

［13］这里是回文手法，“秋涨”即涨秋，也就是阳谷县张秋镇原来也叫作“涨秋镇”。一般秋天是各条河流秋雨连绵涨水的季节，因而作秋涨。

［14］“德景”即“得景”，河流水涨了，两岸景色也都靓丽起来了；倒过来念是“景德”，张秋镇在宋景德年间也称作“景德镇”。此句倒过来念是“景德亦张秋”之意。暗指小小张秋镇承载着很深的历史文化渊源。

［15］指龙山文化。

［16］指仰韶文化。龙山文化晚于仰韶文化，这里指聊城是仰韶文化和龙山文化的交互地区，早在几千年前就有人类活动遗迹。

［17］在今阳谷县15里园镇有蚩尤陵，史书载系涿鹿之战蚩尤大败于黄帝，殉难葬于此，冢土崇隆为岗。

［18］传说乾隆皇帝曾九下江南都路过张秋镇，因河水打湿衣服，在此晾衣，有“乾隆晾衣台”遗址，乾隆自称别号为“信天主

人”。

[19] 指明代清灵道士。在阳谷县张秋镇东街有一座古墓，为1504年冬天所立，墓前有一石碑，碑的正面有“明蜕仙任疯子墓”，即被当地人誉为“蜕仙”的明朝道士任山小的墓，其法号为清灵，一说清应，因其生前故作癫疯状，坐化而逝，人们也称他“任疯子”“蜕仙”。

[20] 张秋挂剑台，指季札挂剑徐君墓的故事。至此前5句借用“藏头露尾”手法，暗指“景阳冈在此处”之意。

[21] 明正德十一年（1516年）在张秋工部分司任管理河道官的杨淳为纪念季札挂剑的诚信高德，修建了挂剑台及季子祠，其后，来张秋的文人、官员纷纷题咏镌碑，并续修季子祠。保存至今有13通碑（后称五体十三碑），属楷行草隶篆五体，记载了13位作者的26首诗文，除1通碎裂仅存残字外，其他12通基本清晰可识。

[22] 延陵指季札。春秋时吴王寿梦第四子，称公子札，是一位古代贤人，因受封于延陵（今常州）一带，人称“延陵季子”。

[23] 古地名，属现临清市。李白有一首诗《沙丘城下寄杜甫》说的就是这里，后文提到商纣王（帝辛）好声色犬马，建苑郁、沙宫于此，赵武灵王被饿死此处，秦始皇病死沙丘行宫，同指沙丘。

[24] 语出《史记·卫康叔世家》，季札言：“卫多君子，其国无患。”孔子周游列国14年，其中有10年时间游历于卫国，这大约也是跟他推崇君子风范，卫国具有更多的君子，民风淳朴，好人成风有关。

[25] 指秦始皇。

[26] 指赵武灵王。

[27] 永济渠是继通济渠、邗沟之后，隋炀帝开凿的又一重要运河。隋炀帝为开拓边疆，把涿郡作为征辽的军事基地，急需一条通往涿郡的道路。在此情况下，隋炀帝便下令征调河北等地的民夫修建永济渠，历时一年便完成。建成之后，北方的粮帛得以入京；同时永济渠也承担了军队集结过程中繁忙的运送任务。大规模的军队集结，超过北朝时期的几次大规模军事调动，可以说是中国运河史上最壮观之举。后成为南北漕路交通运输大动脉，过境临清，临清也就成为大运河重要码头集市。

[28] 临清鳌头矶坐落在市中区会通河分汊处，是京杭大运河上一处著名的名胜古迹。鳌头矶始建于明永乐十五年（1417年），占地面积1 200平方米。此处原为元代运河与明代运河交汇处的一座石坝，其形状如鳌头。这里有独占鳌头之意。

[29] 指临清舍利塔。临清舍利塔位于临清市城北卫运河东岸，现为全国重点文物保护单位。它与通州的燃灯塔、杭州的六和塔、扬州的文峰塔并称运河四大名塔。

[30] 临清运河钞关位于临清市老城区内明代会通河旁，是明清两代中央政府设于运河督理漕运税收的直属机构，也是现有仅存的一处运河钞关。明万历年间曾征收税银八万三千余两，多于京师崇文门税关，居全国八大钞关之首，占全国税收的1/4。

[31] 临清贡砖是营建北京皇城的重要建筑实物，明清两代修建北京皇宫各大殿和紫禁城墙用砖，以及明代修建的北京十三陵和清代修建的东陵、西陵等皇帝陵寝用的砖，绝大部分是临清烧制

的。临清贡砖用一种叫“莲花土”的土质烧制，以“击之有声，断之无孔，不碱不蚀”而著称于世。据有关资料记载，明清两代，临清共计384个窑，清乾隆五十年（1785年）《临清直隶州志》所载“岁征城砖百万”，可见当时生产规模之大。

[32] 指山陕会馆，始建于清乾隆八年（1743年），由山西、陕西的商人集资兴建，位于聊城市东昌府区东关古运河西岸。明清时期聊城商贾云集，东关运河沿岸有山陕、江西、苏州、赣江、武林等八大会馆，其中山陕会馆是唯一保存至今的会馆建筑。

[33] 指曹植，字子建。三国时魏陈思王曹植闻梵制呗是在聊城东阿鱼山之上，自此中国佛教有了梵呗的流行。梵呗是佛教中国化的重要标志，是中外文明互鉴的成功案例，是礼乐文明的重要载体。鱼山梵呗是实现儒、释、道3家交汇融合创造性转化和创新性发展的重要成果，共同成为中华民族优秀传统文化的精髓，对后世中国文化的发展起着重要影响。

[34] 指孙膑，字伯灵，齐国阿地（东阿、阳谷一带）人。孙武后裔，战国时期军事家，唐德宗时位列武成王庙64将之一，宋徽宗时位列宋武庙72将之一。

[35] 典出药王孙思邈，这里喻指成无己医术高明。

[36] 亦称“聊城七贤”“聊城七子”，是明代尊崇传习王阳明心学的7位贤人，经过历代增添，分别为王道、穆孔晖、孟秋、王汝训、逯中立、张后觉、赵维新。正是凭借着七贤的影响，在心学传播欠广的北方，聊城独树一帜成为主要基地之一。明清两代，山东的进士、状元人数在北方遥遥领先，聊城又名列山东前茅，后人建有“七贤祠”，以此纪念七贤打下的基础和贡献。

［37］指海源阁，位于山东省聊城市光岳楼南万寿观街路北杨氏宅院内，是清代四大藏书楼之一和中国历史上最著名的私人藏书楼之一，被称为“琅嬛之府”。海源阁始建于清道光二十年（1840年），由聊城进士杨以增所建，历经四代人悉心相守，总计藏书4 000余种22万余卷，其中宋元珍本逾万卷，凝聚着中国古代劳动人民的智慧。“琅嬛”，也作“琅环”，传说中的仙境名，传说是天帝藏书的地方，后泛指珍藏书籍之所在。

［38］指抗日名将张自忠，字荩忱，汉族，山东临清人，第五战区右翼兵团总指挥兼第三十三集团军总司令，中国国民党上将衔陆军中将，追授二级上将衔，抗日名将、民族英雄。1937—1940年先后参与临沂保卫战、徐州会战、武汉会战、随枣会战与枣宜会战等，1940年在襄阳与日军战斗中，不幸牺牲。

［39］指抗日名将范筑先，字今魁，又名竹仙，男，汉族，出生于山东省馆陶县南彦寺村，中国国民党党员。1936年11月，任山东省第六区行政公署专员兼保安司令、聊城县县长；1937年10月，任山东省第六区游击司令部司令；同年11月19日，通电全国，誓与日军在黄河以北抗战到底；1938年11月15日，于聊城抗击日军，壮烈殉国。

［40］指季羡林，山东省聊城市临清人，字希逋，又字齐奘。民盟盟员、中共党员，国际著名东方学大师、语言学家、文学家、国学家、佛学家、史学家、教育家和社会活动家。历任中国科学院哲学社会科学部委员、聊城大学名誉校长、北京大学副校长、中国社会科学院南亚研究所所长，是北京大学的终身教授，与饶宗颐并称为“南饶北季”。

[41] 指黄河和济水。《尔雅·释水》载“江、河、淮、济”为四渎，四渎者发源注海也。上古四渎，即4条独流入海的河流，后济水亦称大清河，被黄河夺其道入海，遂没。

[42] 指伏羲。据清康熙《阳谷县志》载：阳谷有宓城，是伏羲教导先民观太阳、种五谷之地。

[43] 指仓颉。据史书记载，仓颉有双瞳四只眼睛，天生睿德，观察星宿的运动趋势、鸟兽的足迹，依照其形象创文字，革除当时结绳记事之陋，开创文明之基，因而被尊奉为“文祖仓颉”。现东阿县铜城办事处王宗汤村东南1.5千米处有仓颉墓。

[44] 巢父，传说中的高士，因筑巢而居，人称巢父。尧以天下让之，不受，隐居聊城，以放牧了此一生。聊城古有巢陵，为巢父葬处，在今聊城市东昌府区许营村西北2里许。

[45] 据《孟子》记载，伊尹相商前曾躬耕于有莘之野，后来莘县城北之地一度被称为“伊田”。伊尹（？—前1550），名挚，尹为官名，夏末商初时期人物，商朝开国元勋、政治家、军事家、思想家。伊尹是历史上第一个以负鼎俎调五味而佐天子治理国家的杰出庖人。老子《道德经》第六十章“治大国，若烹小鲜”相传源自伊尹和商汤的对话：一次，伊尹见汤询问饭菜的事，说：做菜既不能太咸，也不能太淡，要调好佐料才行；治国如同做菜，既不能操之过急，也不能松弛懈怠，只有恰到好处，才能把事情办好。商汤听了，很受启发，便产生重用伊尹之意。

[46] 指鲁仲连射书救聊典故（《史记·鲁仲连邹阳列传》）。

[47] 指当年孟子由邹去梁，路过茌平，在今茌平东门外住过，并在

此养士蓄谋，广交能士，史称“门客三千”。

[48]“髡林”即淳于髡墓林，在今茌平县城西1千米的茌平一中后。淳于髡（音kūn），战国时茌平县人，《史记》称其为“齐之赘婿也，长不满七尺，滑稽多辩，数使诸侯，未尝屈辱”，并将其列为《滑稽列传》之首，后人尊称为“辩圣”。

[49] 华歆（157—232），字子鱼，高唐县人，汉末三国时期名士、重臣，曾上《止战疏》，劝谏君王止战休养生息。

[50] 指唐初名士马周功德如春风化雨。马周，字宾王，茌平县城东马庄人，是唐太宗时的中书令，相当于宰相之职，因其善谏善言，多有补益，很受唐太宗的赏识，临终时，唐太宗与子亲自送药问安，死后葬于昭陵，陪同于太宗墓。

[51] 张养浩（1269—1329），字希孟，唐朝名相张九龄之弟张九皋第23代孙，元代著名散曲家。此指张养浩在堂邑为官时，将居室命名为“四知堂”（“四知”：天知、地知、你知、我知）的故事。

[52] 武训（1838—1896），1838年12月5日（清道光十八年农历十月十九日）出生在山东省堂邑县武家庄（今属冠县柳林镇）一个贫苦农民家庭。是中国近代群众办学的先驱者，享誉中外的平民教育家、慈善家，行乞38年，建起3处义学，教育了无数穷家子弟，是中国历史上以乞丐身份被载入正史的唯一人，被誉为“千古奇丐”。

[53] 马本斋，原名马守清，回族，中共党员，河北沧州献县人。抗日战争时期八路军冀中军区回民支队的创建人，抗日民族英雄，曾长期在聊城一带抗敌御侮，民国三十三年（1944年）2月

7日，马本斋在山东莘县病逝，年仅42岁。

[54] 指自隋文帝开皇七年（587年）设秀才科始，共头科620人，聊城一方就有15人夺得头魁，诞生了15位状元。现聊城东昌湖东区建有状元岛，有历代状元谱石刻玉壁及聊城籍15位状元碑刻。